U1016976

气象与低空经济：

探索与融合

顾　问　刘德峰　罗华明

编著者　陈元昭　刘东华　丁　一　陈训来
　　　　刘爱明　李　磊　王明洁　蔡银寅
　　　　饶华炎　张习科　张立杰　洪佳丹
　　　　王连平　沈起宁　司　南　孙石阳

气象出版社
China Meteorological Press

内容简介

低空经济作为一种新兴的经济形态，有望成为推动区域经济发展的新动力。低空经济与气象是新形成的交叉学科，其任务是系统性地研究不同天气条件对低空飞行的影响等应用。本书围绕低空经济及其与气象的关系，结合深圳特点，提出了低空气象监测网、数字网和赋能网"三张网"理念。这三张网相互支撑，共同构成了低空气象服务体系的核心。监测网是基础，它为低空经济提供了实时的监测数据，确保了低空飞行的安全与效率。数字网是核心，它通过先进的算法，使气象预报更加精准，为低空经济活动提供了强有力的信息支持。赋能网将气象数据转化为实际的经济效益，为企业的创新发展提供了新的动力。这种创新理念的实施，不仅提升了气象服务的水平，也为低空经济的可持续发展奠定基础。

图书在版编目（CIP）数据

气象与低空经济 ：探索与融合 / 陈元昭等编著.
北京 ：气象出版社，2025. 3(2025. 9重印).
ISBN 978-7-5029-8453-3

Ⅰ. P451；F561.9

中国国家版本馆 CIP 数据核字第 2025GQ8484 号

Qixiang yu Dikong Jingji：Tansuo yu Ronghe

气象与低空经济：探索与融合

陈元昭　刘东华　丁　一　陈训来　刘爱明 等　**编著**

出版发行：气象出版社
地　　址：北京市海淀区中关村南大街 46 号　　**邮政编码**：100081
电　　话：010-68407112(总编室)　010-68408042(发行部)
网　　址：http://www.qxcbs.com　　**E-mail**：qxcbs@cma.gov.cn
责任编辑：郝　汉　张锐锐　　**终　　审**：张　斌
责任校对：张硕杰　　**责任技编**：赵相宁
封面设计：艺点设计
印　　刷：三河市君旺印务有限公司
开　　本：710 mm×1000 mm　1/16　　**印　　张**：16
字　　数：351 千字
版　　次：2025 年 3 月第 1 版　　**印　　次**：2025 年 9 月第 2 次印刷
定　　价：128.00 元

序

广袤无垠的宇宙，孕育了多变、复杂的地球系统，而人类作为这一系统中的重要一员，既深深受到一次次风云变幻的影响，又以其独特的生存、生产、生活方式，不断影响和改变着地球的生态环境。自古以来，气象与人类文明的发展息息相关，从农耕文明的祈雨仪式，到现代社会的天气预报，气象始终伴随着人类社会的前进步伐。如今，随着科技水平的不断提高，我们对气象的认识和利用已经达到了前所未有的高度。在这一基础上，低空经济作为我国一种新兴的经济形态，正逐步成为推动区域经济发展的新动力。深圳市，作为中国改革开放的前沿，又一次走在了时代的前列，其在包括气象科技在内的低空经济体系的探索与实践，为全国乃至全球的低空经济发展提供了宝贵的经验。

本书深入剖析了深圳市在低空经济中气象部分的经验做法，通过深圳市低空气象的建设，助力深圳市打造低空经济先行示范。这不仅是对深圳市低空气象建设成果的总结，更是对低空经济未来发展趋势的展望，同时也为全国积极推进低空经济发展的地区提供了借鉴和参考。

低空经济的兴起是时代发展的必然产物。随着航空技术的进步和航空市场的日益成熟，低空经济以其独特的优势，成为推动经济增长的新引擎。它不仅为人们的出行提供了新的选择，更为相关产业的发展带来了新的机遇。然而，低空经济的发展离不开精准、高效的气象服务。深圳市在低空经济中气象部分的探索，正是对这一时代需求的积极回应。

深圳市低空气象建设的“三张网”理念，具有重大的创新意义。监测网、数字网和赋能网，这三张网相互支撑，共同构成了低空气象服务体系的核心。监测网是基础，它为低空经济提供了实时的监测数据，确保了低空飞行的安全与效率。数字网是智慧的核心，它通过先进的技术手段，使得气象预报更加精准，为低空经济活动提供了强有力的信息支持。赋能网则将气象数据转化为实际的经济效益，为企业的创新发展提供了新的动力。这种创新理念的实施，不仅提升了气象服务的水平，也为低空经济的可持续发展奠定了坚实的基础。

本书通过详细阐述深圳市低空气象建设的具体实践，为我们提供了一个可复制、可推广的模式。深圳市的经验告诉我们，只有不断创新，才能在低空经济这片蓝海中乘风破浪。从监测网的布局到数字网的应用，再到赋能网的构建，每一个环节都体现了深圳市在低空经济领域的探索精神和实践能力。

期待本书不仅能够成为低空经济领域的一部经典著作，更能够激发更多城市和地区在低空经济与气象科技密切融合的创新热情。通过学习深圳市的成功经验，我们相信，更多的城市能够找到适合自己的低空经济发展之路，共同推动中国低空经济的繁荣发展。

在此，要特别感谢所有为这本书付出辛勤努力的作者和编辑，是你们的智慧和汗水铸就了这部作品的诞生。同时，也期待广大读者阅读后的积极反馈，你们的批评和建议将助力低空经济健康发展，为进一步实践、探索和提升奉献智慧。让我们一起见证低空经济的蓬勃发展，也见证气象为国家社会经济发展进程中拓展新的空间。

2024 年 12 月

前言

在21世纪的今天，随着科技的飞速发展，人类对天空的探索和利用已经从遥远的梦想逐渐变为现实。低空经济，作为航空经济的重要组成部分，正以其独特的魅力和巨大的潜力，成为推动区域经济发展的新引擎。在这股低空经济的浪潮中，深圳市以其前瞻性的视野和敢为人先的精神，再次站在了时代的前沿。本书旨在深入探讨深圳市在低空经济中气象部分的经验做法，通过深圳市低空气象的建设，助力深圳市打造低空经济先行示范。

低空经济，简而言之，是指利用低空空域资源，开展通用航空、无人机、滑翔伞等航空活动，以及与之相关的研发、制造、运营、服务等产业。它不仅为人们的出行提供了新的选择，更为经济发展注入了新的活力。然而，低空经济的发展离不开精准、高效的气象服务。气象条件对于低空飞行安全、效率以及经济效益都有着直接且重要的影响。因此，如何构建一套完善的低空气象服务体系，成为推动低空经济发展的关键所在。

深圳市作为中国改革开放的窗口和经济特区，一直是创新发展的排头兵。在低空经济的探索与实践中，深圳市气象部门提出了打造低空气象"三张网"的总体思路，即监测网、数字网和赋能网。这三张网相辅相成，共同构成了深圳市低空气象服务体系的核心架构。本书将以此为线索，分4个部分对深圳市低空气象建设的经验进行详细阐述。

第1部分介绍低空经济的发展背景、内涵及其与气象的紧密联系，并阐述深圳市低空气象建设的总体思路和目标。我们希望通过这一部分的介绍，让读者对低空经济和气象服务的关系有清晰的认识，为后续的深入探讨打下基础。

第2部分重点介绍监测网的建设。监测网是低空气象服务的基础，它包括低空气象监测设备的布局、建设和维护，以及相关气象要素的采集和处理。我们将详细分析深圳市在监测网建设中的创新做法和成功经验，为其他地区提供借鉴。

第3部分转向数字网的建设。数字网是低空气象服务的核心，它依托于先进的数字化技术，提供精准、高效的气象预报服务。我们将介绍深圳市在低空气象数字化预报服务能力与平台建设方面的探索和实践，展现数字化在低空气象服务中的巨大潜力。

第 4 部分探讨赋能网的建设。赋能网是低空气象服务的延伸，它通过数据产品化和数据交易等模式，将气象数据转化为实际生产力，为低空经济企业提供有力支持。我们将通过具体的案例调研，展示深圳市如何通过赋能网的建设，推动低空经济企业的创新发展。

本书的撰写，不仅是对深圳市低空气象建设成果的总结，更是对未来低空经济发展趋势的展望。我们希望通过这本书，能够为低空经济领域的政策制定者、从业者以及研究者提供有益的参考和启示。在此，我们衷心感谢深圳市气象部门及相关单位的大力支持，感谢所有为本书付出辛勤努力的作者和编辑。我们也期待广大读者的批评与指正，共同推动低空经济和气象服务的繁荣发展。最后，让我们以深圳市低空气象建设的成功经验为鉴，携手共进，共同书写低空经济的新篇章，为构建社会主义现代化国家的美好未来贡献力量。

作　者

2025 年 2 月

目 录

第 1 部分 气象与低空经济

第 4 部分 低空气象赋能网

第 1 部分
气象与低空经济

第 1 章 低空经济

1. 什么是低空经济

随着新一轮技术革命和产业变革的发展，低空经济作为一种新兴综合业态，正出现在公众视野中。

2023 年 12 月，在北京举行的中央经济工作会议，将低空经济列为战略性新兴产业。2024 年全国两会，“积极打造生物制造、商业航天、低空经济等新增长引擎”被写入政府工作报告。据《国家立体交通网络规划纲要》预测，到 2035 年，中国低空经济市场规模将超过 6 万亿元，具有广阔的发展空间。

当前，低空经济一词持续火热，但也有不少人依然对此感到陌生。在不少人的认知中，低空经济就是无人机送货、空中汽车。

低空经济的范围比较宽，不只是无人机送货和空中汽车。低空经济是以低空活动为主，由此产生的各种经济活动。低空经济中的低空活动，具体包括物流、空中汽车、农业植保、应急救援、工程测绘、空中作业、飞行表演、旅游观光等，其业态范围非常广，特别是无人机兴起之后，应用范围更广。未来的空中汽车，包括部分 eVTOL（电动垂直起降航空器），也会是无人机，将来还会有一些目前想象不到的应用场景。现在来看，物流、载人可能是未来发展潜力较大的领域。

使用通用航空器或者低空飞行器，例如传统的固定翼飞机、直升机，以及无人机、eVTOL 等新型航空器，来从事低空活动，包括围绕这些活动衍生出的低空研发制造创新，相关的服务保障、监管等整个产业链上下游的内容，包括各种创新技术相互融合等综合性经济形态，统称低空经济。

2. 低空经济的特点

（1）低空经济是创新驱动的

现在生产研发无人机、eVTOL 的企业大多是民营企业，创新效率高，产品技术更新换代非常快，技术路线丰富多样，有多旋翼、复合翼、矢量推进等多种构型，与以前传统的固定翼、直升机两种类型相比有很大差别（图 1-1），低空经济是一种创新型的经济形态（齐鑫，2024）。

图 1-1　无人机"快递小哥"正在送快递(图片来源:长沙自贸临空区党政综合局)

(2)低空经济是交叉融合的

低空经济是随着新能源、新技术、新材料等发展的,与很多行业都可以实现交叉融合,包括可与新能源汽车共用产业链。低空经济可以促进多种交通方式融合创新,例如飞行汽车既可以在空中飞行,又可以在地面行驶,交叉融合的特点体现得非常明显。同时,航空器也是电子产品与工业产品的一种结合,是技术交叉融合的产物。特别是与5G、北斗等新一代信息技术的融合,未来的低空经济,将是数字低空、无人驾驶、绿色动力多元融合型的经济形态。

(3)低空经济具有产业先导的特点

低空经济在多个领域都有应用,这个产业是通过"用",也就是"飞",带动起来的,是一种综合性的经济形态。此外,低空经济还带有地域属性。因为低空航空器的飞行范围往往比较有限,仅有两三百千米,这是一个有限区域,符合地方经济的发展特性。

3. 低空经济发展史

低空经济,依托于低空空域,以各种有人驾驶和无人驾驶航空器的低空飞行活动为核心,已经发展成为一个综合性的经济形态。低空经济不仅广泛涉及第一、第二、第三产业,更在经济发展、社会保障及国防事业等多个方面发挥着越来越重要的作用。

(1)早期阶段

在20世纪初,随着飞机的发明和航空技术的迅猛发展,人类开始进入低空领域。最初的低空活动主要集中在军事用途上,如侦察、通信和运输等(图1-2)。这些任务需要飞机具备高度灵活性和快速响应能力，以适应各种复杂多变的战场环境。

图 1-2　最早的无人机(斯佩里空中鱼雷号，1917 年)

随着技术的不断进步，低空活动逐渐扩展到了民用领域。航空摄影成了一项新兴产业，人们可以通过飞机俯瞰大地，捕捉到壮丽的自然风光和独特的地理景观。这种全新的视角不仅为摄影师提供了更多创作的可能性，也为普通人带来了一种前所未有的视觉享受(图 1-3)。

图 1-3　丰翼无人机跨海飞行(图片来源：丰翼科技)

空中旅游也成了低空活动的重要组成部分。人们可以乘坐小型飞机，飞越城市的高楼大厦，欣赏到壮观的城市风景。同时，一些旅游景点也开始提供空中观光服务，让游客可以从高空中一览无余地欣赏到美丽的自然风光和人文景观。

(2)20 世纪 50—70 年代

在 20 世纪 50—70 年代，随着直升机的问世和广泛应用，低空经济迎来了前所未有的发展契机。直升机作为一种具备垂直起降、悬停和低速飞行等独特优势的飞行器，为低空活动带来了更大的灵活性和多样性。这一时期，低空经济主要渗透到农业、林业、消防和医疗等领域，成为推动社会进步的重要力量。

农业领域是低空经济的重要应用领域之一。随着科技的进步，传统的农业生产方式已经无法满足人们对高效、精确的需求。直升机的出现填补了这一空白，它们能够快速、准确地投放农药、肥料和灌溉水，大大提高了农作物的生长效率和产量(图 1-4)。此外，直升机还可以用于农田的巡查和病虫害的监测，帮助农民及时发现问题并采取相应的措施，有效减少农作物的损失。

图 1-4　无人机准确投放(图片来源：《咸宁日报》，2019 年 11 月 25 日)

林业领域也受益于低空经济的发展。在过去，林木种植和采伐是一项艰巨的任务，需要大量的人力和物力投入。然而，直升机的出现改变了这一切。通过搭载专业的设备和工具，直升机可以快速地将树木种植到大面积的土地上，极大地提高了种植效率。同时，直升机还可以用于森林火灾的扑救和林区的巡查，保护宝贵的森林资源免受火灾和其他灾害的侵害。

消防领域也是低空经济的重要应用领域之一。传统的消防车辆在城市拥堵的道路上往往难以迅速到达火灾现场，而直升机却能够轻松穿越高楼大厦之间的狭小空间，迅速抵达火灾现场。直升机不仅可以提供空中灭火支援，还可以搭载救援人员和医疗设备，将受伤人员安全送至医院进行救治(图 1-5、图 1-6)。这种高效的救援方式不仅能够挽救更多的生命，还能够减少火灾造成的财产损失。

图 1-5　无人机参与消防灭火

图 1-6　无人机高空灭火演练(图片来源：深圳市应急管理局)

医疗领域也从低空经济的发展中受益匪浅。直升机在医疗救援中的应用已经成为现代医疗的重要组成部分。在紧急情况下,直升机可以迅速将医生、护士和急救设备运送到患者身边,为患者提供及时的医疗救助。此外,直升机还可以用于远程医疗的开展,为偏远地区的居民提供医疗服务,弥补了传统医疗资源的不足(图 1-7)。

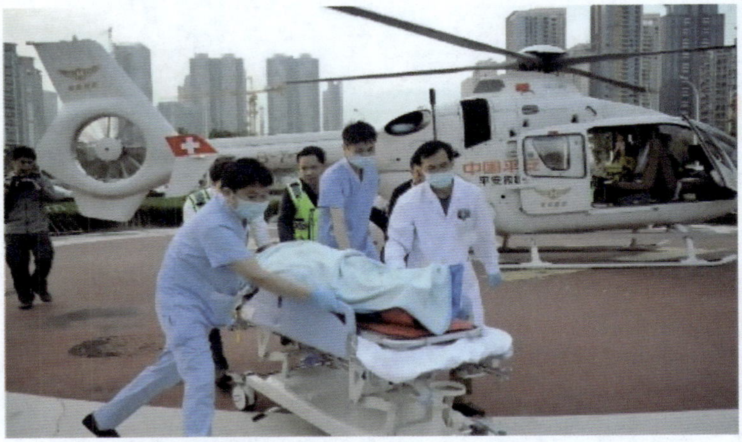

图 1-7 跨区域应急救援演练(图片来源:深圳市应急管理局)

(3)20 世纪 80—90 年代

在 20 世纪 80—90 年代,随着无人机技术的崭露头角,低空经济迎来前所未有的发展机遇。这一新兴技术以其低成本、操作简便和高度安全等优势,使得低空活动得以迅速普及,为各行各业带来了巨大的变革。

首先,无人机的低成本使得更多企业和个人能够参与到低空活动中来。传统的航空器需要高昂的购机费用和维护成本,限制了其应用范围。然而,无人机的出现打破了这一局面,其相对低廉的价格使得更多人能够拥有和使用无人机,从而推动低空经济的发展。

其次,无人机的操作简便也为低空经济的繁荣提供了便利。传统的航空器需要经过严格的培训和资质认证才能操作,而无人机的操作则更加简单易懂。只需要掌握基本的飞行原理和操控技巧,就能轻松使用无人机执行各种任务。这种简便性使得更多的人能够加入到低空经济活动中,进一步推动了行业的发展(图 1-8)。

最后,无人机的高度安全性也是其受欢迎的重要原因之一。相比于传统航空器,无人机在设计上更加注重提升安全性能。通过采用先进的避障系统和自动返航功能,使无人机能够在遇到危险情况时及时采取应对措施,保障飞行安全。这种高度安全性使得无人机在各种低空活动中得到广泛应用,如航拍、遥感和环境监测等领域。

在这一时期,低空飞行主要应用于航拍、遥感和环境监测等领域。航拍是一种新兴的摄影方式,通过无人机的高空拍摄,能够捕捉到壮丽的自然风光和城市的美

图 1-8　美国捕食者无人机(1994 年)

景,为电影、广告等行业提供了全新的视觉体验。遥感技术则利用无人机的高分辨率相机和传感器,对地表进行高精度的观察和测量,为农业、林业、城市规划等领域提供了重要的数据支持。在环境监测方面,无人机可以搭载各种传感器,对大气、水质、土壤等环境参数进行实时监测,为环境保护和生态研究提供了有力的工具。

无人机技术的兴起为低空活动带来了新的机遇,其低成本、操作简便和高度安全性等优势使得低空活动更加普及。在这一时期,航拍、遥感和环境监测等领域成为低空经济的主要应用领域,为各行各业带来了巨大的变革和发展(图 1-9)。

图 1-9　20 世纪 80—90 年代是低空经济发展的重要时期

(4)21 世纪至今

进入 21 世纪,随着互联网、大数据、人工智能等技术的迅猛发展,低空经济迎来了一个崭新的时代。在这个充满无限可能的时代里,无人机、自动驾驶飞行器等新型航空器的出现,为低空经济注入了源源不断的创新活力。在此期间,低空经济在物流配送、空中出租车、空中旅游等领域得到了广泛应用。

首先是物流配送领域。随着电商的兴起和人们对快速交付需求的增加,传统的地面物流配送方式面临着巨大的挑战。而无人机的出现,为解决这个问题提供了全新的解决方案。依靠无人机的高效配送能力,不仅可以大大缩短物流时间,还可以降低运输成本。无论是城市快递还是偏远地区的物资补给,无人机都可以轻松胜任(图 1-10)。同时,无人机还能够避免交通拥堵和交通事故等问题,提高物流效率和安全性。

图 1-10　丰翼无人机城市运输(图片来源:丰翼科技)

其次,空中出租车(eVTOL)也是低空经济的一个重要应用领域(图 1-11)。随着城市化进程的加快和人口密度的增加,传统的地面交通工具无法满足人们的出行需求。而空中出租车的出现,为人们提供了一种快速、便捷、高效的出行方式。随着自动驾驶技术的应用,空中出租车可以实现无人驾驶,减少人为因素对交通安全的影响。同时,空中出租车还能够解决交通拥堵问题,提高出行效率。未来,我们可以想象,在繁忙的城市中,人们可以通过手机应用轻松预约空中出租车,享受舒适、便捷的出行体验。

空中旅游依然是低空经济的一个重要发展方向。随着大宗消费对旅游方式的需求多样化和个性化的追求,传统的地面旅游已经无法满足人们的需求。同时,以往的空中游览也不再是奢华的消费方式,而是逐渐向大众市场发展。通过乘坐直升机(甚至是 eVTOL)或热气球、飞艇等航空器,人们可以俯瞰壮丽的山脉、河流和城市的美景,感受到独特的视觉冲击和刺激(图 1-12)。同时,随着无人驾驶技术结合飞艇技术的发展，未来可能会看到在地面运输设备很难到达的地区，无人飞艇成为货物运输的工具。

图 1-11　峰飞“盛世龙”eVTOL 航空器(图片来源：峰飞航空)

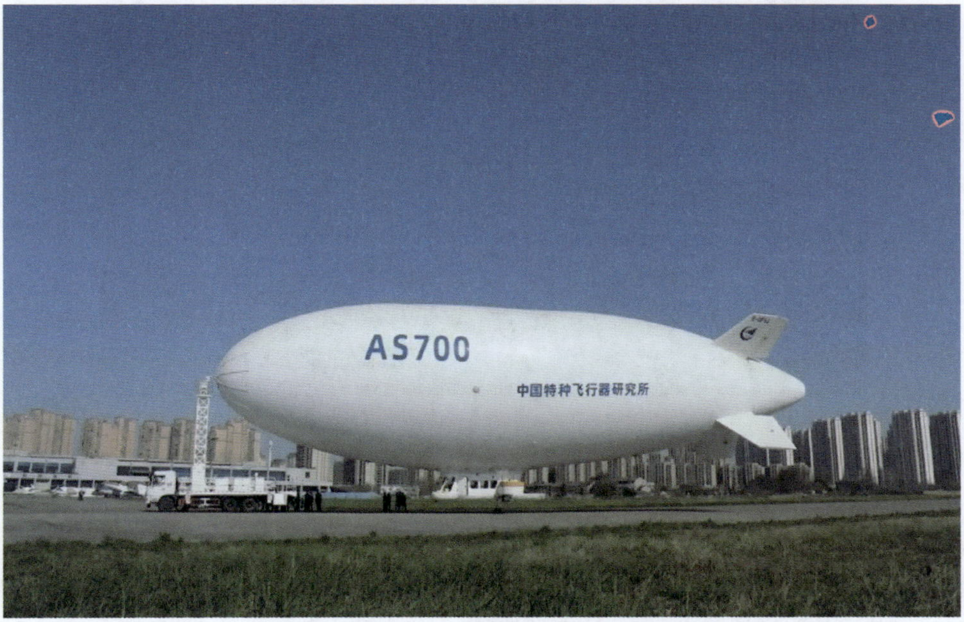

图 1-12　祥云 AS700 飞艇(图片来源：航空工业特种飞行器研究所)

随着互联网、大数据、人工智能等技术的发展，低空经济正以惊人的速度迈向一个全新的阶段。无人机、自动驾驶飞行器等新型航空器的出现，为低空经济带来了更多的可能性。在物流配送、空中出租车、空中旅游等领域的应用中，低空经济将以其高效、便捷、创新的特点，为人们的生活带来更多的便利和惊喜。

第 2 章　我国低空经济发展

在我国，低空经济的发展也取得了显著成果（图 2-1）。20 世纪 50 年代，我国开始利用通用航空技术灭蚊；2000 年之后经历了几轮发展，其中，2003 年出台了《通用航空飞行管制条例》，这是通用航空发展的一个起点。

图 2-1　eVTOL 飞行器载人模拟场景（图片来源：峰飞航空）

2010 年，国务院、中央军委下发《关于深化我国低空空域管理改革的意见》，业界持乐观态度，但有关手续审批还很困难，相关配套服务成本很高，发展受到制约；2016 年，国务院办公厅印发并实施《关于促进通用航空业发展的指导意见》，低空通航概念再度兴起，但其中的制度性因素（如空域审批等）仍未能有效完善。在此期间，无人机产业发展迅猛，特别是 2013 年大疆发布了“精灵”系列无人机，成为无人机发展的元年。

2020 年，国家开始针对该领域进行研究，此后提出了未来的发展方向和新的发展模式、发展路径，即无人化、电动化、智能化。低空经济的整个模式发生了改变。

2023 年，中国民用航空局颁布了《国家空域基础分类方法》。依据航空器飞行规则和性能要求、空域环境、空管服务内容等要素，将空域划分为 A、B、C、D、E、G、W

7类(图2-2)。其中,A、B、C、D、E类为管制空域,G、W类为非管制空域,平均海平面高度3000 m以下。低空空域通常是海平面高度1000 m以内的空域。

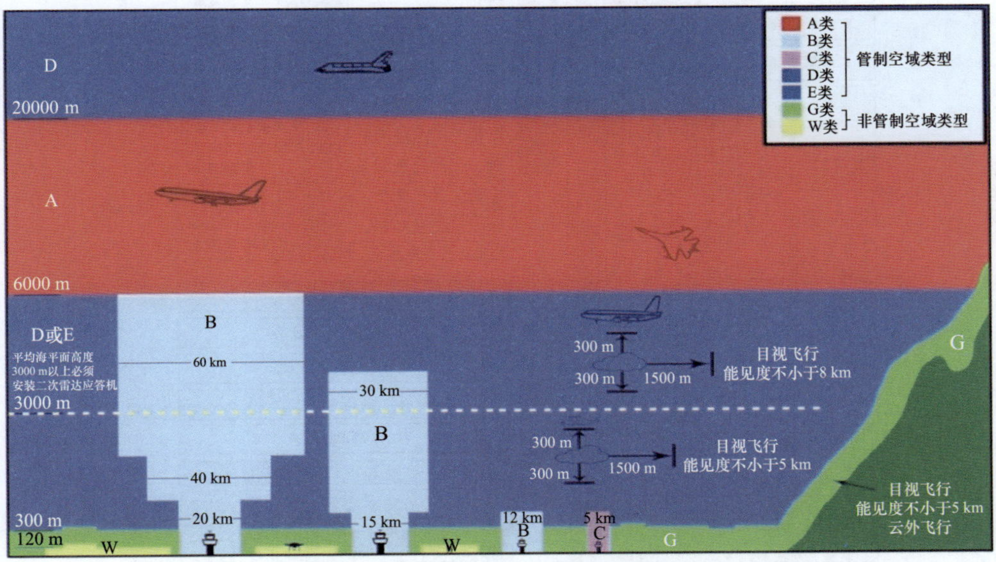

图2-2 国家空域基础分类示意图(图片来源:中国民用航空局网站)

根据飞行器的特点,300～1000 m(数字的阈值为左不包含、右包含,下同)低空航道主要飞行低空航道有人机,如直升机;120～300 m航道主要以行业无人机为主,如快递派送无人机;120 m以下低空以消费级无人机为主(图2-3)。

图2-3 低空空域飞行器高度示意图(图片来源:深圳市城市交通规划设计研究中心)

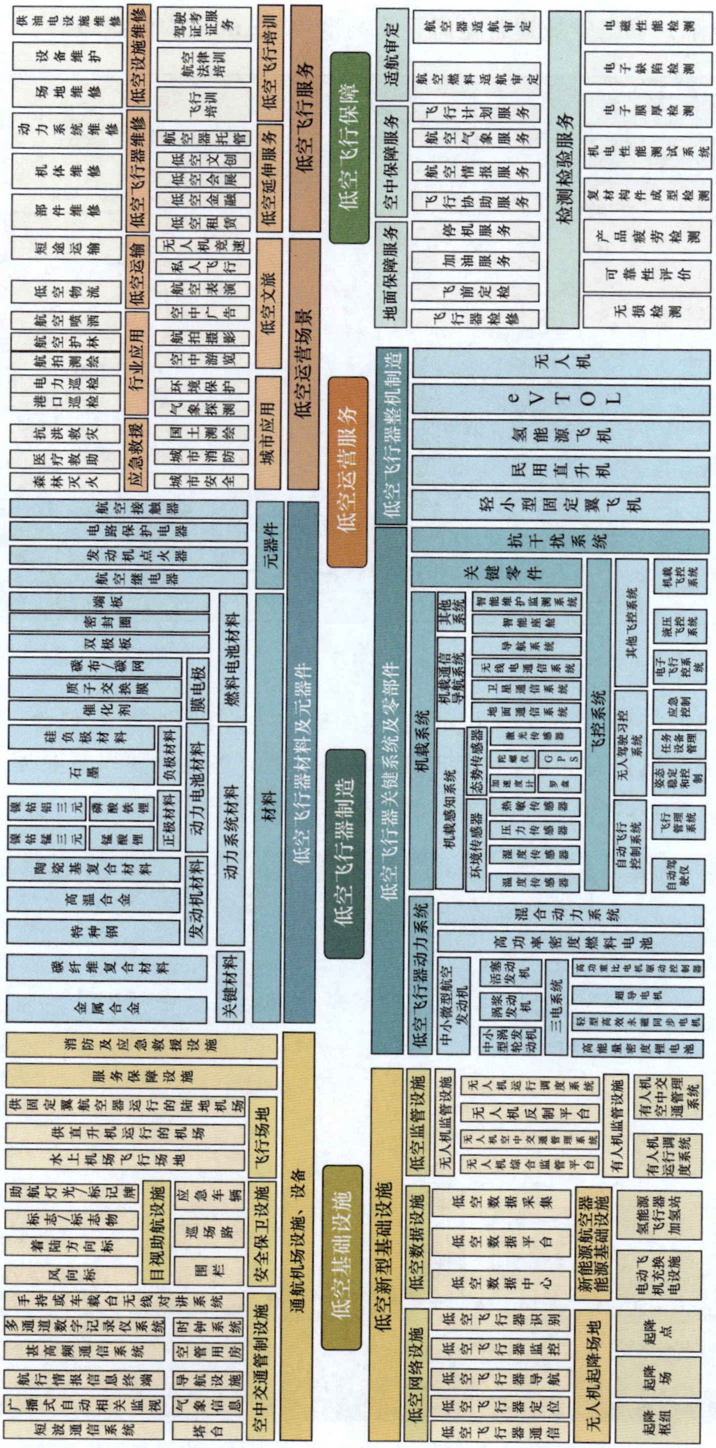

图 2-4　低空经济全景图（赛迪顾问股份有限公司 等，2024）

低空经济产业，以各种有人驾驶和无人驾驶航空器在低空空域的飞行活动为牵引，形成辐射带动相关领域融合发展的综合性经济形态，包括低空基础设施、低空飞行器制造、低空运营服务、低空飞行保障等四大重点方向（图 2-4）。

近年来，广东、安徽、浙江、山东、陕西、甘肃、山西、重庆等省（市）均在加快推动低空经济发展。部分重点城市，如湖北武汉，江西吉安、共青城，安徽合肥芜湖，广东深圳、广州，江苏苏州，四川成都等地，已陆续出台低空经济相关规划或支持政策。

1. 低空经济前沿赛道

从发展历史可以看出，低空经济经历了一个不断创新、发展的过程。从最初的军事用途到如今的多样化应用，低空经济已成为一个充满活力和潜力的产业领域。近年来，中国企业在低空经济领域取得了一系列重要突破，如大疆创新的无人机、亿航智能的自动驾驶飞行器等。

低空飞行航空器主要分为有人驾驶航空器和无人驾驶航空器，其中，无人驾驶航空器按照性能指标分为微型、轻型、小型、中型和大型（表 2-1）。

表 2-1　无人驾驶航空器分类

型别	特点	代表机型
微型	空机重量小于 0.25 kg，飞行真高不超过 50 m，最大平飞速度不超过 40 km/h	 大疆Mini3，249 g
轻型	空机重量不超过 4 kg 且最大起飞重量不超过 7 kg，最大平飞速度不超过 100 km/h	 大疆PHANTOM 3，1280 g
小型	空机重量不超过 15 kg 且最大起飞重量不超过 25 kg	 美团第四代无人机，最大起飞重量9.6 kg

续表

型别	特点	代表机型
中型	最大起飞重量不超过 150 kg 的无人驾驶航空器	 丰翼方舟E35，最大起飞重量33.5 kg
大型	最大起飞重量超过 150 kg 的无人驾驶航空器	 TP500大型无人运输机，载重500 kg

2023 年 5 月 31 日，国务院、中央军委联合发布《无人驾驶航空器飞行管理暂行条例》。条例明确规定，微型、轻型和小型无人驾驶航空器符合工业和信息化部 3C 认证就可以生产销售，中型、大型无人驾驶航空器需要取得中国民用航空局适航许可证，才能进入商业化运行。除微型、轻型无人机外，驾驶人员均需取得操控员执照。

低空经济在应急救援、物流快递、载人飞行三个领域潜力巨大，有万亿级的应用场景(图 2-5)。如此庞大的市场潜力和发展空间，符合地方寻找新经济增长点的需求。首先，是飞行器技术。飞行器要非常安全可靠，且具备智能、绿色特性。涉及飞行器相关的动力技术，包括电池、电机、电控等，以及安全适航等技术，都是十分重要的。低空基础设施的建设，实现空域数字化及数字化管控至关重要，需要突破一些技术难点。其次，低空经济的关键技术还涉及制造、运营、使用、监管服务等其他各个方面。

图 2-5　美团无人机物流快递(图片来源:深圳市城市交通规划设计研究中心)

从产业链角度来看，除了制造、使用，还有相关的数字基础设施应用服务，其中气象服务、情报服务是关键。

低空飞行活动、管理与运营都离不开基础的物理设施，包括起降点、能源站等，出现异常状况时所需的备降点、迫降点等，以及日常运维的维修站、业务场景需要的接驳站和装卸站等（图 2-6）。为了充分提高低空经济的业务效率和设施使用效率，这些物理基础设施的服务能力必须是数字化的，并且需要实时更新其状态，以便通过数字系统对其进行调度并优化使用效率。

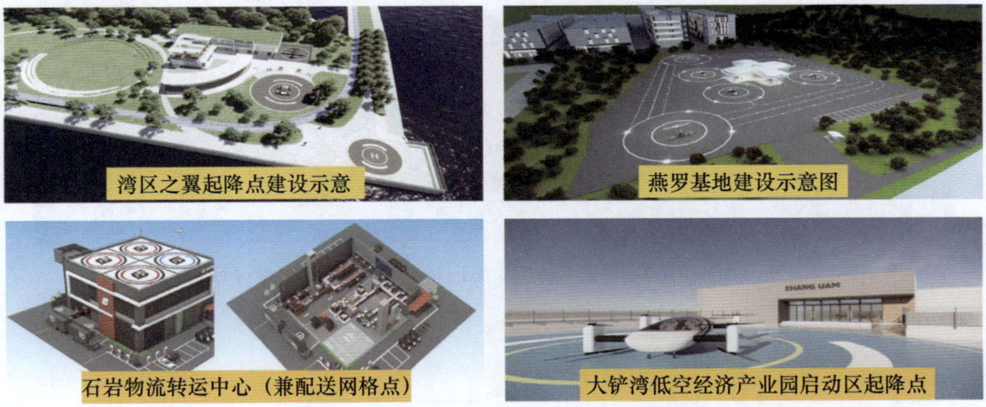

图 2-6　深圳市无人机起降点设计图（图片来源：深圳市城市交通规划设计研究中心）

2. 低空飞行器制造

零部件：芯片、电池、复合材料、传感器、电机、电调、遥控器、接收器、云台和相机（图 2-7）。

整机研制：非载人分为消费级和工业级；载人主要包括 eVTOL。

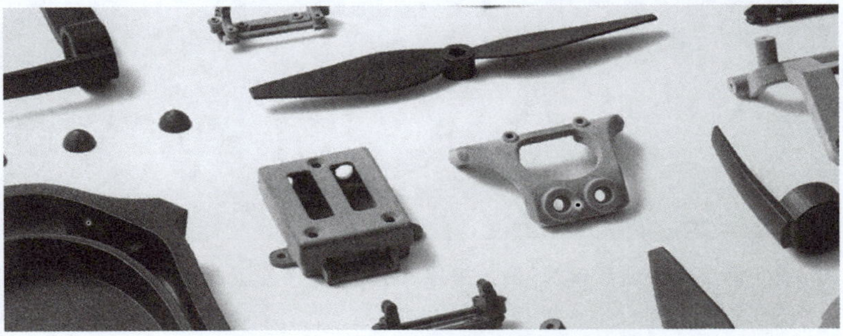

图 2-7　无人机产业部分零部件

3. 低空运营服务

商用工业类：物流运输、农业植保、工程测绘等。

公共服务类：安防应急、医疗救护、短途运输、政务飞行、UAM（城市空中交通）。

消费娱乐类：航拍、飞行培训、空中游览、航空运动（图 2-8）。

图 2-8　无人机低空飞行（图片来源：深圳市城市交通规划设计研究中心）

4. 低空飞行保障

基础类：飞行器识别、通信、导航、定位、监控、气象、电磁、雷达、飞行器感知、地图、航路、备降、处置设施。

进阶类：升降、能源、机载感知、环境感知设施（图 2-9）。

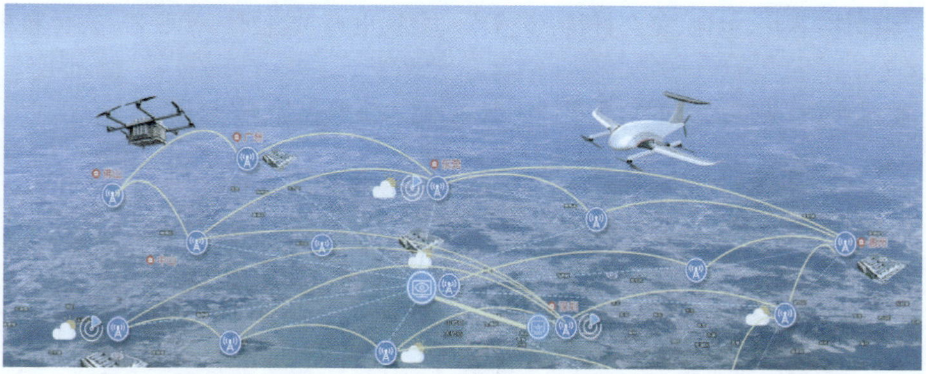

图 2-9　低空飞行航线模拟（图片来源：深圳市城市交通规划设计研究中心）

低空空域飞行任务多数为短距离飞行。随着在空低空飞行器数量的增加，为保障低空空域飞行的安全，低空信息基础设施技术需要不断完善，精细度需要不断提升，以获得更细空间粒度的信息，以及动态的实时或者准实时的信息。针对低空物流交通等应用，有必要提供低空空域内的气象综合监测、气象灾害辅助决策服务，减少恶劣天气给低空飞行带来的影响。

第 3 章　深圳发展低空经济的现状

目前，人们的生产生活方式已经发生了改变。例如农业，以前依靠人力或者其他机器完成植保作业，现在很多农业植保工作应用无人机，使得效率大幅提升（图 3-1）。此外，还有电力巡检、物流配送等应用无人机，使得人们的生产、生活更加便捷、高效。低空经济能够满足人民群众对于美好生活的向往。未来，随着技术的进一步发展和社会需求的不断增长，低空经济将继续保持快速发展的势头，为人类社会带来更多的便利和价值。

图 3-1　eVTOL M1 首架无人机空中悬停（图片来源：峰飞航空）

2022 年，国家指定深圳市为“城市场景和综合应用拓展双定位”的航空试验区。2023 年，深圳市委、市政府第一次把“低空经济”写入政府工作报告，《深圳经济特区低空经济产业促进条例》已于 2024 年 2 月 1 日起施行。2023 年是深圳低空经济元年，深圳正在加快完善低空经济软硬件基础和配套设施，开展低空智能融合飞行基础设施建设，市、区联动支持企业加快末端转运节点、社区级无人机起降场布局，构建低空经济设施网、空联网、航路网、服务网“四张网”，让低空经济拥有一张“数字蓝图”。上下班“打飞的”的科幻场景将渐渐走进深圳人的日常生活。低空经济产业发展，正面临着重大机遇。深圳市在产学研和市场应用上具有很好的基础，通过积极进取、乘势而上、勇于创新、大胆探索,迅速抢占行业发展制高点,为低空经济发展探索更多深圳经验、作出更大贡献。未来,深圳市将以建设中国的低空经济中心,低空融合飞行先行示范区、通用航空产业综合示范区、民用无人驾驶航空试验区为目标,打造面向未来、辐射全球的“天空之城”。

1. 政策支持低空经济发展

低空经济是以民用有人驾驶和无人驾驶航空器为主,以载人、载货及其他作业等多场景低空飞行活动为牵引,辐射带动相关领域融合发展的综合性经济形态,主要包含低空制造、低空保障、低空飞行及综合服务等重点方向,具有辐射链广、产业链条长、成长性和带动性强等特点。

近年来,深圳市提前规划布局,从战略层面抢抓低空发展先机,陆续发布《深圳市低空经济产业创新发展实施方案(2022—2025年)》《深圳经济特区低空经济产业促进条例》等多份产业规划和地方法规,从政策、法律等多方面为深圳先行先试制定民用无人机管理规则和运行标准,为推动低空经济发展提供有力支撑。此外,深圳市及各区纷纷出台政策,加大扶持低空经济产业力度(表3-1)。

表3-1 深圳市及各区低空经济产业政策(中商产业研究院,2024)

地区	政策名称	主要内容
深圳市	《深圳市低空经济产业创新发展实施方案(2022—2025年)》	提出到2025年深圳低空经济产业要大幅向前迈进,预计全市载货无人机商业飞行突破300万架次/年,链上企业突破1700家,产值规模突破1000亿元
	《深圳市支持低空经济高质量发展的若干措施》	共20条奖补政策,最高奖励达5000万元,鼓励低空经济企业增资扩产
	《深圳经济特区低空经济产业促进条例》	明确建立低空经济产业发展协调机制,在基础设施、飞行服务、产业应用、产业支持、技术创新、安全管理、法律责任等方面作出规定
福田区	《福田区低空经济高质量发展行动方案(2023—2025)》	打造低空经济发展典范城区,实施关键技术研发及科技创新能力提升、低空基础设施及保障能力提升、低空产业能级及商业规模提升、低空应用场景多元化培育及拓展四大行动17项重点任务,发动低空经济新引擎
罗湖区	《深圳市罗湖区低空经济创新发展实施方案(2024—2026年)》	明确罗湖区低空经济的发展定位和方向。实施市场主体引进培育、低空基础设施夯实、低空消费中心建设、深港跨境飞行引领、低空客货运输示范、低空城市治理提升、创新发展能级提升、产业配套协同发展八大行动,鼓励传统优势产业与低空经济融合发展,聚焦“商旅文低空应用”,构建“场景+产业”双轮驱动的低空经济产业体系,打造低空经济商旅文创新应用发展区

续表

地区	政策名称	主要内容
罗湖区	《深圳市罗湖区促进商旅文低空应用的若干措施》	支持"低空＋商旅文"主题活动、支持开通低空观光航线、支持开通 eVTOL 空中交通航线、支持低空物流配送、支持无人机竞速赛事、支持低空基础设施建设、支持低空展销中心建设、支持低空装备销售公司、支持举办低空经济展会、支持低空保险
南山区	《南山区促进产业高质量发展专项资金管理办法》	从引培低空经济产业项目、提升自主创新能力、支持低空基础设施建设、发展低空飞行和综合服务业、支持低空经济企业走出去、加大低空经济金融服务支持 6 大方面予以支持，旨在推动南山低空经济高质量发展，加快形成新质生产力，增强发展新动能，打造低空经济企业总部及研发基地、建设世界低空经济高地，单项奖励最高达 1 亿元
盐田区	《盐田区低空经济产业创新发展实施方案(2023—2025 年)》	打造低空基础设施建设先行区、低空特色应用场景示范区、低空综合服务引领区和低空要素保障标杆区，到 2025 年，全面建成低空经济产业创新发展先行区，崛起为辐射力、影响力卓著的粤港澳大湾区低空经济核心引擎
	《盐田区关于促进低空经济产业创新发展的若干措施》	支持低空经济领域企业落户发展，支持低空经济创新载体落户，鼓励建设低空服务保障平台，鼓励加大低空经济配套设施建设投入，培育载人空中交通新业态，支持扩大无人机物流应用，支持建设低空经济专业人才培养基地，支持打造低空科普教育培训基地，鼓励入驻低空经济产业园等，给予资金支持
宝安区	《深圳市宝安区低空经济产业创新发展实施方案(2023—2025 年)》	到 2025 年，宝安区低空经济创新水平国际一流、基础设施国内领先、低空场景丰富多元、产业能级大幅跃升，产业生态不断完善，产业集聚效应凸显，低空经济产业链成型成势，成为宝安区未来经济重要增长极。提出实施产业生态优化行动、实施基础设施完善行动、实施应用场景示范行动、实施产业能级跃升行动四大重点任务
	《深圳市宝安区关于促进低空经济产业发展的若干措施》	共 11 条奖补政策，最高奖励达 3000 万元，面向 eVTOL 适航审定及整机研发、制造和运营项目
龙岗区	《龙岗区关于促进低空经济产业发展的若干措施》	共 20 条奖补政策，最高奖励达 4000 万元，面向符合条件的低空经济研究机构
	《深圳市龙岗区工业和信息化产业发展专项资金关于支持低空经济产业发展实施细则》	支持建设低空先进技术应用平台，支持建设专业化研发载体，推动整机研制项目落户，吸引低空核心部件和关键材料企业落户，鼓励企业加大投资，支持企业做大做强，支持开设低空载人航线服务，支持开设低空物流航线服务，支持无人机综合测试基地运营，鼓励开展低空检测认证服务、鼓励低空金融服务，支持举办低空产业会议与重大活动，支持打造低空产业集聚区与制造基地，支持低空基础设施建设

续表

地区	政策名称	主要内容
龙华区	《深圳市龙华区低空经济产业创新发展实施方案(2023—2025 年)》	支持低空经济企业落户、支持低空经济企业扩大规模、鼓励低空经济企业数字化改造、支持低空航空器新品研发、支持产业链关键环节研发及产业化、支持公共服务平台建设、支持城市低空飞行、支持低空文旅应用场景建设等
	《深圳市龙华区促进低空经济产业高质量发展若干措施》	共 13 条奖补政策,最高奖励达 3000 万元,支持低空经济企业数字化改造

2. 低空经济产业基础优势明显

深圳已具备较好的低空经济产业基础,产业基础雄厚,基础配套设施完善。无人机是低空经济的重要载体,深圳是我国无人机产业集聚度最高的地区,深圳发展低空经济具有较好产业基础优势。经过多年的积累,深圳消费类无人机、工业级无人机产品门类齐全,已经形成集研发、设计、制造、试飞、运维为一体的完整产业链。深圳市交通运输局披露的数据显示,截至 2023 年底,深圳无人机企业已超过 1730 家,年产值 960 亿元,消费级无人机占全球 70%的市场份额,工业级无人机占全球 50%的市场份额(图 3-2)。此外,深圳芯片、电子、新材料等产业的蓬勃发展,也为低空制造产业提供了肥沃的土壤。在材料领域,无人机的主要材料之一是碳纤维,深圳早期航模业和碳纤维产业的发展已经积攒了极大优势;在动力供给领域,坐拥比亚迪的深圳锂电池产业发展风生水起;在整机生产领域,深圳成熟的芯片、电子行业足以提供强力支撑。

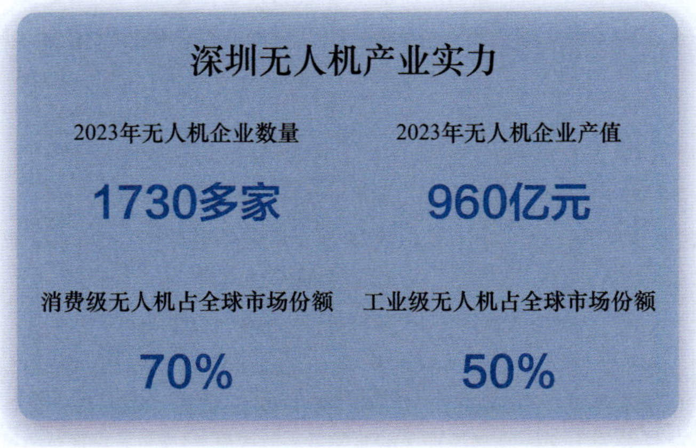

图 3-2 深圳无人机产业实力(数据来源:中商产业研究院)

目前,深圳城市空中交通网络已初具规模,美团无人机、丰翼科技探索无人机在即时配送、城市物流运输等方面取得成效，通航企业积极协同相关部门推动深港直升机跨境飞行全面复航，“机场—CBD”、城市通勤等空中的士航线陆续开通，全国首个低空经济产业公共服务中心暨宝安区无人机系统应用测试基地启用。

3. 低空经济产业初见规模

深圳是我国低空经济发展高地。2023 年，深圳低空经济年产值已超过 900 亿元，同比增长 20%；2023 年，深圳新开通无人机航线 77 条，新建无人机起降点 73 个，完成载货无人机飞行量 60 万架次，飞行规模全国第一；直升机飞行量超 2 万架次，飞行规模全国领先（图 3-3）。

2023年深圳低空经济产业规模

低空经济年产值	新开通无人机航线	新建无人机起降点	载货无人机飞行量	低空经济年产值
900亿元以上	77 条	73 个	60 万架次	2 万架次以上

图 3-3　2023 年深圳低空经济产业规模（数据来源：中商产业研究院）

4. 低空经济应用场景丰富

深圳无人机商业化运营已覆盖货运物流、即时配送、农情监测、交通/管线巡检、勘探测绘、农林植保、应急消防等众多领域（图 3-4）。除了无人机外，深圳快速发展的低空产业还涵盖了低空制造、低空飞行、低空保障、综合服务，以及包括旅游业、物流业、巡检业在内的各种低空应用场景等，形成了长链条、广辐射的低空产业生态圈。

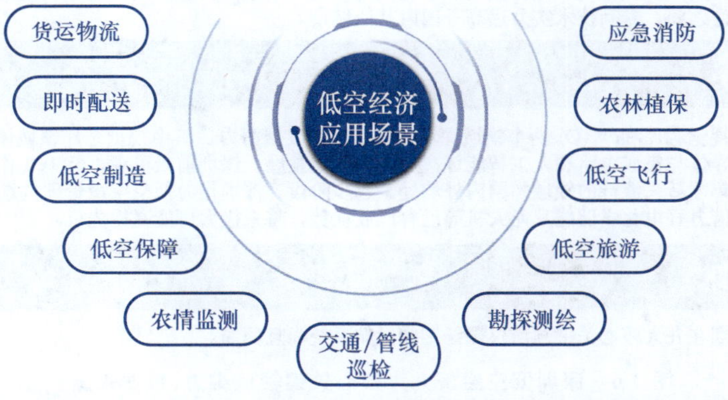

图 3-4　深圳低空经济应用场景（数据来源：中商产业研究院）

5. 低空经济产业具备较高专利技术水平

截至 2023 年，深圳低空经济产业全球专利布局数量已超过 1.4 万件，海外布局超 1/3，有效专利占比超 34%（图 3-5）。其中，发明专利占比、有效发明专利 5 年以上维持率均优于全市总体水平，反映出深圳低空经济产业具备较高的专利技术水平。

深圳低空经济产业专利规模

全球专利布局数量	专利海外布局	有效专利占比
1.4万件以上	超1/3	超34%

图 3-5 深圳低空经济产业专利规模（数据来源：深圳市市场监督管理局（深圳市知识产权局）、中商产业研究院）

深圳低空经济产业主要聚焦九大核心关键领域：碳纤维、视觉芯片、云台、雷达、飞控系统、导航系统、图传系统、多旋翼无人机和 eVTOL。《深圳市低空经济产业核心关键技术领域专利导航分析》显示，在九大核心关键领域，深圳呈现“1422”分布，即 1 个绝对优势、4 个相对优势、2 个潜力、2 个弱势（图 3-6）。

深圳低空经济九大核心关键领域实力

1个绝对优势

· 云台专利技术占据绝对优势，专利申请量、专利存量等各项指标，皆处于独一档，并且以一城敌一国，专利申请量超过有关国家。

4个相对优势

· 在雷达、飞控系统、图传系统和多旋翼无人机四个领域，深圳则与北京长期处于伯仲之间，专利技术实力远高于国内其他城市。

2个潜力

· 在视觉芯片和eVTOL两个领域深圳具备良好的发展潜力，其中视觉芯片领域伴随着半导体与集成电路和人工智能等产业的高质量发展，深圳前景可观；eVTOL作为近几年才新兴流行的领域，国内外均处于起步阶段，深圳作为低空空域管理试点城市，若借力好电化学储能及无人机等已有产业优势，将来极大可能赢得先机。

2个弱势

· 深圳在九大核心关键领域仅碳纤维和导航系统尚且薄弱。

图 3-6 深圳低空经济九大核心关键领域实力（数据来源：深圳市市场监督管理局（深圳市知识产权局）、中商产业研究院）

第4章　气象对发展低空经济的重要性

1. 气象的广度与深度

气象，作为自然界中最具影响力的因素之一，其广度与深度远超想象。从微观层面看，气象研究的是大气层中各种物理、化学和生物过程，这些过程直接决定了天气是晴朗还是阴霾，是风平浪静还是狂风暴雨。从宏观层面看，气象关注的是地球大气圈的整体状态，包括气候的变迁、大气的环流等，这些变化对全球环境、经济乃至社会都有着深远的影响。

气象学是研究大气中各种现象和过程，以及它们如何影响地球表面和生物圈的科学。它涵盖了大气物理学、大气化学、大气动力学、气候学、天气学等多个学科。这些学科之间相互关联，共同构成了气象学的庞大体系。气象学的研究不仅涉及基础理论的探索，还涉及各种气象观测技术、预报方法和服务应用的研究。

气象与人类社会的联系可谓千丝万缕。从古至今，气象一直是人们生活和生产中不可或缺的一部分。在农业生产中，农民需要根据气象信息来安排播种、灌溉、收割等农事活动；在交通运输中，驾驶员需要了解沿途的天气状况来确保行车安全；在能源开发中，气象信息对风电、太阳能等清洁能源的利用至关重要。此外，气象还直接影响到人们的日常生活，如穿衣、出行、健康等。

随着科技的不断发展，气象学也迎来了前所未有的发展机遇。一方面，气象观测技术取得了巨大进步，从传统的地面观测站发展到卫星遥感、雷达监测、无人机观测等多种手段相结合的综合观测体系。这些技术的进步不仅提高了气象观测的精度和效率，还为我们提供了更加丰富、全面的气象数据。另一方面，气象预报方法也得到了不断创新和完善。数值天气预报模型、人工智能预测技术等现代技术的应用，使得天气预报的准确性和时效性得到了极大提升。同时，气象服务的应用范围也在不断拓展，从传统的天气预报服务扩展到农业、交通、能源、环境等多个领域。

低空经济的迅猛发展，正在以前所未有的速度改变着我们的生活、工作和商业模式。无人机、低空飞行器、低空旅游、空中物流等新兴产业如雨后春笋般涌现，为经济增长注入了新的活力。然而，在这些看似无限可能的新兴领域中，一个不可忽视的因素便是气象。气象条件对低空经济的影响深远而广泛，它不仅是低空飞行安全的重要保障，更是低空经济活动顺利进行的基石。

飞行器安全飞行是促进低空经济繁荣和可持续发展的关键。在探讨低空飞行的安全性时,我们不得不面对一个至关重要的因素——气象条件。气象条件对航空器安全飞行的作用,不亚于通信、导航和监视这三个关键要素,尤其是近年来在全球气候变化的背景下,极端天气气候事件频发多发,气象要素对飞行器安全飞行的重要性逐渐凸显。从广义的角度分析,低空气象不仅局限于确保飞行器低空飞行安全,还在诸如飞行器运营效率提升、强对流天气预防与应对、低空经济产业链发展支撑、政策出台和改革创新推动以及经济社会高质量发展促进等方面具有很重要的作用。

一是飞行安全保障。低空飞行对气象要素非常敏感,需要更高精度和更实时的监测数据和气象预报产品。更精密的气象实况数据、更精准的天气预报产品和更精细、及时的气象服务能够极大程度上有效保障低空飞行的安全。

二是运营效率提升。气象要素能够给予飞行器飞行主体和相关企业更好地优化航路规划和飞行时间窗口,从而提升运营效率。此外,气象要素还能形成诸如基于位置的强风暴雨码、健康生活气象等精细化信息产品,从而提升低空经济气象服务质量。

三是强对流天气预防与应对。充分有效利用低空强对流天气实况数据和危险天气预报预警信息,减少灾害性天气对低空飞行造成的破坏和经济损失。尤其是对观光旅游、无人机载人交通、抢险救灾等重要飞行活动尤为重要,能够提供及时有效的气象信息保障。

四是低空经济产业链发展支撑。气象监测及气象服务不仅赋能低空经济的装备制造业和技术服务业,还促进了新兴产业的高质量发展。例如,深圳市通过建设低空气象服务中心,助力低空经济与新兴产业集群的发展。

五是政策出台和改革创新推动。气象监测及气象服务为低空经济的发展提供了政策支持和改革创新的保障。例如,江西和四川等地通过探索管理制度上的改革,为低空经济发展注入动力。

六是经济社会高质量发展促进。通过提供全流程、全环节、全周期的递进滚动式气象服务,助力涵盖交通、物流、旅游、农业、测绘等多个领域的经济社会高质量发展。

2. 低空气象对飞行安全的影响

低空大气,作为飞行器直接穿越的介质,其特性对飞行安全有着至关重要的影响。低空大气中,对流强、能见度低、天气变化剧烈的特点,给低空飞行带来了极大的挑战。而气象服务的准确性和及时性,则成为保障低空飞行安全的关键因素。

深入理解低空大气的特性。低空大气,指的是海拔相对较低的大气层,这一区域的大气受到地面热力和动力条件的影响较大,因此呈现出独特的气象特征。对流强是低空大气的一个显著特点,由于地面受热不均,导致空气产生强烈的垂直运动,形成了复杂多变的气流。这种强烈的对流运动,对于飞行中的无人机等低空飞行器来说，意味着飞行环境的不稳定，增加了飞行难度和事故风险。

除了对流强之外，低空大气的能见度也相对较低。这主要是由于低空大气中水汽、尘埃等杂质较多，导致光线在传播过程中受到阻碍，使得飞行员的视线范围受到限制。在雾/霾、大雾等低能见度天气下，飞行员的视线更加受限，难以准确判断飞行器的位置和高度，从而增加了飞行事故的风险。

更为复杂的是，低空大气的天气变化十分剧烈。由于低空大气受到地面热力、动力条件以及地形等多种因素的影响，其气象条件在短时间内可能发生显著变化。这种变化可能包括风向、风速、气温、湿度等多个方面的改变，对飞行器的稳定性和操纵性产生直接影响。在强对流天气、云雨天气以及短时强降雨等恶劣气象条件下，低空飞行器面临的安全风险将大幅增加。

特别是对于超大沿海城市而言，其特有的气象环境和地形条件使得低空飞行面临着更大的挑战。这些城市高层建筑众多，地形复杂，容易受到台风、强对流等恶劣天气的影响。在这些天气条件下，致灾大风频繁出现，对低空飞行器的安全构成严重威胁。此外，受复杂地形和高层建筑的进一步影响，这些城市还容易出现“狭管效应”。当风吹过城市中的高楼之间时，由于高楼之间的狭窄通道限制了气流的扩散，使得风速在瞬间增大。有资料显示，当城市出现六七级大风时，“狭管效应”能使通过高楼之间的瞬间风力达到 12 级。这种极端风速对低空飞行器的安全构成了极大的威胁。

3. 低空气象要素分类

低空气象影响因素包括风速、风向、降水、能见度、云量、云高、相对湿度、气温、气压、辐射等气象要素，以及雷暴闪电、大雾灰霾、沙尘扬沙、冰雹、高温低温等天气现象，这些因素共同构成了低空气象的基础，对于低空飞行活动的航线规划和执行具有指导意义。在低空飞行安全和经济效益中，有几个最为关键的气象因素：①风速风向。广域范围、一定级别（例如 7 级风及以上）的风速以及不同方位的风向（例如水平风及垂直风）会对飞行器造成严重的威胁，同时非常狭小空域的风切变（例如强烈的垂直风）也不可忽视，会对飞行构成更为严重的安全威胁，甚至可能导致飞行器失去控制。②能见度。低能见度（如大雾灰霾、云量云高、沙尘扬沙等）会降低飞行视线以及影响飞行器着陆定位的准确度，增加飞行风险。③雷暴闪电和冰雹。雷暴闪电、冰雹等恶劣天气条件可能导致飞行器受损，影响飞行安全。④气温和湿度。极端的温度（高温和低温）和湿度变化可能影响飞行器性能和乘客舒适度。

4. 气象服务在低空经济活动中的应用

除了对低空飞行安全的影响外，气象服务还在低空经济活动中发挥着重要作用。无论是无人机飞行还是空中物流等领域,都需要气象服务的支持。气象服务能够为低空经济活动的安全、高效运行提供有力保障。

(1)气象服务在无人机飞行领域的应用

无人机作为低空经济活动的重要载体,其飞行安全受到气象条件的直接影响。在无人机起飞前,飞行员或地面指挥人员需要获取起飞点和飞行区域的气象信息,包括风向、风速、气温、湿度、降水概率等。这些气象信息对于评估飞行安全至关重要。气象服务可以为无人机飞行提供实时、准确的气象数据,帮助飞行员判断飞行条件是否适合起飞和飞行。在无人机飞行过程中,气象条件可能随时发生变化。气象服务可以通过无人机搭载的气象传感器,实时监测飞行区域的气象变化,如风速、风向、温度、湿度等。这些实时数据可以帮助飞行员及时调整飞行策略,确保飞行安全。当飞行区域出现恶劣气象条件时,如强风、雷电、暴雨等,气象服务可以及时发出预警,提醒飞行员采取紧急措施,避免飞行事故的发生。同时,气象服务还可以为无人机提供飞行轨迹调整建议,帮助无人机避开危险区域。在无人机飞行结束后,气象服务可以对飞行过程中的气象数据进行整理和分析,为飞行员提供飞行质量评估和改进建议。这些分析数据有助于飞行员了解飞行过程中的气象条件对飞行性能的影响,从而优化飞行策略。

(2)气象服务在空中物流领域的应用

空中物流作为一种高效、快捷的物流方式,正在逐渐改变传统的物流模式。在空中物流活动中,航线规划是关键环节之一。气象服务可以为空中物流提供实时、准确的气象数据,帮助物流公司制定合理的航线规划,确保物流活动的高效、安全进行。在货物运输过程中,气象条件可能发生变化,如风向突变、降水等。气象服务可以通过空中物流飞行器搭载的气象传感器,实时监测飞行区域的气象变化,为飞行员提供飞行指导。同时,气象服务还可以根据气象数据调整飞行计划,确保货物的及时送达。当飞行区域出现恶劣气象条件时,如大风、雷电、暴雨等,气象服务可以及时发出预警,提醒物流公司暂停或调整物流计划,确保货物的安全。同时,气象服务还可以为物流公司提供紧急避险建议,帮助物流公司应对突发气象灾害。气象服务还可以为物流公司提供物流气象咨询服务,帮助物流公司了解物流区域的气象特点、气候变化趋势等信息,为物流公司提供物流决策支持。这些咨询服务有助于物流公司更好地应对气象变化,提高物流效率。

5. 气象与低空经济的相互促进关系

气象与低空经济之间存在着相互促进的关系。一方面,气象服务为低空经济提供了重要的支持和保障;另一方面,低空经济的发展也推动了气象服务的创新和进步。

随着低空经济的不断发展壮大,对于气象服务的需求也日益增长。低空飞行、低空旅游、空中物流等领域对气象信息的精度、时效性和准确性要求越来越高。这促使气象部门不断加强技术研发和创新能力提升，提供更加精准、高效的气象服务。例如，通过发展新一代气象观测技术、优化数值天气预报模型等手段，不断提高气象预报的准确性和时效性；同时，加强气象信息服务和产品研发力度，满足不同行业和用户的个性化需求。

此外，低空经济的发展还为气象服务的创新和进步提供了广阔的应用场景和市场需求。随着无人机等低空飞行器的广泛应用和普及，人们对于低空飞行的需求和兴趣也在不断增加。这为气象服务提供了更多的应用场景和市场需求，推动气象服务向更加精细化、个性化和智能化的方向发展。例如，针对无人机飞行等特定领域开发定制化气象服务产品，提供精准的天气信息和风险评估支持；同时，加强与其他行业的合作与交流，推动气象服务在更多领域的应用和发展。

气象对发展低空经济具有重要意义。它不仅为低空飞行提供了安全保障，也为低空经济活动提供了重要的支持和保障。同时，低空经济的发展也推动了气象服务的创新和进步，促进了气象服务的不断发展和完善。未来，随着技术的不断进步和市场需求的不断增长，气象与低空经济之间的联系将更加紧密，共同推动低空经济的持续发展和繁荣。

第5章　国内外气象服务低空飞行的发展现状

1. 欧美和中国气象服务低空飞行发展对比

美国把发展通用航空运输，作为架构21世纪空中高速路的长期规划，作为民航运输的新发展战略，并认为其是人类高速交通运输的“第四次革命”。美国提出了新一代航空运输系统，其天气信息预期是由政府主导运行的天气服务。气象保障与之密切配合，被提到了非常重要的高度，气象部门根据空中交通管理（ATM）需求，进行细分并建立专业系统，实现雷达回波（可显示回波顶高和强度）、卫星云图、天气预报、闪电资料、风暴运动等多种信息集成，实时显示在管制区图上，为航线管理中心（ARTCC）、终端雷达管制区（TRACON）、机场指挥中心（AOC）提供各区域内天气分布情况和发展趋势，重点是飞行繁忙地区的天气。

目前，我国民航气象服务系统和气象部门共同为民航提供航空气象服务，增加了航空气象服务对空管部门运行决策的支持能力。国家气象中心基于气象大数据云平台与智能网格技术，面向抢险救灾、国防安全、民用航空、通用航空等需求，初步建立了航空气象预报服务咨询技术体系。

在欧美体系，尤其是美国，对低空经济的理解是大航空的补充。其所谓的先进空中交通（AAM），实际上是从民航机到接驳机的一种延伸。AAM机型主要为客运，最低飞行距离为60～80 km，多以STOL（短距起飞和着陆）和VTOL（垂直起降）机型为主，目标是解决城市到机场的接驳、城市到农村的通航、都市圈的通航，以及市内远距离通勤班机等，此外，还会涉及一些诸如医疗救援、应急管理、环境监测等方面的行业应用。在美国AAM体系里，虽然也涉及物流，但其似乎多是辅助性的，并未作为重点。我们在NASA（美国国家航空航天局）、NAA（美国海军航空局）、NBAA（美国公务航空协会）等组织的新闻中大致可以看出这一特征。也就是说，在欧美体系下，低空经济的核心是客运。

基于对欧美低空经济的核心是客运的认识，我们可以看到，在欧美航空体系下，以美国为代表的低空经济基础设施建设，主要是以机场为中心的功能延伸，所以它们的低空基础设施建设主要考虑Vertihub（枢纽站）、Vertiport（中型站）、Vertipad/Vertistop（小型站），用这些站点完成对传统航空的接驳功能，最终实现低空与传统航空对接，进行行业拓展。美国低空经济是对传统民航业务的自然延伸。在这种情况下，航路的设计会沿用民航体系的思维，增加低空航路做补充。按照这种思维，即使把低空航路变窄，一个城市能够划出来的航路也是非常有限的，较难实现大规模的低空飞行。

中国对低空经济的第一需求是高密度的物流飞行，而不是客运接驳和替代。因为中国的地铁、高铁很发达，城市道路、城际高速也已经很完善，各种机动车的保有量也高，公共交通网络也比较完善。同时，再考虑中国社会经济结构的问题，以及传统安全思想的影响，低空飞行的客源也较难保证，至少在当前是较难保证的。图 5-1 所示为无人机应用试验场。

图 5-1　无人机应用试验场（图片来源：深圳市生态环境局）

首先，中国的地面物流发达，互联网经济也发达，人口集中，催生大量的物流需求，市场容量很大，具备低空物流运输的规模效益。

其次，中国已经形成了相对完备的快递物流体系和投资网络，只要商业模式清晰、投资规模适当，低空物流基础设施建设的效率会很高。数十万量级的低空物流站对于中国现有的城市物流投资体系来说，可以迅速实现规模化布设，而对于较大投资规模的低空客运站来说，则较难快速规模化。

再次，从无人机本身的技术属性来说，中型机以下机型的生产、维修、运营等，进入门槛低，也容易快速实现规模化。

最后，低空物流的试验成本、风险损失都相对较小，再加上中国城市轨道交通发达，且存在一定的运力冗余（如地铁闲时可以做客货混运）等，这些因素共同决定了低空物流是中国低空经济相对理想的切入点。

目前看来，中国低空经济的第一需求是物流货运。简单来说，可以理解为是以 150 kg 以下的中型无人机、小型无人机为主的物流运输机货运，最大的可能才是 eVTOL。而在美国的 AAM 客运体系下，最小的大概是我们理解的 eVTOL，中美自然也是两个不同的思路。低空客运也可以并行发展,只是它的发展周期可能要更长一些。

2. 气象赋能低空经济

(1)低空经济产业发展概况

低空经济是指利用距离地面 1000 m 以内的空域进行经济活动的一种新型形式,其应用领域涵盖了载人、载物和城市管理等方面。在载人方面,低空飞行可以开发城市内和城际客运航线,包括空中通勤和城际飞行等新业态。例如,通过购置飞行汽车,并利用出租飞机或公交飞机等服务,可以实现高效便捷的出行体验。在载物方面,低空经济主要应用于城市物流配送,利用无人机实现快递和配送服务。在城市管理方面,政府可以利用救护飞机、消防飞机和无人机等工具,进行医疗救援、消防救援、警务巡逻和气象监测等任务,提升城市管理效率和服务水平。

从产业角度看,低空经济是一条具有高度延展性的全新产业链,具有全局性、战略性、外溢性特征,有很强的产业带动作用。低空经济具有天生的数字经济基因,可以充分享受信息化、网络化、数字化、智能化技术发展带来的红利,将实体经济与数字经济完美地融合在一起,进而触及社会生产、生活更广、更深的层面,带动国民经济发展,更好地满足社会经济活动的需要。抢抓低空发展机遇,将打造一个包括低空制造、低空飞行、低空保障和综合服务的超万亿级全新产业链。未来,低空经济的发展将受到多种因素的推动。例如,国家明确提出到 2025 年要实现电动垂直起降飞行器试点运行,各地政府也将启动低空空管系统的招标。此外,国际大型活动,如巴黎奥运会和大阪世博会也采用电动垂直起降飞行器,提供空中出租车服务,这进一步推动了低空经济的发展。在低空经济商业化运行的过程中,一些企业有望获得商业运营资格。例如,亿航等本土 eVTOL 厂商可能会获得载人商业运营资格。随着其他电动垂直起降飞行器品牌的适航证落地,低空经济有望成为一个持续推进的产业浪潮。

(2)低空经济技术与产业发展的气象需求

低空飞行器的安全性能是保障低空经济长远发展的关键一环,气象条件是影响低空飞行安全性的重要因素。低空大气天气变化剧烈,需要通过构建更加精密的低空气象数据监测网格,不断强化低空气象数据的采集、分析和提高中小微尺度的数值预报能力,以此来支撑低空经济应用建设、赋能低空经济产业的发展。

目前,低空气象观测装备和监测水平还不足以支撑提供更完善的低空气象服务,需要进一步加大对低空气象网装备的技术研发,构建完善的低空飞行“气象网”,强化低空飞行安全保障,培育形成能够赋能全国甚至全球的低空气象感知技术服务与感知装备制造两大全新的产业链条。一是加快提升低空气象监测能力,构建低空飞行“气象网”。探索低空立体气象监测布局体系规划和建设标准的研究。创新低空气象观测装备技术研发，建设无人机气象监测站点。整合现有的气象观测设备，配套建设更加精密的低空气象监测基础设施。二是充分利用低空“气象网”，加强低空经济应用场景的气象安全保障。结合各类低空飞行器的运行服务场景，针对性、持续性地研发智能化、精细化的低空气象服务产品，在航线规划、起降服务、安全飞行等方面提供服务。结合全市域CIM(城市信息模型)建设，打造基于CIM的气象赋能低空经济场景应用。三是孵化培育低空“气象网”技术服务与装备制造两大全新的产业链条，促进气象科技赋能产业高质量发展。融合利用气象科技创新平台和产业创新平台，探索具备低空气象感知装备的低空飞行器装备研发，加强低空气象装备技术研发产学研配套政策落地，依托政府投资引导基金孵化低空气象感知装备制造产业链。

此外，根据《中共深圳市委 深圳市人民政府关于深圳市加快建设全球重要影响力的物流中心的意见》(深发〔2023〕15号)，深圳市气象局承担“实施低空经济发展水平提升行动”中有关夯实低空智能融合基础设施，建设技术先进的低空飞行保障体系；培育城市低空应用场景，探索城市空中交通新业态；持续加大无人机在气象监测等领域的应用3项任务。为此，需加速培育低空经济气象服务能力。面向智能机器人产业集群与空天技术未来产业的无人机技术应用，整合现有的气象观测台站设施设备并支持建设无人机气象监测站点，建成接入低空飞行数字化管理系统的低空气象服务体系。研究开展基于5G-A通信基站的气象探测技术，依托高层楼宇、智能杆等加密气象监测网络，培育城市低空飞行应用场景，持续跟进不同企业、飞行器的运行服务场景，针对性、持续性地开发服务智能化、精细化的服务产品，在不同飞行器和航线规划、起降服务、安全飞行等不同运营场景提供服务。

第6章 深圳低空气象发展思路

1. 低空飞行需要定制化的气象服务

低空气象具有对流强、能见度低、变化剧烈的特点，是影响低空飞行安全性的重要因素。精细化的低空气象服务不仅能够为低空经济的发展争取更多的时域资源，也是低空飞行器管控与运营的重要支撑。深圳作为全国人口密度最高的超大城市，人均空域飞行资源有限，容易在局地产生高密度飞行场景，因此，飞行间隔管理尤其重要。而间隔管理亟待精细化的低空气象服务。传统的气象服务是针对城市中的人提供的精细化气象服务，但针对低空高度，目前的装备和服务精度还不足以保障提供更完善的低空气象服务。

相关资料显示，美国 AAM 思路下，气象影响有 16%～25%的禁飞时间，其他时间可以正常安排飞行。其气象保障思路与大飞机相同，主要区分禁止飞行的灾害性天气。

如果考虑 150 kg 以下的中型无人机、小型无人机货运物流为主的业务，则气象的影响比重要超过 35%，不仅要考虑大天气过程的禁飞，也要考虑高影响天气的飞行安排，以及不同机型、不同性能机型的天气飞行安排。如果气象基础信息得不到有效满足，低空物流机的适飞时间将会被大大压缩，低空物流的高密度运行也就无从谈起。

因此，中国低空经济的基础设施建设应该是一个全新的技术体系，其焦点问题是气象科技，核心任务是解决 1 km 以下(可扩展到 3 km)100 m×100 m×10 m 网格的实况气象数字孪生和临近预报，气象要素至少要从传统的 6 种扩展到 11 种，实现准实时实况、0～2 h 分钟级临近预报等，供物流飞机快速高效地读取，这是现有气象基础设施较难直接满足的。而超过 6 h 的天气预报，只能借助现有的区域数值模式来实现。

当然，除了气象数据以外，低空高密度飞行还需要更加精准的空间导航体系、超短时延的通信体系和快速优化的飞行规则体系，这些才是中国低空经济基础设施的关键。

2. 打造低空气象“三张网”

目前，我国低空气象服务无论是体制还是技术设备，都不能与通航飞行发达国家相比，低空飞行气象服务手段单一，专用气象产品缺乏。要满足我国低空空域开放的现状，必须结合我国国情，借鉴国外低空飞行气象服务的管理经验和先进技术，创建适合我国国情的低空气象服务体系，实现低空逐层气象要素的精准快速感知预报，支撑低空经济应用场景建设、赋能低空产业发展是业界的需求，提升低空气象监测预报服务能力。

建设低空气象细分领域的产业科技创新平台，提升低空气象监测预报服务能力。一是需建立低空三维立体气象观测网，二是建立百米级空间分辨率和分钟级时间分辨率气象要素实况场，三是实现高时空分辨率的灾害性天气实时识别预警能力，四是实现分钟级数据处理显示能力。

攻关上述难点需要聚集各方资源和力量，在三个方面发力：一是联合社会力量提升低空气象监测能力，构建低空飞行“气象监测网”。二是推动建设低空经济“气象数字网”，提升气象对低空飞行的安全保障能力。三是融合低空经济新质生产力发展需求，孵化培育低空“气象赋能网”。重点赋能低空经济的装备制造业及技术服务业这两大全新的产业链条，促进气象赋能新兴产业高质量发展。

第 2 部分

低空气象监测网

第 7 章　深圳气象探测网现状

“十三五”以来，经过近 10 年持续建设发展，深圳市综合气象探测业务在气象观测、技术装备、运行保障、观测应用等方面进步显著，气象监测能力领先广东省，也领先全国，在广东省政府考核的气象现代化建设中连续 10 年名列全省第一，为城市气象服务保障提供了可靠支撑。

1. 设施硬件：初步建成陆海气高精度立体综合观测站

深圳陆海立体综合气象监测体系紧密围绕气象“三精”中的“监测精密”，致力推进“气象监测”在城市防灾减灾第一道防线的作用。该体系由城市气象观测和海洋气象观测等组成。截至 2024 年 9 月，共有近 500 个自建观测站点，区域自动气象站已覆盖全市全部 78 个街道。所布设的各类气象设备监测要素有 75 类，包括风速风向、气温、气压、湿度、降水、云高、云量、雷暴闪电、大气成分、通量水汽、太阳辐射、能见度、冰雹、生物舒适度、电离层电子密度、太阳黑子、耀斑等，实现了从地面到高空并延伸至海洋及空间天气的全方位、全覆盖、多样性、多圈层气候观测。

(1)城市气象观测

深圳气象探测设施的发展，初步构建了一套无缝隙、精准化、智慧型的现代气象监测体系，该体系包括灾害天气监测网、生态气象监测网和城市立体气象观测网。

① 灾害天气监测网

灾害天气监测网以国家基本气象站、国家天气雷达站、X 波段相控阵雷达、边界层风廓线雷达、对流层风廓线雷达、气象梯度观测塔为核心，以 370 个区域自动气象站为基础，以新型闪电定位观测网，海上激光测风雷达、测雾雷达、微波辐射观测、太阳辐射观测、大气成分观测（大气颗粒物、黑碳、浊度等）、水汽通量观测、潮位观测、海温观测、浪高观测等为补充。全市（除深汕特别合作区外）区域自动气象站网密度达到 2.6 km×2.6 km，市区平均 1.5 km 范围内就有 1 个自动气象站，覆盖全市各街道、易涝区、高山、水库、公园、海岛海岸、港口和交通沿线，时间精度实现分钟采集，特殊天气可及时启动秒级观测提供服务。

② 生态气象监测网

生态气象监测网由气象梯度观测塔近地层垂直观测、大气成分站、温室气体观测站、多种下垫面观测、通量观测、生态气候观测、生态保护区自动气象站等组成，同时共享了深圳市生态环境局的22个空气质量监测站。其中,大气成分观测是全球气候观测系统中大气领域的重要观测任务。2010年以来,深圳气象探测连续开展黑碳、大气颗粒物(PM_{10}、$PM_{2.5}$、$PM_{1.0}$)、大气浊度,二氧化硫、氮氧化物、一氧化氮、挥发性有机物等大气成分基本变量观测,积累长序列观测数据,为大气成分数值模式、机理研究及环境监测等提供数据支撑。同时,在石岩气象观测基地、西涌气象观测基地各建成一套温室气体观测体系,开展对城市甲烷、二氧化碳、氧化亚氮等温室气体的长期观测,为低碳生态城市和宜居城市建设提供科学评估,为深圳"碳达峰"和"碳中和"研究提供基础数据支撑。

③ 城市立体气象观测网

利用高海拔气象站、气象梯度观测塔及天气雷达、风廓线雷达、激光雷达等设施开展的城市立体气象观测,拟合出各行政区典型的垂直廓线产品,目前已在福田中心区、前海合作区等重点气象保障服务区构筑了地表到上空不同高度层的气象立体化监测体系。

雷达设施。2006年,在竹子林气象观测基地建成S波段单偏振天气雷达;2018年,在求雨坛气象观测基地建成S波段双偏振天气雷达;2020年,在求雨坛气象观测基地与西涌气象观基地分别建成了X波段相控阵雷达,与S波段雷达组成具有自适应协同观测能力的雷达网,弥补S波段雷达在低层大气探测方面的不足。

高塔设施。深圳气象梯度观测塔位于宝安区铁岗水库水源保护区内,塔体高度356 m,是亚洲第一、世界第二高的桅杆结构铁塔,是国内唯一集边界层气象垂直探测、大气环境监测、雷电防御科学研究、气象灾害实景监视于一体的综合观测及试验平台。该塔覆盖了从地面到356 m高空连续的大气成分、温室气体、空气质量及边界层常规气象要素(风温湿压、能见度等)相结合的综合立体观测,可提供边界层/近地层的气象梯度观测、多层大气通量观测、太阳辐射观测等。

高楼高山自动气象站设施。依托全市高密度建筑物及具有代表性的高海拔山体,选择22栋超过100米的高层建筑和10座高海拔有文旅特色的山体科学布局布设常规气象要素的自动气象站,为城市立体气象网格搭建和城市文旅登山等气象服务提供实况数据支撑。

(2)海洋气象观测

由14个海上石油平台自动站、3个船舶自动站、5个海岛自动站、35个沿海自动站、8个潮位站和2个海洋气象观测基地组成,同时与广东省气象局、香港天文台和深圳市海洋部门共享的114个监测站点,初步形成了远海—近海—沿岸一体化的海洋气象综合观测系统,实现了台风前哨监测、海上垂直风场探测、海雾实时监测及预警,从2021年开始,每年汛期期间都充分利用远海2套激光测风雷达、沿海1套激光测风雷达和1套测雾雷达为决策部门和预报工作人员提供"风雨浪潮"的气象监测服务,在台风预警预报期间发挥了重要作用,进一步增强海域海洋气象观测能力。

2. 业务服务：初步架构智慧协同的气象服务体系

（1）综合气象观测能力大幅提高

观测业务布局更加科学化和系统化，采用"一站多能"方式，构建了集城市气象（候）、海洋气象、环境气象、交通气象、旅游气象于一体的气象观测网，包括国家基本气象站已实现地面基本气象要素观测自动化；建成由新一代天气雷达和相控阵天气雷达组成的天气雷达探测网（大小雷达观测网），探测空间分辨率最高可达 30 m；基本建成"风、温、湿、气溶胶"4 条廓线观测网，地基遥感大气垂直观测能力进一步增强；海洋气象监测范围从沿海岸延伸到南海海域 380 km。

（2）综合气象观测业务运行能力显著增强

开发了"深圳陆海一体精密监测平台"和"综合气象观测系统智能运维管理平台"，可提供地面、边界层、垂直、天气实景、生态等多种实况观测产品，在全市观测系统运维保障、全自动可视化检定和设备全寿命跟踪方面发挥了重要作用，研发的三维网格化实况数据集，为气象服务提供可靠数据支撑。气象观测质量管理体系建设覆盖观测业务全流程，观测装备维护维修全面实现流程化、标准化，维修时效大幅缩短。

（3）综合气象观测质量效益稳步提升

各类观测数据考核业务可用性保持在广东省前列，国家基本气象观测站、常规气象观测站等业务可用性广东省名列第一，其中，常规气象观测站数据到报率、及时率和业务可用性连续 10 年全省排名第一。地面气象观测数据实现即采即传，天气雷达数据传输时效从 442 s 提升至 50 s，常规气象观测站数据实现 20 s 到深圳市气象局数据库、1 min 到深圳市预报员桌面、2 min 服务于公众。全市气象观测技术方法和标准规范不断发展，完成《多功能智能杆系统设计与工程建设规范》《多功能智能杆气象监测建设规范》以及《区级天气灾害监测加密建设指导意见》等站点设备技术指标、数据格式和数据管理等规范，实现技术标准统一，推动了行业发展。

（4）国家气候观象台业务研究布局逐步完善

深圳国家气候观象台基于"一站七址"（一站：地球系统综合观测站；七址：石岩气象观测基地、竹子林气象观测基地、龙岗气象观测基地、西涌气象观测基地、求雨坛气象观测基地、蔡屋围气象观测基地、细丫岛气象观测基地）观测布局，依托"7＋4"（7 项基本观测业务：地面基准气候观测、高空观测、地基遥感廓线观测、近地层（海气）通量观测、基准辐射观测、大气成分观测、生态系统观测；4 项拓展观测业务：城市冠层观测、海洋气象观测、空间天气观测、雷电灾害观测）观测业务，全面开展国家气候观象台业务研究布局工作，以初步建成的陆海气高精度立体综合观测站为载体，组建人才队伍，联合中国气象科学研究院、中国气象局广州热带海洋气象研究所、南方科技大学、哈尔滨工业大学（深圳）、中山大学、暨南大学、南京信息工程大学、香港大学等研究单位,围绕"珠三角经济圈气候环境变化规律及致灾机制"科学研究目标,从应对气候变化、城市生态气候服务等方面搭建平台框架,开展合作研究,取得研究进展。

深圳提升低空气象精密监测能力面临诸多挑战。一是低空气象观测站点密度离低空飞行气象保障要求有差异。低空飞行气象保障要求站点密度小于 1 km×1 km,飞行器重点起降点和重点航线上的气象观测站点密度小于 500 m×500 m。截至 2024 年 9 月,深圳常规自动气象站站点平均密度为 2.6 km×2.6 km,即便是站点密度最高的龙华区(1.5 km×1.5 km),与低空飞行气象保障要求比较起来,仍有较大的差距。二是现有气象观测站点布局建设与低空气象保障需求有差异。现有气象观测站点是紧紧围绕人群重点区域、低洼区、易涝易积水区、公园学校、街道社区、沿海水库等规划布局和科学建设的,核心服务对象和理念是"人"、是服务城市气象减灾防灾第一道防线,而低空气象保障服务对象和理念是"无人机"、是服务天空之城和低空经济的整体发展,低空气象站点需在现有部分可复用站点的基础上(即已建站点部分可利用),紧紧围绕飞行器起降点、飞行器航线沿线来规划布设。三是现有常规气象观测设备与低空气象观测设备有差异。在风的探测方面:G 空域和 W 空域的低空气象要求探测有效高度为 300 m(极限高度为 500～1000 m),而常规气象业务应用的探测高度为 3 km、8 km,甚至 12 km 以上的风廓线和激光测风雷达设备;还有分辨率方面的差异,低空气象数据空间分辨率为 30 m、15 m,甚至 10 m,时间分辨率为秒级,一旦监测到风切变,能快速传递至应用端。在雨的探测方面:常规自动气象站获取的雨量数据仅为飞行器是否起飞的参考之一,低空飞行最需要的是近地面层至 500～1000 m 空域的大气水汽含量数据(图 7-1)。

图 7-1　加密低空飞行自动气象站

第 8 章 低空气象监测体系

低空气象监测体系包括对风速风向、降水、能见度、云量云高、相对湿度、气温、气压、辐射等气象要素，以及雷暴闪电、大雾灰霾、沙尘扬沙、冰雹大雪、台风大风、高温低温等天气现象的监测，这些气象因素共同构成了低空气象监测体系的基础，对于低空飞行活动的航线规划和执行具有指导意义。

1. 低空飞行与气象要素监测

风，指空气的水平运动分量，包括风速和风向。风速是指单位时间内空气移动的水平距离，以米/秒(m/s)为单位，取 1 位小数，分为瞬时风速和平均风速，而平均风速则又有 1 min 平均风速、2 min 平均风速、10 min 平均风速等；风向是指风的来向，以正北为 0°，顺时针增大，以度(°)为单位。测量的方法主要有仪器探测和目视估计两大类。常用的测量仪器有机械式风向风速仪、超声风速风向仪、探空气球、风袋、风廓线雷达、激光测风雷达、气象卫星等。机械式和超声风向风速仪是测量近地面风常用的仪器。风袋的设置是便于观测飞行器跑道区的风向风速，风袋飘动的方向可指示风向，风袋飘起的角度可指示风速。高空风的探测则利用风廓线雷达、激光测风雷达、探空气球和气象卫星等来开展，目前风廓线雷达和激光测风雷达在探测机场区域内一定高度风的分布情况方面，有举足轻重的地位，给飞行器安全起降带来很大帮助。目视估计法主要是通过观测者对周围物体被风吹动的情况，如树枝的摇晃程度、旗帜(风袋可认为也是这种载体)的飘动方向和幅度等来大致判断风的速度和方向。这种方法对风速风向的观测不够精准，也不客观，在现代气象观测中的应用场景相对较少，只在一些较为偏远、条件有限的地区，或者在一些临时性的观测中，目视估计法仍可能被作为一种辅助的观测手段。

降水，指从天空降落到地面上的液态或固态(经融化后)的水。包括雨、雪、霰、雹等形式。通常观测的要素有降水量和降水强度。其中降水量是指某一时段内的未经蒸发、渗透、流失的降水，在水平面上积累的深度，以毫米(mm)为单位，取 1 位小数。降水强度是指单位时间的降水量，通常指 1 min、2 min、5 min、10 min、1 h、3 h、6 h、12 h、24 h 等的最大降水量。探测方式有雨量计测量、雷达探测、卫星遥感 3 种，相应的探测设备分为翻斗式雨量计(双翻斗、单翻斗)、虹吸式雨量计、称重式雨量计、激光雨滴谱仪、气象雷达、气象卫星等。除气象雷达和气象卫星外，比较常用的是双翻斗雨量计和激光雨滴谱仪这2种设备。双翻斗雨量计是依靠雨水顺序进入处于上下层的两个翻斗,当下层的翻斗积满一斗后,便翻转产生电信号,以此来测量降水量,每翻斗1次代表获取0.1 mm降水量;激光雨滴谱仪由1个激光发射器和1组探测器组成,工作原理是基于光的散射。激光发射器发射一束稳定的激光光束,当雨滴穿过一束光线时,由于雨滴的衍射效应引起光的闪烁,闪烁光被接收后进行谱分折,如强度、频率、持续时间等,其谱分布与单位时间通过光路的雨强有关,与雨滴的半径大小和雨滴降落速度也有关系,从而判断降水种类、降水强度与有无降水等。

能见度,用气象光学视程表示。在白天,是指能看到和辨认出目标物的轮廓和形体;在夜间,是指能清楚看到目标灯的发光点。测量方法分目测法和仪器测量法两种,目测法是最传统也是最直接的测量方法,观测员在观测点通过肉眼观察目标物,并与能见度标准图相比较,同时根据经验估计出能看到目标物的最大距离。人工观测到的能见度,一般指有效水平能见度。有效水平能见度是指四周视野中二分之一以上的范围能看到的目标物的最大水平距离。目测法简单易行,但受观测员的主观因素影响较大,准确性相对较低。仪器测量法分为透射式和散射式能见度仪两种,单位为米(m)。透射能见度仪采用测量发射器和接收器之间水平空气柱的平均消光(透射)系数算出能见度。发射器提供一个经过调制的定常平均功率的光通量源,接收器主要由一个光检测器组成。由光检测器输出测定透射系数,再据此计算消光系数和气象光学视程。散射能见度仪分为前向散射和后向散射两种,均由发送器、接收器与处理器组成,前向散射式能见度仪测量向前散射的光线,后向散射式能见度仪测量向后散射的光线。前向散射式能见度仪发射器发出近红外光脉冲,接收器测量的是与发射光束成33°角的散射光束,然后由处理器计算出气象光学视程;后向散射式能见度仪光源发出的光线在传播过程中,颗粒物产生的后向散射光被探测器接收,后向散射光的强度同样与颗粒物的特性相关,通过对后向散射光的检测和处理,也能够得出能见度的信息

云,指悬浮在大气中的小水滴、过冷水滴、冰晶或它们的混合物组成的可见聚合体,有时也包含一些较大的雨滴、冰粒和雪晶。其底部不接触地面。根据云的高度、形状、组成和形成过程,气象学中将云分为3类10属。第1类是高云族,包括:卷云,纤细分散的云,呈丝缕状、羽毛状或马尾状。通常由冰晶组成,是高空的象征。卷积云,由形似波纹或鱼鳞的小云块组成,排列整齐。卷层云,白色透明的云幕,通常伴有晕圈。第2类是中云族,包括:高积云,块状或片状的云朵,常呈波浪状排列。高层云,均匀的灰色云层,常带来连续的降水。第3类是低云族,包括:积云,孤立、底部平坦、顶部凸起的云块。积雨云,发展旺盛的对流云,顶部呈砧状或马鬃状,常伴有雷电、狂风和暴雨。层积云,较大的团块或薄片组成的云层,有时呈波状。层云,均匀的灰色云层,常笼罩在低空。传统的云观测主要包括:云量、云状、云高,这是描述云的3个重要特征参数。云量是指云遮蔽天空视野的成数,通常将天空分为十等分,云所遮蔽的成数即为云量。例如天空被云遮蔽了一半,云量就是5。云量的观测和记

录对于了解大气的通透程度、太阳辐射的接收以及天气的变化趋势等具有重要意义。云状主要根据天空中云的外形特征、结构、色泽、排列、高度以及伴随的天气现象,参照“云图”(3 类 10 属),结合观测员自身经验,经过认真细致地分析对比判定是哪种云,云状的确定有助于判断大气的稳定度、水汽条件以及可能的天气变化,另外,判定云状要特别注意云的连续演变过程。云高指云底距测站的垂直距离,以米(m)为单位,记录取整数,并在云高数值前加记云状,准确测量和了解云高能够为相关领域提供重要的参考数据,以保障飞行安全、做出准确的天气预测以及深入研究大气的物理过程。云的观测应尽量选择在能看到全部天空及地平线的开阔地点或平台进行,云的观测应注意它的连续演变。以前的云观测多为人工观测,目前已有成熟各类智能观测设备投入业务应用,如云高云量仪、全天空成像仪,已实现云量、云状和云高的自动和连续测量。

气温,表示空气冷热程度的物理量,通常用摄氏度(℃)、华氏度(℉)或开尔文(K)来表示,在我国气象观测中,以摄氏度(℃)为单位,取 1 位小数。气温是通过放置在百叶箱内的温度表、干湿球温度表和铂电阻温度传感器来测量的。温度表是根据水银(酒精)热胀冷缩的特性制成的,分感应球部、毛细管、刻度磁板、外套管四个部分。干湿球温度表是用于测定空气的温度和湿度的仪器。它由两支型号完全一样的温度表组成,其中一支温度表的感温球部包有湿润的纱布,称为湿球温度表;另一支温度表的感温球部直接暴露在空气中,称为干球温度表,气温由干球温度表测定。铂电阻温度传感器是根据铂电阻的电阻值随温度变化的原理来测定温度的,铂具有良好的稳定性、高精度和可重复性,在很宽的温度范围内都能保持性能稳定。通常认为在一定的温度范围内,温度越高,铂电阻的电阻值越大,通过测量铂电阻的电阻值,并结合预先校准的电阻-温度关系曲线或计算公式,就能够准确地确定所测量环境的温度。无论是温度表还是温度传感器,均安装在百叶箱中,这可有效防止太阳对仪器的直接辐射和地面对仪器的反射辐射,保护仪器免受强风、雨、雪等的影响,并使仪器感应部分有适当的通风,能真实地感应外界空气温度和湿度的变化。

相对湿度(%),指空气中实际水汽压与当时气温下的饱和水汽压之比,表征大气实际含水量与能容纳水汽之比。相对湿度直接反映了空气距离饱和状态的程度,也就是空气的潮湿程度,相对湿度越大,说明空气越接近饱和,饱和空气的相对湿度为 100%。相对湿度的计算按这个公式:相对湿度(%)=(实际水汽压/同温度下饱和水汽压)×100%。实际水汽压可以通过湿度计等仪器测量得到,饱和水汽压则主要取决于温度,温度越高,饱和水汽压越大。湿度通常由干湿球温度表、毛发湿度表和湿敏电容湿度传感器来测量。干湿球温度表中的湿度是根据热力学原理,由干球温度表与湿球温度表的温度差值计算得出的。毛发湿度表是根据脱脂人发能随空气湿度大小而改变长度的特性,用人发制成的测定空气相对湿度的仪器,按毛发湿度表指针指示的位置观测读数。湿敏电容湿度传感器是用有机高分子膜作为介质的一种小型电容器,湿敏电容器的上电极是一层多孔金膜,能透过水汽;下电极为一对刀状或梳状电极,引线由下电极引出。基板是玻璃。整个感应器由两个小电容器串联组成。传感器置于大气中,当大气中水汽透过上电极进入介电层时,介电层吸收水汽后,介电系数发生变化,导致电容器电容量发生变化。电容量的变化与相对湿度成正比。

大气电场,指存在于大气中与带电物质产生电力相互作用的物理场,它是由大气中的带电粒子在地球电场和大气环流等因素的作用下形成的。方向垂直向上的大气电场规定为正电场,方向垂直向下的大气电场规定为负电场,单位为伏特/米(V/m),大气电场的强度和方向会随时间、地点、天气条件等因素而变化。在晴朗的天气条件下,地面附近的大气电场强度相对稳定,方向垂直向下;而在雷暴等特殊天气条件下,大气电场会发生强烈的变化,在影响期间,方向既有垂直向下的,也有垂直向上的。观测设备分为两类,一是场磨式电场仪,这是一种常见的测量大气电场的仪器,工作原理是利用一个可旋转的金属片,在旋转过程中交替暴露于大气电场和屏蔽电场中,通过测量感应电流来确定电场强度;二是电容式电场仪,基于电容原理工作,通过测量大气电场在电容极板上产生的电荷变化来确定电场强度。大气电场的测量对于研究雷电活动、大气电学特性、天气预报以及保障航空航天安全等方面都具有重要意义,可以更好地了解大气中的电学过程,提高对雷电等灾害性天气的预警能力。

闪电定位,指通过对闪电辐射的声、光、电磁场信息的测量,来确定闪电放电的空间位置和放电参数的技术方法。其测量的是闪电发生的时间、方位、强度、极性和距离等。目前采用的主要手段有声、光和电磁场三类,其中电磁脉冲场探测手段应用最广泛。测量方法有三种,一是磁定向法(MDF),闪电发生时会产生强大的电流,从而在周围空间产生磁场。通过测量磁场的方向和强度,可以推算出闪电电流的方向,进而确定闪电的位置。二是时差法(TOA),利用多个探测器接收闪电产生的电磁脉冲信号,由于信号到达不同探测器的时间存在差异,根据这些时间差和探测器之间的已知距离,可以计算出闪电发生的位置。三是干涉法,通过测量闪电产生的电磁波在不同探测器之间的相位差,来确定闪电的方位和距离。闪电定位分为低频段和高频段,其中低频段一般采用磁定向法(MDF)、时间差法(TOA)以及定向和时间差联合法。高频段一般采用干涉法和时差法。用于闪电定位的仪器主要有两类,一类是地基闪电定位系统,通常由多个分布在一定区域内的探测器(测量磁场和电场)组成,通过上述测量方法获取闪电的相关信息;另一类是卫星闪电定位系统,搭载在卫星上的传感器可以从太空观测大范围的闪电活动。

2. 低空气象要素和天气现象对飞行器飞行的影响

(1)风速风向

风主要影响飞行器的航向、飞行路线、操作性和稳定性。侧风、逆风和顺风等不同类型的风，都会对飞行器的起飞、降落和巡航阶段带来挑战。例如，顺风和逆风会影响飞行器飞行时间和作业效率，顺风时，无人机相对地面速度会增加，从而可能缩短飞行时间，提高作业效率；逆风则会导致相对地面速度减小，增加飞行时间和能耗，飞行器电机此时需要输出更大的功率，导致电池电量更快消耗，对于续航能力有限的无人机来说，逆风可能使其无法完成预定的任务，甚至在飞行途中因电量耗尽而坠毁，这对于需要精确控制飞行器飞行时间和覆盖范围的任务，如航拍、巡检等，会带来较大的不确定性；侧风可能导致飞行器偏离预定航线，为了保持在预定航线上飞行，操作员需要进行适当的操纵，如控制舵面来调整飞行器航向，这不仅增加了操作员的工作难度，也可能导致飞行姿态不稳定，增加失控风险，特别是在狭窄空域或复杂环境中飞行时，侧风可能使飞行器碰撞障碍物；风切变则可能导致飞行器升力瞬间发生改变，发生巡航阶段飞行高度快速下降或上升、起飞或降落阶段冲出跑道和侧翻等飞行事故；此外，风引起的气流不稳定会导致飞行器遭遇强烈的颠簸，这不仅会影响搭载设备的工作性能，如摄像机的成像质量、传感器的测量精度等，还可能对飞行器的结构造成疲劳损伤，缩短其使用寿命。从定量角度来看，风速和风向的具体数值直接关系到飞行器的操控难度和风险等级。一般来说，风速越大，飞行器受到的影响越显著。例如，在风速超过 10 m/s 的情况下，小型飞行器可能会遇到严重的操控问题。同时，风向的不稳定变化也会增加飞行器的飞行难度和不确定性。因此，飞行器操作员需要根据实时的风况数据调整飞行策略，确保飞行器在复杂多变的风环境中保持安全和稳定。

(2)降水

降水主要影响飞行器能见度、电子元件性能、飞行阻力、电池安全、通信质量和乘客舒适度等问题。一是降低飞行中的能见度。雨水会在飞行器的镜头和传感器表面形成水滴，模糊其视野，使得飞行器难以清晰地获取周围环境的图像和数据。这对于依赖视觉系统进行导航、避障和任务执行的无人机来说，影响很大，例如，对于开展航拍或巡检任务的飞行器，降水会导致拍摄的画面模糊不清，无法准确识别目标物体或检测到潜在的问题。二是侵入破坏飞行器的电子设备和内部结构。飞行器内部的电路和敏感元件对雨水较为敏感，一旦雨水渗透进入，可能会引发短路、腐蚀等问题，从而损坏电子设备，即使飞行器具有一定的防水设计，长时间暴露在降水中仍可能超过其防护能力。三是会增加飞行器重量。雨滴(尤其是雪、霰或冰等固态降水)附着在飞行器的机身、机翼和螺旋桨上，使得飞行器的整体重量增加，影响了飞行器的飞行性能，一定强度的雨强还会增加飞行器飞行阻力和升力，导致电池消耗加快。四是会改变空气的物理性质，影响飞行器的飞行稳定性。雨水会使空气湿度增加，导致空气密度发生变化，从而影响飞行器的气动性能，潮湿的环境可能增加电池漏电的风险，甚至引发电池过热、爆炸等严重事故。五是降水可能同时伴随着气流的不稳定，产生乱流和阵风，使飞行器在飞行中遭遇颠簸和晃动，增加了飞行控制的难度和风险。六是对于一些特定类型的飞行器，如依靠电磁波进行通信和数据传输的飞行器，降水可能会对信号产生衰减和干扰，降低通信质量和控制精度，增加失联的风险。七是对于无人机载人的情况，雨滴撞击飞行器可能产生噪声和震动，还会影响乘客的舒适度。从定量角度而言，降水的强度和持续时间会直接影响飞行器的性能和安全。例如，小雨可能影响较小，但能见度会降低至 2～4 km；中雨或大雨则可能导致能见度降至 1 km 以下，严重影响飞行操作。同时，降水导致的结冰会使得飞行器的升力和稳定性明显下降。因此，飞行器操作员需要根据降水的具体情况调整飞行计划，必要时采取防冰措施，确保飞行安全。

(3)能见度

低能见度是影响飞行器安全飞行非常重要的气象因子之一。一是限制飞行器操作员视线，使其难以直接观察到飞行器的位置和飞行姿态。对于需要依靠目视来辅助判断飞行状态和周边环境的情况来说，是一个巨大的考验。例如在山区、城市高楼密集区或复杂地形中飞行时，操作员可能因为看不清障碍物而导致飞行器碰撞，造成设备损坏甚至引发更严重的事故。二是影响飞行器的导航和定位精度。绝大部分的飞行器须依靠卫星定位系统（如 GPS（全球定位系统））和视觉传感器来确定自身位置和航向，低能见度下，飞行器视觉传感器的效能会大打折扣，无法准确识别地标和特征点，导致定位误差增大，这对于需要高精度定位的任务，如测绘、精准投放等，会产生较大的影响。三是增加飞行器与其他飞行器或物体发生碰撞的风险。在低空空域中，如果其他飞行器或障碍物难以被及时发现，就容易发生空中碰撞事故。尤其在繁忙的空域或靠近机场等区域，低能见度可能导致飞行器干扰正常的航空秩序，引发严重的安全问题。四是对飞行器的通信产生影响。低能见度意味着大气中的水汽含量或颗粒物浓度较大，众所周知，水汽和颗粒物会对无线电波产生散射和吸收，导致信号衰减和干扰，降低通信的稳定性和可靠性。一旦通信中断，飞行器将失去有效的控制和指挥，飞行安全无法得到保障。五是对于一些执行特殊任务的飞行器，如搜索救援、消防监测等，能见度低会使它们难以迅速发现目标或准确评估现场情况，这将导致延误救援时机或误判环境灾情。为了应对低能见度对飞行器飞行的影响，需要不断提升飞行器的自主飞行能力和智能避障技术，使其能够在低能见度环境下依靠自身的传感器和算法进行安全飞行；需要开发更先进的通信技术和增强信号稳定性的设备，以减少能见度对通信的不利影响。

(4)云量云高

云对不同飞行器的影响主要体现在飞行安全和导航精度上。云量与地面阳光的照射和大气的透明度密切相关，云量较大时，可能遮蔽起降点（场）和周边建筑，导致飞行器着陆困难，导致飞行器在飞行过程中可能遭遇颠簸、积冰等危险情况，导致飞行器光学传感器和摄像头拍摄的图像质量下降，影响对目标的观测和监测精度；云高对飞行器飞行的影响更为明显，较低的云高会限制飞行器的飞行高度和活动空间，如果飞行器在飞行过程中接近低云，可能会陷入云中，导致视线受阻，增加与其他飞行器碰撞的风险，另外云层中往往存在着不稳定的气流，例如积雨云通常伴随着强烈的上升气流、雷电和暴雨等恶劣天气现象，这将影响飞行的稳定性和操控性；在湿度较大的云层中，飞行器机身表面容易凝结水珠，这不仅会增加飞行器的重量，影响飞行性能，还可能对电子设备造成损害，导致短路等故障。云的高度和厚度对飞行的影响程度各不相同。例如低云，如碎雨云迅速遮盖起降点（场）时，会严重影响飞行器的起降安全；而高层云或卷云对飞行的影响则相对较小。因此，飞行器操作员需要根据云的实际情况，采取相应措施，以确保飞行安全。

（5）气温

气温的升降会直接影响空气的密度，温度升高时，空气密度降低；温度降低时，空气密度升高。从定量角度来看，温度每变化 1 ℃，空气密度大约会有 0.5%的变化。气温主要影响飞行器的性能和续航能力。一是影响电池输出功率。低温条件下，飞行器电池内部的化学反应速率减慢，电池的放电能力下降，续航时间缩短，同时低温还使电池的内阻增大，进一步降低了电池的输出功率。如果在低温环境中没有采取适当的保温措施，飞行器可能会因为电池电量急剧下降而突然失去动力，从而引发飞行事故；而在高温环境下，飞行器电池的性能同样会受到损害，高温会加速电池的老化，降低电池的寿命，甚至可能导致电池过热、膨胀甚至起火爆炸等严重后果。二是影响飞行器电子设备。高温可能导致电子元件的工作温度超过其正常范围，从而引发故障或性能下降。例如，传感器可能会出现测量误差，导航系统可能会出现定位不准确的情况，通信设备也可能会受到干扰或信号减弱。低温环境则可能使电子设备的工作变得不稳定，甚至出现死机等问题。三是影响材料性能。气温的差异还会引起飞行器机身材料的热胀冷缩，导致零部件之间出现连接松动，影响飞行器结构完整性和飞行稳定性。特别是在极端温度变化的情况下，这种影响可能会更加显著。因此，飞行器在设计和操作中必须充分考虑温度因素，确保其在各种温度条件下都能保持安全稳定的飞行状态。

（6）气压

气压的变化影响了飞行器的飞行高度和稳定性。与气温类似，气压的变化直接关系到空气的密度，气压降低，空气密度减小，气压升高，则空气密度增大。这意味着飞行器在不同气压环境中所获得的升力会有所不同，高气压区域通常空气密度较大，能为飞行器提供更大的升力，但同时也可能增加飞行阻力；而在低气压区域，飞行器的升力可能会减小，这样飞行器会更容易达到较高的飞行速度，这可能导致操控响应变得更加敏感，增加了飞行控制的难度。从定量角度来看，气压的每一个微小变化都会对飞行器的飞行参数产生影响。例如，气压每下降 1 hPa，飞行高度可能会相应调整数十米。对于需要精确导航和定位的飞行器，这种影响尤为关键。此外，气压的急剧变化还可能预示着恶劣天气条件的到来，例如局地强对流天气，同时在气压梯度较大的区域，可能会产生强烈的上升或下降气流，以及水平方向的风切变，这些不稳定的气流会使飞行器的飞行姿态突然发生改变，从而大幅增加失控的风险，对飞行安全构成一定威胁。因此，飞行器在设计和飞行过程中必须密切关注气压变化,以确保飞行安全和性能稳定。

(7)大气湿度

湿度主要影响飞行器的腐蚀速率和电子设备的工作稳定性。在高湿度环境中,金属部件更容易生锈腐蚀、老化加速、强度降低,从而影响飞行器的结构完整性和使用寿命,增加了飞行过程中发生机械故障的风险。与前述气象因素类似,湿度增大到一定程度会带来如降水、低能见度这样的影响,包括导致电子设备内部出现凝结水、飞行器的导航和定位精度偏差、与其他飞行器或障碍物发生碰撞等风险。从定量角度来看,湿度的具体数值与飞行器的维护周期和故障率密切相关。例如,在相对湿度超过 60%的环境中,飞行器的金属部件腐蚀速率可能会加倍。此外,相对湿度每增加 10%,电子设备出现故障的风险可能会增加约 5%。因此,飞行器在设计和使用过程中需要充分考虑湿度因素,采取必要的防潮和防腐蚀措施,以确保飞行安全和设备可靠性。

(8)风切变

风切变会导致飞行器在飞行过程中突然遭遇风向和风速的急剧变化,这极大地增加了飞行的不稳定性和风险。特别是低空风切变,对飞行器的起飞和降落阶段影响尤为显著,可能导致飞行器偏离预定航线或失去控制。从定量角度来看,风切变的强度和范围直接决定了其对飞行器的影响程度。例如,强烈的顺风切变会使飞行器的空速迅速降低,升力减小,可能导致飞行器下沉;而逆风切变则会使空速突然增大,升力增加,可能导致飞行器被异常抬升。这些突然的变化都对飞行器的操控性和稳定性构成了严重威胁。因此,飞行器操作员必须对风切变保持高度警惕,及时采取应对措施,以确保整个飞行过程安全。

(9)下击暴流

下击暴流带来的强烈下降气流和雷暴大风会严重威胁飞行安全。在飞行器起飞或降落阶段,下击暴流可能导致飞机突然遭遇强烈逆风,随后又迅速转为顺风,这种风向风速的急剧变化使得飞行器操控难度剧增。从定量角度看,下击暴流中的灾害性风速可高达 75 m/s,对飞行器产生极大冲击。当飞行器飞近下击暴流中心时,强烈的下降气流会使飞行器升力突然减小,导致飞行高度迅速下降,严重时可能引发飞行事故。因此,飞行器操作员在面对下击暴流时,必须采取紧急应对措施,如及时调整飞行姿态和动力,以确保飞行安全。

(10)雾/霾天气

雾/霾天气对低空飞行的安全隐患体现在几个方面。一是视线受阻,能见度显著下降,影响飞行员视线,增大如撞机、坠机等飞行事故概率。二是导航困难,灰霾天气影响北斗或 GPS(全球定位系统)信号,影响飞行器航向精度和精准定位。三是发动机性能下降,雾/霾天气中大气水滴或大气颗粒物浓度明显增大,微粒进入飞行器发动机的概率大大提升。

3. 低空飞行对气象要素的最低要求

低空飞行对气象要素的要求，与飞行器自身的参数息息相关，如机体大小、形状、重量，最大起飞重量，飞行高度和速度等。参照目前直升机和固定翼无人机飞行气象条件，提出以下最低气象要素作为气象保障系统数据阈值（注：可根据实际飞行器机型和当地气象条件予以调整）。

（1）正侧风：≤10 m/s；顺风：≤8 m/s（或地面平均风速≤10 m/s，瞬时风速≤15 m/s）。

（2）降水量：无中雨以上降水（≤8 mm/h）。

（3）雷暴（闪电）：起降场及飞行航线无雷暴闪电（或地面电场强度≤1 kV/m）。

（4）能见度：≥1 km。

（5）云底高：≥200 m。

4. 低空气象监测数据来源

低空气象监测方法与常规气象业务上的监测方法并无差别，数据的来源均为直接测量（实测数据）和间接测量（遥感数据），由于低空气象监测服务的对象及针对的空域范围的特殊性，低空气象监测必须有符合自身特色的一套完整的气象监测系统，主要有以下 4 类：

（1）常规 7 要素气象自动站。通过固定站点（包括航空器起降点、地面站点及航线不同高度的站点），测量和收集不同要素（包括风速风向、降水、能见度、气温气压、相对湿度等）气象实测数据。

（2）各类雷达观测站。通过 S 波段天气雷达、C 波段天气雷达、X 波段相控阵雷达、激光测风雷达、激光测雨雷达、激光气溶胶雷达等设备，实现大面积、实时的遥测数据。

（3）特种气象观测站。通过固定站点，测量和收集不同要素和天气现象（包括云量云高、雷暴闪电、大雾灰霾、电场磁场、辐射紫外等）的实测和遥感数据。

（4）飞行器机载气象传感器和微型雷达设备。近距离、高精度测量特定区域（飞行器航线）的气象实测和遥感数据。

第 9 章　低空气象监测网建设思路

1. 确定低空气象设备选型原则

与常规气象观测业务应用的设备相比较，一般情况下，低空气象监测设备还有以下特别要求。

（1）符合国家气象相应标准规范，获得气象装备使用许可证为最佳。

（2）探测原理成熟、技术先进、气象数据质量可靠、空间分辨率和时间分辨率满足低空飞行器全过程飞行要求。

（3）各探头、发射器、接收器或多传感器等关键零部件高度集成、科学布设，同时满足功耗少、体积小、重量轻等要求。

（4）设备信息化和智能化程度高，可兼顾有线和无线传输，设备前端同时具备数据自我纠错功能为最佳。

（5）设备材质耐高（低）温、高湿、高盐和腐蚀。

（6）设备易安装、少维护，运行稳定，使用寿命长。

（7）设备价格适合，具备较高的性价比，在低空经济市场中可推广、可复制。

2. 明确低空气象设备技术参数特殊性

（1）风的探测方面。一是空域高度的特殊性。对于主要飞行区域为 G 空域和 W 空域而言，要求设备探测有效高度为 300 m（极限高度为 500～1000 m），无须常规气象业务应用的探测高度为 3 km、8 km，甚至 12 km 以上的风廓线和激光测风雷达设备，这样能极大降低激光测风雷达设备成本。二是分辨率的特殊性。空间分辨率为 30 m、15 m，最佳为 10 m，时间分辨率为秒级，一旦监测到风切变，能快速传递至应用端。三是探测盲区特殊性。除了常规气象业务要求的设备本身导致的角度盲区、环境因素导致的有效高度盲区外，低空起飞对最低高度盲区有特殊要求，即不能大于 20 m。

（2）降水的探测方面。常规自动气象站获取的降水量数据仅为飞行器是否起飞的参考之一，低空飞行最需要的是近地面层至 1000 m 空域的大气水汽含量数据（利用其他遥感探测设备获取的更高高度层的水汽含量数据同样对低空飞行全过程有重要的参考意义)。这就对降水量的探测提出了特殊要求,即要求遥感测雨设备大量介入,以获取一定高度和一定空域范围的大气水汽含量分布数据,给予低空飞行服务保障。

(3)能见度的测量方面。除了常规气象业务应用的能见度仪外(获取大气水平能见度数据),低空飞行对能见度探测提出了特殊要求,即要求利用能见度激光雷达获取大气不同高度层的空域范围内的垂直和水平能见度数据。

(4)云量云高的测量方面。目前,常规气象业务上利用云高仪或云高云量激光测量设备获取的数据并不适合低空飞行,因为这些数据本质上是“点”上的数据,不具备“范围”代表性。低空飞行对云量云高的测量提出了特殊要求,要求获取更广空域范围内的云高和云量数据,这里提出两种探测设备予以探讨。一是天空成像仪,该设备可拍摄设备布设点上空接近 360°范围内的天空云分布情况,通过对拍摄图片的反演,可得出一定范围(数千米至数十千米)的云量、云高,甚至云状等数据。二是高清晰鱼眼摄像设备,垂直向上布设,拍摄设备布设点上空接近 360°范围内的天空云分布情况,然后通过对拍摄图片的反演,可得出一定范围(数千米、数十千米,甚至通过多张图片拼图获得数百千米)的云量、云高,甚至云状等数据。

(5)航线实时气象要素测量方面。对于目前常规气象业务来说仍属于空白区,尚无探测设备涉入。通过飞行器机载气象传感器和微型雷达设备,可实现近距离、高精度测量特定区域(飞行器航线)气象实测和遥感数据信息。

3. 对已部署的常规气象业务设备进行可复用统计

(1)已部署的中、小尺度天气类型监测设备全部可复用。如 S 波段天气雷达、C 波段天气雷达、X 波段天气雷达等。

(2)已部署的其他遥感气象设备可作为低空气象监测网有效的补充,全部可复用。如风廓线雷达、激光测风雷达、探空雷达、云雷达、测雨雷达、气溶胶激光雷达、能见度激光雷达,或能见度仪、微波辐射计、闪电定位仪、大气电场仪、GNSS(全球导航卫星系统)水汽等。

(3)已部署的常规自动气象站部分可复用。依据飞行器起降点(或平台)大小和规模、该起降点主要飞行器尺度类型(指 300 m 高度以下空域,小型、轻型、微型)、飞行器航线路径等条件,予以具体评估。

① 起降点面积小、规模小,该起降点附近 200 m 以内的常规自动气象站可复用。

② 飞行器尺度类型以小型和轻型为主,该起降点附近 200 m 以内的常规自动气象站可复用。

③ 与飞行器航线绝对高度差在 50 m 内的常规自动气象站(一般安装在高层建筑或构筑物上)可复用。

常规气象业务设备可复用率是指针对设备数量而言,不是指设备采购费用。不同城市的常规气象业务设备在低空气象保障中的可复用率有差别，复用率一般处于10%～30%。

4. 围绕低空飞行气象保障开展设备规划和建设工作

(1)起降点

围绕飞行器起降点开展规划，包括微型起降点、小型起降点、中型起降点和大型起降点。

① 微型起降点。气象设备建设规划面积小，一般 3 m×3 m 可满足要求。布设一套常规 6 要素自动站(或一体化微气象站)、垂直激光测风雷达(近距型)。

② 小型起降点。气象设备建设规划面积适中，一般 5 m×5 m 可满足要求。布设一套常规 6 要素自动站(或一体化微气象站)、能见度仪(或能见度激光雷达)、垂直激光测风雷达(近距型)。

③ 中型起降场。气象设备建设规划面积较大，一般 8 m×8 m 可满足要求。布设一套常规 6 要素自动站(或一体化微气象站)、能见度仪(或能见度激光雷达)、垂直激光测风雷达(近距型)、云高云量仪、大气电场仪。

④ 大型起降场。气象设备建设规划面积大，需要 15 m×15 m 或以上面积才能满足要求。布设一套常规 6 要素自动站(或一体化微气象站)、能见度仪(或能见度激光雷达)、垂直激光测风雷达(近距型)、云高云量仪、大气电场仪(闪电定位仪)、微雨雷达、扫描激光测风雷达(360°)。

(2)飞行器航线

围绕飞行器航线开展规划，飞行器航线距离从数百米至数千米不等，规划时要充分利用航线附近的高山高楼等建(构)筑物中可复用的常规气象观测设备。

① 用飞行器航线附近的高山高楼建设常规 6 要素自动站(或一体化微气象站)、能见度激光雷达。建设面积 3 m×3 m。

② 用飞行器航线附近地面(或高山高楼)建设扫描激光测风雷达(360°)、大气电场仪、能见度激光雷达。建设面积 8 m×8 m。

③ 用飞行器本体搭载常规气象传感器和微型雷达设备，实时采集和传输特定区域气象实测和遥感数据。

第 10 章　低空气象数据采集

气象数据采集是构建精确气象预报和模拟系统的基础，尤其在面对城市复杂下垫面环境的大风三维数值模拟仿真系统中，准确的数据采集是保证模拟结果可靠性的关键。在深圳市，我们采用多种技术手段来采集气象数据，包括地面自动气象站、风廓线雷达以及卫星遥感等设备。这些设备能够实时监测并记录风速、风向、气温、湿度等多种气象参数，形成高频率、高密度的数据网(图 10-1)。

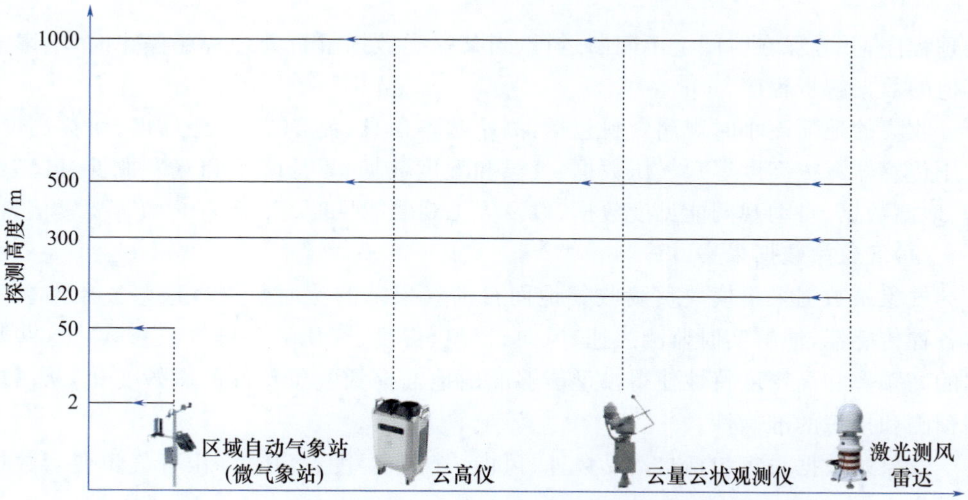

图 10-1　低空气象部分监测设备探测高度示意图

通过与国家信息系统的对接，我们还能获得深圳及其周围的气象数据，为本地数据提供更广阔的背景参考。此外，特别引入遥感技术，对城市特定区域的气象条件进行密集采样，特别是在台风登陆或极端天气事件前，这些高精度的地理信息与气象数据将直接输入到我们的数值模拟系统中，用以提高预测的准确度(图 10-2)。

1. 地面观测数据采集

根据地面观测资料的收集时间、频次、方式等策略，针对地面气象原始数据格式，研制地面气象数据收集处理程序，完成地面观测数据的采集入库。收集程序需要根据每一类的数据源特点专门定制，每类数据收集需要定制独立的一套数据解析

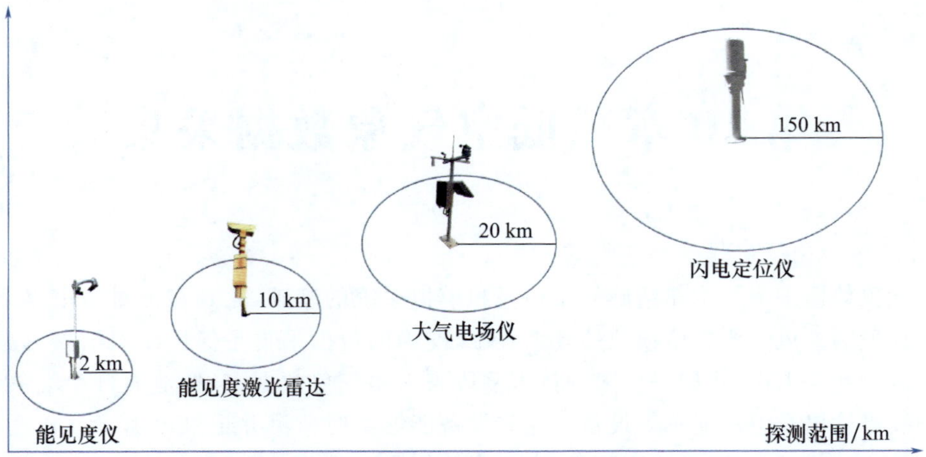

图 10-2　低空气象部分监测设备探测范围示意图

处理程序，并确保在时间上不间断运行，当某一类数据解析处理程序停止时，不影响其他的数据解析程序。

收集的地面逐小时观测资料包括：测站基本信息（涵盖站号、经纬度、海拔高度、气压传感器海拔高度等）、气压数据、气温和湿度数据、累计降水和蒸发数据、风场数据、地温数据、自动观测能见度数据，以及人工观测能见度、云、天气现象等要素信息。

（1）气象站数据采集

气象站数据采集模块负责收集地面自动气象站的实时数据。这些气象站装备有各种传感器，能够实时监测风速、风向、气温、湿度、气压等关键气象参数。这些数据的高频率和高密度特性使得模型能够准确地捕捉到气象条件的微妙变化，从而提高预测和模拟的准确性。

气象站数据采集包括自动站风速、风向、气温、湿度、气压、降雨等气象要素数据的采集。

① 气象站降雨数据采集

建立气象站降雨数据的采集处理入库程序，基于气象站降雨数据源的数据采集规范和操作要求，针对深圳地区气象站降雨数据进行采集处理和入库工作。

② 气象站风速风向数据采集

建立气象站风速风向数据的采集处理入库程序，基于气象站风速风向数据源的数据采集规范和操作要求，针对深圳地区气象站风速风向数据进行采集处理和入库工作。

③ 气象站气温数据采集

建立气象站气温数据的采集处理入库程序，基于气象站气温数据源的数据采集规范和操作要求，针对深圳地区气象站气温数据进行采集处理和入库工作。

④ 气象站湿度数据采集

建立气象站湿度数据的采集处理入库程序，基于气象站湿度数据源的数据采集规范和操作要求，针对深圳地区气象站湿度数据进行采集处理和入库工作。

⑤ 气象站气压数据采集

建立气象站气压数据的采集处理入库程序，基于气象站气压数据源的数据采集规范和操作要求，针对深圳地区气象站气压数据进行采集处理和入库工作。

（2）能见度数据采集

建立能见度数据的采集处理入库程序，基于能见度数据源的数据采集规范和操作要求，针对能见度数据进行采集处理和入库工作。

2. 卫星数据采集

卫星数据采集模块负责收集气象卫星的遥感数据。气象卫星能够提供大范围、高分辨率的气象数据，包括云图、水汽图等，这些数据对于理解大尺度的气象变化和预测极端天气事件具有重要作用。

（1）水汽云图卫星数据采集

根据气象卫星资料的收集时间、频次、方式等收集策略，从气象数据接口获取气象卫星水汽云图数据，将收集到的气象卫星水汽云图数据进行分类存储到服务器中，为气象卫星数据质量控制及应用等提供基础数据源。

（2）可见光云图卫星数据采集

根据气象卫星资料的收集时间、频次、方式等收集策略，从气象数据接口获取气象卫星可见光云图数据，将收集到的气象卫星可见光云图数据进行分类存储到服务器中，为气象卫星数据质量控制及应用等提供基础数据源。

（3）红外 2 云图卫星数据采集

根据气象卫星资料的收集时间、频次、方式等收集策略，从气象数据接口获取气象卫星红外 2 云图数据，将收集到的气象卫星红外 2 云图数据进行分类存储到服务器中，为气象卫星数据质量控制及应用等提供基础数据源。

（4）RGB 混合卫星数据采集

根据气象卫星资料的收集时间、频次、方式等收集策略，从气象数据接口获取气象卫星 RGB（红绿蓝）混合云图数据，将收集到的气象卫星 RGB 混合云图数据进行分类存储到服务器中，为气象卫星数据质量控制及应用等提供基础数据源。

3. 天气雷达数据采集

根据天气雷达资料的收集时间、频次、方式等收集策略，从数据接口获取天气雷达数据，将收集到的气象雷达数据进行分类存储到服务器中，为气象雷达数据质量控制及应用等提供基础数据源。

(1)S 波段雷达数据采集

S 波段雷达具备高分辨率的数据采集能力,能够准确捕捉目标的距离、速度、方位等关键信息,为后续的数据处理和分析提供可靠依据。通过数据接口服务获取 S 波段雷达基数据,基于 S 波段雷达数据源的数据采集规范和操作要求,实现深圳雷达站点的 S 波段雷达的基数据采集处理和入库工作。

(2)X 波段雷达数据采集

通过数据接口服务获取 X 波段雷达数据基数据,基于 X 波段雷达数据源的数据采集规范和操作要求,实现 X 波段雷达的基数据采集处理和入库工作。

4. 高空气象探测数据采集

高空气象探测数据采集模块负责收集高空气球和探空火箭的数据。这些设备能够提供大气层结、温度、湿度等高空气象参数,这些数据对于理解和模拟大风的垂直结构和变化具有重要作用。

(1)高空气球气象观测站数据采集

通过数据接口获取高空气球气象观测站数据,基于高空气球气象观测站数据源的数据采集规范和操作要求,实现高空气球气象观测站的基数据采集处理和入库工作。

(2)探空火箭气象观测站数据采集

通过数据接口获取探空火箭气象观测站数据,基于探空火箭气象观测站数据源的数据采集规范和操作要求,实现探空火箭气象观测站的基数据采集处理和入库工作。

(3)高空探测站数据采集

根据高空探测资料的收集时间、频次、方式等收集策略,从气象数据接口获取高空探测站气象数据,将收集到的高空气象数据进行分类存储到服务器中,为高空气象数据质量控制及应用等提供基础数据源。

高空探测站,每日两次的探测资料,数据包含测站基本信息(站号、经纬度、海拔高度)、气压数据、气温、密度、湿度、风向、风速观测数据等要素信息。

5. 飞行器上载气象数据采集

飞行器上载气象数据采集模块负责收集无人机、飞艇等飞行器上载的气象数据。这些飞行器能够在复杂地形和极端天气条件下进行气象探测,提供高精度、高分辨率的气象数据,这些数据对于理解和模拟复杂环境下的大风具有重要作用。

6. 闪电观测资料采集

根据闪电定位资料采集时间、频次、方式等采集策略,对闪电观测站每 10 s 采样一次，每小时形成一组闪电数据，主要包含闪电到达时间、南北及东西峰值磁场、峰值电场、最陡点磁场、最陡点时间、峰点时间、后过零点时间等，将采集数据结果存入数据库中，为闪电数据的格式转换、质量控制提供数据基础。

7. 数值预报产品采集

根据数值预报产品（ECMWF（欧洲中期天气预报中心）模式、CMA-3 km 模式等）的收集时间、频次、方式等收集策略，从互联网接口获取数值模式产品，将收集到的模式产品进行分类存储到服务器中，为格点产品质量控制及应用等提供基础数据源。

（1）ECMWF 模式数值预报产品采集

通过气象数据接口采集 ECMWF 模式数值预报产品，将收集到的模式产品进行分类存储到服务器中，为格点产品质量控制及应用等提供基础数据源。

（2）CMA-3 km 模式数值预报产品采集

通过气象数据接口采集 CMA-3 km 模式数值预报产品，将收集到的模式产品进行分类存储到服务器中，为格点产品质量控制及应用等提供基础数据源。

（3）SZ-HAPS 模式数值预报产品采集

通过气象数据接口采集 SZ-HAPS（深圳雷达资料实时同化预报系统）模式数值预报产品，将收集到的模式产品进行分类存储到服务器中，为格点产品质量控制及应用等提供基础数据源。

（4）集合预报模式数值预报产品采集

通过气象数据接口采集集合预报模式数值预报产品，将收集到的模式产品进行分类存储到服务器中，为格点产品质量控制及应用等提供基础数据源。

8. 选频式电磁辐射监测仪数据采集

选频式电磁辐射监测仪为手持式综合电磁辐射场强分析仪，能对环境中的电磁辐射实现快速准确测量。通过数据接口获取本项目布设的选频式电磁辐射监测仪数据，基于选频式电磁辐射监测仪数据源的数据采集规范和操作要求，实现选频式电磁辐射监测仪数据采集处理和入库工作。

9. 多普勒激光测风雷达数据采集

多普勒激光测风雷达采用激光相干探测体制，以大气气溶胶为示踪物，通过气溶胶对激光的后向散射回波信号的多普勒频移检测，并结合多波束扫描及风场反演算法，实现大气风廓线和三维风场的测量。可以生成径向速度、谱宽、谱强、载噪比等基础数据，风速、风向、垂直气流等一级产品，进一步可反演出风切变等二次产品。

(1)3D 多普勒激光测风雷达数据采集

通过数据接口获取本项目布设的 3D 多普勒激光测风雷达数据，基于 3D 多普勒激光测风雷达数据源的数据采集规范和操作要求，实现 3D 多普勒激光测风雷达基数据采集处理和入库工作。

(2)风廓线多普勒激光测风雷达数据采集

本模块负责收集风廓线雷达的数据。风廓线雷达能够提供高精度的风速和风向数据，特别是在垂直方向上的分布，这些数据对于理解和模拟大风的三维结构具有重要作用。主要包括对风廓线多普勒激光测风雷达（远距型、中距型、近距型）的数据采集处理和入库工作

10. 毫米波测风雷达数据采集

毫米波测风雷达是一种先进的大气探测技术，它通过发射和接收毫米波段的电磁波来测量大气中的风速和风向。这种雷达系统以其高精度、高分辨率、强穿透力和良好的抗干扰性能而著称，使其在气象、航空、风能开发和环境监测等多个领域得到广泛应用。毫米波测风雷达的工作原理基于多普勒效应，即当雷达和大气中的粒子之间存在相对运动时，观察者接收到的波频率会发生变化。雷达发射一束毫米波段的电磁波，当这束波遇到大气中的散射体时，会反射回来。由于风的作用，这些散射体会随着气流移动，因此反射波的频率会因多普勒效应而发生改变。通过测量这些频率的变化，可以计算出散射体的速度和移动方向。

通过数据接口获取本项目布设的毫米波测风雷达数据，基于毫米波测风雷达数据源的数据采集规范和操作要求，实现毫米波测风雷达基数据采集处理和入库工作。

11. 大气电场仪数据采集

大气电场仪为通过直接探测雷电发生前后大气电场变化对雷电进行预报和监测的仪器，能为雷电预警提供数据支撑。通过数据接口获取本项目布设的大气电场仪数据，基于大气电场仪数据源的数据采集规范和操作要求，实现大气电场仪数据采集处理和入库工作。

12. 雷暴仪数据采集

雷暴仪利用雷暴发生过程中辐射的磁场和电场信号，确定雷暴方向和距离。通过数据接口获取本项目布设的雷暴仪数据，基于雷暴仪数据源的数据采集规范和操作要求，实现雷暴仪数据采集处理和入库工作。

13. 能见度仪数据采集

能见度仪能够为用户提供准确实时的能见度数据，可有效避免因团雾、雾气、雾/霾等引起能见度下降情况下带来的低空飞行安全隐患。通过数据接口获取本项目布设的能见度仪数据，基于能见度仪数据源的数据采集规范和操作要求，实现能见度仪数据采集处理和入库工作。

14. 全天空成像仪数据采集

全天空成像仪是一种全自动、全色彩天空成像设备，能够把实时获取的图像信息和气象数据传输到后端计算中心，数据经质控、AI 图像识别模型处理后，将实时图像数据、云的覆盖率、透光率及附加的天气数据通过多种形式提供给用户终端。通过数据接口获取本项目布设的全天空成像仪数据，建立全天空成像仪数据的采集处理入库程序，基于全天空成像仪数据采集规范和操作要求，针对全天空成像仪数据进行采集处理和入库工作。数据采集处理入库程序，通过 C/S（客户机/服务器）模式，以后台运行方式，实现数据采集及解析，并将解析后的数据保存到数据库中，为本项目系统提供数据支持。

15. 小型气象站数据采集

小型气象站为能够测量气温、气压、相对湿度、风向、风速和雨量等参数的仪器。通过数据接口获取本项目布设的小型气象站数据，建立小型气象站数据的采集处理入库程序，基于小型气象站数据采集规范和操作要求，针对小型气象站数据（气温、气压、相对湿度、风向、风速和雨量等）进行采集处理和入库工作。数据采集处理入库程序，通过 C/S 模式，以后台运行方式，实现数据采集及解析，并将解析后的数据保存到数据库中，为本项目系统提供数据支持。

16. 微雨雷达数据采集

微雨雷达通过信号发射器向抛物面天线发射电磁波，然后通过接收器接收反射回来的电磁波，同时获取定量的雨量、水滴大小分布、雷达反射率、降速和其他降雨参数。通过数据接口获取本项目布设的微雨雷达的数据，建立微雨雷达数据的采集处理入库程序，基于微雨雷达数据采集规范和操作要求，针对微雨雷达数据进行采集处理和入库工作。数据采集处理入库程序，通过 C/S 模式，以后台运行方式，实现数据采集及解析，并将解析后的数据保存到数据库中，为本项目系统提供数据支持。

17. 风切变数据采集

风切变数据采集是气象和航空领域中一项至关重要的任务,它要求精确捕捉并记录风速和风向在空间或时间上的急剧变化。利用多普勒激光雷达、风廓线雷达以及高精度风速风向传感器等,能够实时监测并记录下空气流动中的微小差异,并通过数据接口获取风切变数据,建立数据采集处理入库程序,通过 C/S 模式,以后台运行方式,实现风切变数据采集及解析,并将解析后的数据保存到数据库中,为本项目系统提供数据支持。

风切变数据采集不仅对于提高天气预报的精度至关重要,更是保障航空安全的关键环节。通过准确掌握风切变信息,飞行员可以在起飞、降落或飞行过程中做出更加安全的决策,避免因风切变引发的飞行事故。

第3部分 低空气象数字网

深圳保障低空飞行气象预报预警技术面临巨大挑战。低空气象数字服务是低空经济发展的刚性需求，提升低空气象感知能力，开展精细化的低空飞行气象服务，例如构建低空气象风险阈值预警体系，向低空飞行器提供风险告警，能够有效支撑低空经济应用场景建设、赋能低空经济发展。但目前，深圳常规气象服务产品仅提供分区预警、每日天气预报等基本信息，暂无法为企业提供低空飞行航线规划、起降服务、安全飞行等精细化服务。低空飞行器面临“一刮风下雨就停飞”的“一刀切”式管控，也严重影响低空飞行效率和经济效益。据统计，美团、丰翼等大型低空经济企业每年因气象因素损失16.5%经济效益。提升低空气象数字产品的精细化程度和准确程度，能够更精确地规划和调整无人机的飞行任务。因此，有必要开发综合性、多维度情报服务的低空气象服务平台，提供包括风、降水、雷暴、冰雹、微下击暴流、风切变等多种对低空飞行安全影响巨大的气象要素的智能综合监测预报预警系统。

第 11 章　大涡模拟研究

中尺度模式可在 1～100 km 的中小尺度上对大气过程进行描述。当下降到城市微尺度时(百米到十米级)，城市下垫面与大气边界层的复杂相互作用，不仅发生在城市环流的大尺度上，也发生在建筑物的墙面热动力交换微尺度上。基于计算流体力学(CFD)的方法更适用于城市百米到十米级尺度气象动力模拟，以及精细化推演在复杂城市下垫面环境下的气流运动。

1. 大风模拟发展

在数值模式预报中，对强对流和台风等天气系统的预报精确性将直接影响其对台风、强对流天气导致的精细化风场结构预报的准确性。更高精度(1 km)的水平分辨率更能解析小尺度天气系统的物理过程和精细结构。研究表明，高精度的数值模式可以更加真实地模拟台风风雨结构和更强的台风强度。由于强对流天气具有局地性、突发性强等特点，对强对流过程的可靠预报更需要稳定的亚公里级高分辨率数值模式。

目前，国内外流行的数值模式，如 ECMWF 的 IFS(交互式预报系统)、美国国家海洋和大气管理局(NOAA)的 GFS(全球预报系统)、美国国家大气研究中心(NCAR)的 WRF(天气研究和预报模式)等，都是基于中尺度(水平分辨率～10 km)的数值预报模式。

近年来，随着超级计算机的发展，中尺度预报模式的精度也逐渐增加至公里级，但受到动力框架和垂直坐标系统的限制，难以适用于亚公里级以下的数值模拟。亚公里级的数值模拟需配备更高精度的地形及土地利用类型数据来进行复杂下垫面下的更加精确的大气运动过程模拟。

合理地模拟城市化效应对气象的影响将可能提高气象预报精确度。然而，城市下垫面大气边界层存在着复杂的交换过程，这种过程发生在建筑物墙壁尺度(数米)乃至整个城市尺度(数十千米)上，因此，精确模拟城市化对天气系统的影响一直是城市气象学的热点和难点问题。

城市内局部区域大风的发生与强对流、台风、强季风等天气系统及地形、城市建筑物构成的复杂下垫面的共同作用密切相关。国内外对上述天气系统造成的大范围大风研究较多，将天气系统与城市复杂下垫面结合，开展城市风场精细化仿真模拟的研究相对较少。

近年来，科学技术快速发展，为风场精细化研究奠定了科学技术基础。一是数值天气预报模式越来越精细，这为精细化到 10 m 级风场预报提供了预报资料。国内外主流的全球和区域数值天气预报已经精细到公里级，区域范围更小的、快速循环同化的短时临近天气预报模式更是已经发展到 1 km 甚至亚公里级(0.5 km)。二是人工智能和流体力学等多学科快速融合发展，使 10 m 级风场仿真模拟成为可能，云计算和超大规模并行计算解决了海量数据的实时分析和建模问题。

利用全球大尺度信息的混合尺度方法不仅用在区域分析中，其大尺度部分还可以通过滤波和谱分析技术与区域精细，或者集合预报样本进行混合，混合方案对集合预报效果也有明显改进。选取最优的混合初始场与侧边界，可以显著提高精细化数值模拟预报的质量，为 CFD 模式提供最优驱动初始场。

2. 计算流体力学技术

虽然前人在城市建筑群建模方面已经做了较多工作，但是这些方法受限于建筑物模型保真度，且建模效率低，通常侧重于简化的城市几何形状，并假设建筑物位于平坦的地面上。需要高精度的建筑物模型来进行仿真模拟，以此获得更加准确的数值模拟。在建筑物风环境的研究上，人们的研究手段更多地转变到以 CFD 仿真为主、以试验为辅的方式，使用 CFD 工具对城市进行风环境预测，研究城市规划对风场的影响，为城市规划提供依据。

在过去的几十年里，计算流体力学技术已经证明了它在城市规划与风场相关研究中的价值。在航空和汽车工业发展的推动下，CFD 技术已经具备相当程度的准确性和实用性，在调查城市地区风的舒适度、研究建筑通风或消防安全模拟中成为有力工具。近年来，随着计算机硬件技术的不断进步、数值方法的发展和高性能并行效率的提高，CFD 技术对复杂城市地区风场实时模拟预测正变得可行。

CFD 技术大致分为三类。第一类直接数值模拟(DNS)方法，求解流体流动的原始方程，包括连续方程、Navier-Stokes 方程(纳维-斯托克斯方程)和能量方程。这是最精确的方法，但由于计算量过大，并不适合实时预报要求。工程应用中往往将上述三个基本方程在时间域或空间域上进行平均化处理，以大幅提高计算效率。作为第二类 CFD 方法，大涡模拟(LES)的基本思路是直接模拟湍流中的大尺度涡，而将小尺度涡的作用通过近似的亚网格模型来引入。这种方法由于其较高的湍流模型精度和相对较小的计算量，已经在城市范围内的街道尺度风场和风力发电的流场模拟中得到应用实施。最高效的第三类 CFD 方法，是在全域上进行平均化处理的雷诺时均(RANS)方法。RANS 方法需要引入雷诺应力封闭模型来模拟湍流效应，然而由于其本身湍流模型的误差，同时考虑到城市下垫面和粗糙度模型不太成熟，因此其计算结果精确度不高。

早期的城市地区大风模拟多基于 RANS 方法。为了减少数值复杂度，下垫面中的大多数几何外形细节都被简化。同时，由于 RANS 方法内在的时间和空间平均特性导致对湍流能量耗散的过高估计，相应的局部流动效应无法得到精准预测。城市风场流动非常复杂，包括狭管效应以及涡流的脱离、停滞等特征流动现象。从实用性角度来看，需要对风场数值模拟进行严格的验证和核实过程，因此具有复杂精确湍流模型的 CFD 方法才能够产生可接受的结果。在非定常中尺度来流驱动下的城市街道尺度风场精细预报，对 CFD 方法的精确性和实效性都提出了相当高的要求。因此，大涡模拟方法是最佳的综合选择。

精细化 CFD 风场模拟输出深圳市民中心附近区域 0～1 h、水平分辨率 10 m、垂直分辨率 1000 m、间隔 50 m、时间分辨率 6 min 预测风场产品。目前，通过风廓线雷达、气象梯度塔、自动站等设备进行大风预测，基本可以对地铁沿线、沿海港口码头、建筑工地等高影响行业以及重点企事业单位开展大风监测预警预报服务。但是传统测风系统因为灵敏度、饱和度以及运动惯性等原因，在风的测量中存在较大的动态误差，且只能做到基于点的测量，结合测风系统在各类空间、人力、物资等的成本，无法做到对小范围的城市区域精准预测。目前，气象服务区域精细化程度仍然不能满足低空飞行的需求，例如大风来临无法精确考虑对各航道小区域范围的影响，不能提供具体指引措施的专业化、精细化的低空飞行气象服务。

精细化 CFD 风场模拟则可以提供极高精细化程度的风场模拟模型，更好地应对气象灾害，提供高精细化的气象服务。

3. CFD 求解器-介观格子玻尔兹曼方法

精细化 CFD 风场模拟采用非传统的 CFD 求解器-介观格子玻尔兹曼方法(LBM)，结合参数化理论模型和机器学习技术，实现高精确度和高时效。相对传统 CFD 方法，LBM 具有方程简单、数值耗散小、复杂边界容易处理、并行计算效率高、程序易于实施等优势。介观 CFD 方法在时间积分上通过变换得到显式格式，其主要非线性项(碰撞项)的局部计算特性，及其线性迁移项不需要插值，这些特点为计算时效提供了保证。近年来的研究证明，介观 CFD 方法的并行效率在 CPU(中央处理器)和 GPU(图形处理器)硬件架构上均能够达到或接近最佳的线性扩展性能。

自主开发的基于介观 LBM 的大涡模拟 CFD 技术，快速模拟 10 m 分辨率的风场。不同于传统 CFD 方法，LBM 求解一组代表分子的介观粒子分布函数，宏观流体的压力、速度、应力等，可以由分布函数的不同阶数的矩得到。分布函数 $f_i(\vec{x},t)$ 的演化受迁移、碰撞和源项影响：

$$f_i(\vec{x}+\vec{e}_i\mathrm{d}t,t+\mathrm{d}t)-f_i(\vec{x},t)=-(f_i(\vec{x},t)-f_i^{\mathrm{eq}}(\vec{x},t))/T+S_i(\vec{x},t) \tag{11-1}$$

式中:$\vec{e}_i$ 为介观粒子速度;dt 为时间步长;T 为松弛时间;$f_i^{eq}(\vec{x},t)$ 为平衡态分布函数;$S_i(\vec{x},t)$ 为源项,可以用来加入外力和其他效应。

当 T 为小量时,上述方程对速度的零阶矩为传统 CFD 中的连续方程,一阶矩为传统 CFD 中的 Navier-Stokes 方程。在直接数值模拟中,T 和流体动力黏度 V 直接关联。在大涡模拟下,T 反映 V 和亚网格粘性 V_t 的共同效应:

$$V+V_t=(T-1/2)c_s^2 dt, V_t=C\Delta^2|\overline{S}| \tag{11-2}$$

式中:C 为 Smagorinsky 系数,$\overline{S}$ 为被解析的流动部分对应的应变率,c_s^2 为 Smagorinsky 常数的平方。在固体壁面附近,一般需要做附加的壁面修正处理。

为了测试 LBM,我们模拟了一个模型城市冠层上的流场。此模型来自水洞实验,结果见图 11-1。模拟结果显示出大量围绕建筑角点的涡旋流动,及尾流与建筑物的相互作用。图 11-1 直接数值模拟的结果中,雷诺数受网格分辨率限制,目前和试验雷诺数相差一个量级。在本项目中,我们首先加入亚网格黏性,进行大涡模拟,达到同样的试验雷诺数,并对比平均速度和脉动速度分布,从而验证 LBM 和程序的正确性。在此基础上,再引入深圳重点地区真实的城市下垫面工况。

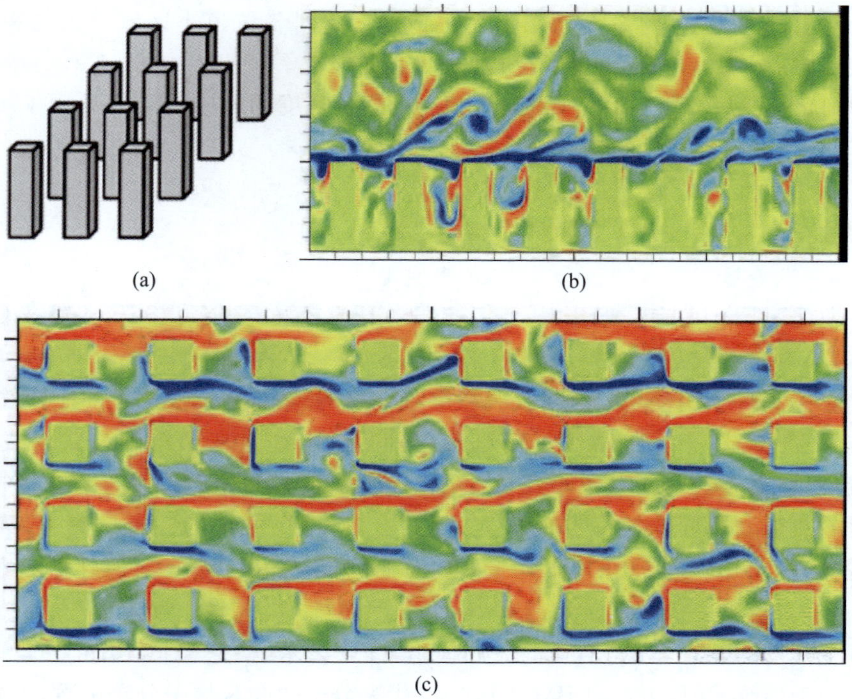

图 11-1 基于 LBM 得到的模型城市冠层上的流场数值模拟结果

(a)简单城市下垫面模型示意图;(b)在建筑中心面垂直横截面上 y 方向涡量等值图,结果显示建筑顶部的流场结构十分复杂,既有下沉的脱离涡,也有上扬的剪切流;(c)在水平横截面(相对建筑物 0.825 高度处)z 方向涡量等值图城市下垫面和建筑物构成的地表三维几何模型决定计算域底部边界的位置。先利用数字高程模型(DEM)技术，通过不规则三角网(TIN)或多边形网格来精确描绘地形的起伏变化和细节，为后续的三维建模提供准确的地形框架和数据基础。基于 DEM 提供的数据，利用三维建模软件(如 CAD(计算机辅助设计)、SketchUp(草图大师)或 3Dmax(3D Studio 大师))，结合其他地理信息和实地勘测数据，创建了更加逼真和精细的三维地形模型，如图 11-2 所示，为深圳市民中心 2 km×2 km 区域的三维地形建模。在 LBM 中，这样的复杂边界上的无滑移边界条件可以由简单的插值反弹方法来实现。

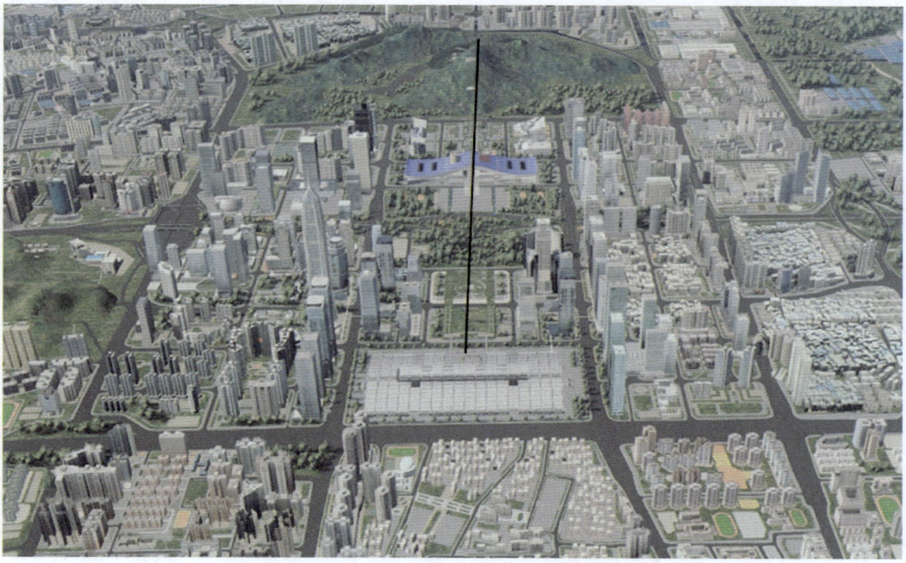

图 11-2　深圳市民中心的下垫面(2 km×2 km)几何模型

CFD 计算得到的 10 m 级风场的可靠性不仅取决于模型本身的物理精度(如下垫面模型、LBM 数值精度、亚网格模型等)，来自 500 m 级中尺度数值预报模式的驱动初始条件和侧边界条件的可靠性也十分重要。深圳城市建筑高度可以达到 100 m 量级，大于 500 m 级中尺度数值预报模式的垂直网格尺度(～50 m)，数值预报模式如何处理城市下垫面，也成为应该考虑的一个问题。

我们将城市下垫面效应加入 500 m 级中尺度数值预报模式中，增加中尺度模式的保真度，从而提高 10 m 级精细 CFD 计算风场预测的可靠性。和中尺度模型的多尺度嵌套计算类似，驱动初始和边界条件也需要进行适当的降尺度处理，来改进 CFD 模拟风场的可靠性。目前，主要的降尺度技术有回收法、周期前兆模拟法、边缘层修正法、来流湍流产生器等。

为了有效解析城市下垫面中的复杂几何外形，在地面附近高度和建筑物周围往往需要比较高的网格密度，以准确捕捉其在流场中产生的紊流特征流动(如建筑物顶部和尾流区域中的回旋流动)。同时,在流动特征量梯度相对较小的区域,网格密度可以适当放松,以减小计算量,缩短计算耗时。在介观 LBM 中,通常采用的处理方法是分层级嵌套网格(图 11-3),即对强流变区域采用高精度网格进行局部加密,并逐级松弛网格密度,直至用低密度网格覆盖整个计算域。在两个连续加密层级间,网格大小比率一般固定设置为 2。在网格密度变化界面,分布函数的变换已经有成熟的理论。这种非均匀网格结构能够有效地实现在计算精度和计算效率之间取得平衡。

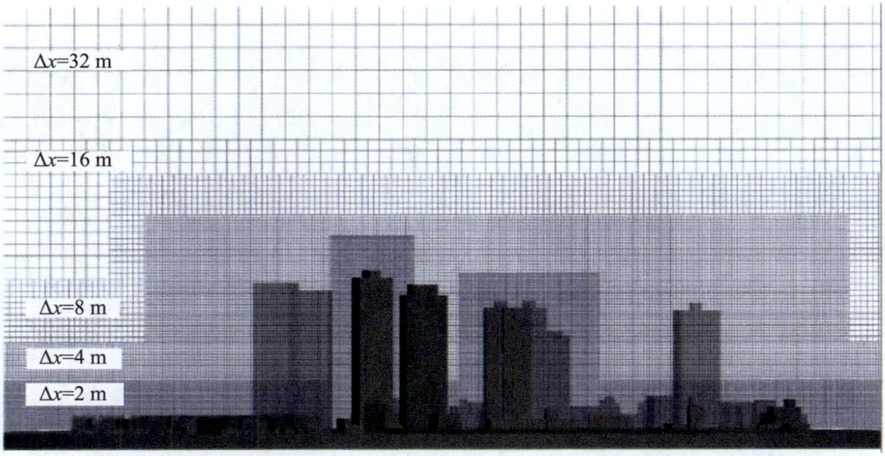

图 11-3　采用的空间非均匀网格示意图(Δx 表示分层级嵌套网格密度)

由于是实时预测,计算效率就显得格外重要。相比于高性能计算中传统的 CPU 架构,GPU 架构在为其特别优化过的数据结构和非全场耦合的局部算法下,表现出极高的性价比。近年来,以 LBM 为代表的介观 CFD 方法,结合 LES 湍流模型、局部网格加密技术和 GPU 并行算法,使得城市尺度的实时模拟成为可能。高效的并行程序需要两个方面的攻关,即注重程序中浮点运算量和不同核之间的数据交换量。同时,采用多平台融合计算。在多核加众核的节点环境下,通常采用混合并行编程模式:对同一节点内多核或众核处理器采用 OpenMP(开放多处理)、CUDA(统一计算设备架构)或 OpenACC(开放加速计算)多线程并行,而节点间采用 MPI(消息传递接口)通信模式,以有效降低数万处理器核并发集合通信时所需要的通信直径,这种处理方法一方面能够降低通信开销,另一方面能够挖掘足够多的内在并行度。

针对层次并行计算模型,采取从粗到细的策略开展,把一部分预条件子的计算放到 GPU 加速器上执行。设计能显著增加算法内在并行度的多层区域分解预条件子。例如,先为每个 MPI 进程分配一个子区域,利用 OpenMP 或 GPU 多线程并行特点,进一步将每个子区域划分为若干个更小的重叠型子区域,从而充分发挥多核加速的潜能。同时,充分利用已有的高性能库和分析工具是提高应用程序实际性能最有效的途径之一。合理调用经过优化的 BLAS、ILU、AMG 等计算子程序,可以成倍地提升应用程序的性能。在使用高性能计算机的过程中，结合申请单位两台超级计算机的体系结构特点和通信模式，合理调节各种参数，并利用国际、国内最新的性能优化技术进行改进。采用国际先进的并行程序跟踪分析工具，获取计算、通信热点，发现影响并行程序可扩展性的关键因素。从收集到的关键因素数据入手，进行科学分析，以大大提高性能优化的效率。

需要指出的是，基于目前的计算机软硬件和算法发展水平，在面对城市精细化风场模拟时，即使利用介观 CFD 方法结合较高精度的 LES 湍流模型，并进行各种优化加速，预估计算时间也仍然在小时量级，还不能直接作为实时预报的工具。一种较为可行的方案是在高效的 CFD 模拟基础上，建立将 CFD 计算结果转化成实时风场预测的系统参数化模型。其基本思想是，首先对深圳重点区域不同方向、不同强度来流下街道尺度风速进行精细 CFD 模拟，利用系综理论，结合对体积平均的流动方程进行封闭建模和深度学习等技术，归纳出描述强风分布的特征参数(如城市冠层里的孔隙率分布、来流角度和速度分布等)和 CFD 局地风速结果的关联。这种关联描述不仅可以随着 CFD 计算数据的增加而变得更加准确，也可以更有效地融合定点观测数据，从而可能成为快速实时预测局地强风的有效工具。

为保证城市重点区域的三维数值计算结果达到预期精准度要求，建立高层建筑风力数据的体系化测试。通过将数值运算得到的瞬态风速、风向等数据与自动站大风数据进行对比，进一步修正数值模型，最终导出城市气象三维流体力学模拟数值计算结果的综合模型。

基于 CFD 三维模拟得到的城市大风的风险点，我们对不同区域的精准风场数值模拟的数据进行分类，形成多个数据子集，并进行可视化展示，以提升监测服务水平，推进应急管理科学化，有利于满足低空气象服务需求。同时，也为气象部门对大风灾害的预判提供科学的数据支持，提升发布的预警信息精准度，满足多样化社会公共服务需求，为城市管理提供先进科学治理新模式，推进社会治理现代化建设。

4. 亚公里级大风中尺度数值模式

(1)亚公里级模式搭建

基于我国自主研发的 CMA-GD(R1)(中国气象局广东快速更新同化数值预报系统(版本 1))中尺度预报模式，搭建 500 m 级 3 h 循环 0～24 h 区域数值预报，作为输入初值，为 CFD 提供精确的边界条件。

① 泛华南地区内逐步嵌套至 0.5 km 模式网格

500 m 模式区域聚焦整个珠三角地区，从而提供 500 m 级的风场精细结构预报产品(图 11-4a)。各嵌套网格之间开启双向反馈，从而实现多尺度信息之间的交互。

② 模式垂直层采用非等间距网格

在近地表(垂直高度 500 m 以下)采取加密垂直模式层的形式，探究近地表模式层加密对边界层内精细化风场预报精确性的影响。同时,也要基于本实况产品 50 m 垂直层的间距要求(图 11-4b)。

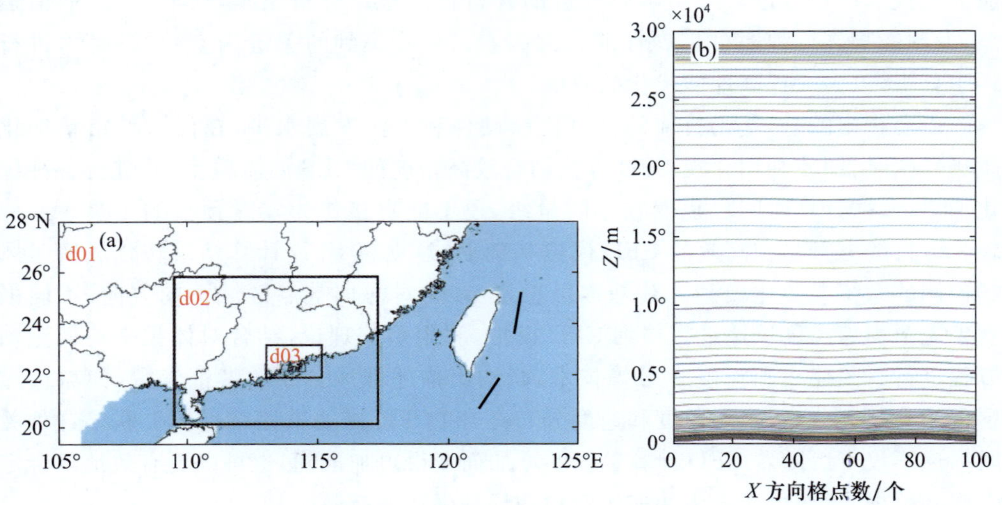

图 11-4 CMA-GD 中尺度模式模拟区域图(以 4.5∶1.5∶0.5(km)三重嵌套)(a)、垂直高度层非等间距网格分布(近地表(500 m 以下)采取 50 m 间距加密设置)(b)

③ 构建与 500 m 分辨率模式匹配的最新地形数据及土地利用类型数据

土地利用和土地覆盖率是陆面模式中的重要参数之一。精确的土地利用类型占比将提升陆面模式对地表风场和湿热通量的模拟效果。土地利用数据一般为栅格数据,因此一般通过"数格子"的方式确定某种土地利用类型的比率。土地利用和土地覆盖数据采用国家地球系统科学数据中心 30 m 分辨率数据(图略),能更好地刻画土地利用类型分布的精细结构,可计算更精确的土地利用率。

(2)多层城市冠层模式

为进一步描述城市化对城市天气的影响,提升中尺度模式对风场精细化结构的预报精度,并最终为 CFD 模式提供更为精确的初始场和边界条件,引入多层城市冠层模式,提升中尺度模式的预报精度。

由于城市冠层模式中的参数具有经验依赖性,在引入城市冠层模式对深圳地区天气系统模拟时,需要对其中的参数进行局地优化,结合 CFD 对微尺度湍流的输送模拟调整城市冠层模式参数,最终提升中尺度预报模式对大风的预报精度。

在多层一维城市冠层模式中,大气动量方程由下式决定:

$$\frac{\partial u}{\partial t}=\frac{1}{m}\frac{\partial}{\partial z}\left(K_m \cdot m \cdot \frac{\partial u}{\partial z}\right)-cau\left(\sqrt{u^2+v^2}\right)+f(v-v_g) \tag{11-3}$$

$$\frac{\partial v}{\partial t}=\frac{1}{m}\frac{\partial}{\partial z}\left(K_m \cdot m \cdot \frac{\partial v}{\partial z}\right)-cau\left(\sqrt{u^2+v^2}\right)-f(u-u_g) \tag{11-4}$$

式中:u 和 v 是风速分量;m 是建筑密度函数;K_m 是质量交换系数;c 是和建筑密度

有关的函数，由风洞实验得出；a 也是和建筑密度相关的函数；t 是时间；z 是垂直方向坐标；v_g 是地转风的 v 分量；u_g 是地转风的 u 分量。通过设置不同的建筑密度函数，揭示不同的密度函数对城市冠层模式的影响，并与 CFD 模拟结果对比，优化适合深圳的建筑密度函数。

质量交换系数 $K_m = L^2\left|\frac{\partial U}{\partial z}\right|\frac{S_M^{3/2}}{\sqrt{C}}(1-R_f)^{\frac{1}{2}}$ 也是基于流体力学的半经验参数。这里 U 是水平风速；z 是垂直方向坐标；$S_M^{3/2}$ 是与动量相关的稳定度函数，用于修正湍流扩散系数对流动稳定性的依赖；C 是湍流模型经验常数，与湍流能量耗散或混合长度相关，其值通过实验或理论推导确定；R_f 是通量理查森数。特征长度 L 根据不同的冠层类型有不同的计算方法，其计算方法在不同的城市背景下可能不同。因此，对比 CFD 模拟的风场变化特征，可有效限制和修正 L 和 K_m 的参数计算方案。

(3)多源模式融合以及中尺度模式和 CFD 耦合技术

采用谱空间融合的方法分别提取全球模式中的长波信息，以及中尺度区域模式预报中的短波信息，融合得到最佳的 CFD 预报初始场估计。

这里使用离散余弦变换(dct)的方法来变换模式场到谱空间，使用 dct 方法可以减少周期边界延拓带来的杂波。

$$X = i\mathrm{d}t(H_1\mathrm{dct}(X_1) + H_2\mathrm{dct}(X_2) + H_3\mathrm{dct}(X_3) + \cdots) \tag{11-5}$$

式中：X 为融合后的最优初始场。X_1、X_2 等为多个不同类型、不同尺度的预报模式。H_1、H_2 等为各个模式在谱空间分量上的加权系数，针对全球模式，长波系数权重大于短波系数权重；针对区域中尺度模式，则反之。

这里为了选取最优的权重系数，可以使用历史再分析场，对各个模式初始场在谱空间系数的相关性进行统计来确定，最终，得到多模式优化融合的微尺度气象模式预报初始场。

$$H_i = \frac{\rho_i(i\mathrm{dct}(X),i\mathrm{dct}(X_i))}{\sum_{j=1}^{n}\rho_j(i\mathrm{dct}(X),i\mathrm{dct}(X_i))} \tag{11-6}$$

式中：ρ_i 和 ρ_j 分别为模式 i 和模式 j 在特定谱分量上的相关程度，用来指导权重的分配，确保长波和短波信息融合的准确性。

5. 深圳市民中心附近案例分析

深圳市民中心位于深圳市福田区(图 11-2)。在图 11-2 中，x 和 y 坐标分别代表正东和正北。北部绿色地带为莲花山，海拔高度 100 m；中部为深圳市民中心建筑，呈大鹏展翅设计，建筑总长度 435 m，最大宽度 145 m，高度 84.7 m；前侧为广场；东西两侧为高度超过 70 m 的建筑群;南部中间为公园,两侧为高度超过 80 m 的建筑群;北部、中部和南部被城市道路隔开。深圳市民中心是开展研究的绝佳地点,能够检验真实城市地区地形高程的微小(百米级)变化和急剧变化的重要性。由于将树木效应纳入 LES 非常复杂,因此公园和道路旁的树木被完全忽略。

图 11-5 显示了图 11-2 中(y,z)平面上黑线处平坦和真实地形情况下的平均流向速度比较。图 11-5a 显示,边界层深度在整个平坦地形域中几乎保持不变。这表明流入边界条件设置得当,可以在整个域中产生充分发展的流动。然而,图 11-5b 显示,边界层深度在下游发展时增加得更明显,这是由于地形变化造成的。

平均流向速度比定义为:

$$\overline{U_T}/\overline{U_F}=\frac{|\overline{U_T}(x,y,z_{AGL})|}{|\overline{U_F}(x,y,z_{AGL})|} \tag{11-7}$$

式中:$|\overline{U_T}(x,y,z_{AGL})|$ 和 $|\overline{U_F}(x,y,z_{AGL})|$ 分别是真实地形情况和平坦地形情况的平均流向速度的绝对值。

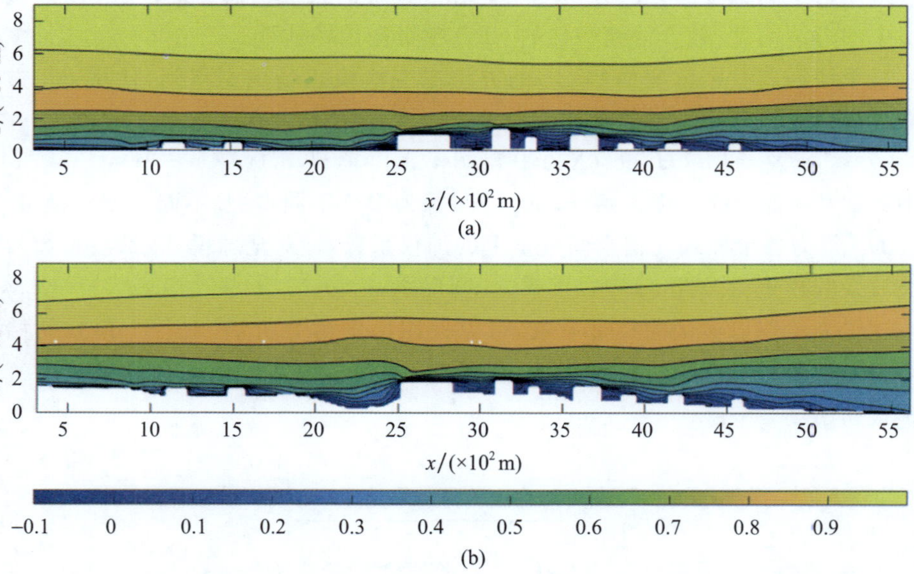

图 11-5 平坦地形(a)和真实地形(b)黑线处的(x,z)平面内的平均流向速度绝对值

2018 年,超强台风“山竹”影响前深圳市民中心附近的平均流向速度如图 11-6 所示。由于局部堆积密度、建筑物大小、空间尺度等存在差异,局部流量和湍流量的影响在不同地方存在很大差异。对于大部分区域,大型建筑物前后的湍流动能较高。这是因为平均建筑物高度的较高湍流动能被卷入此高度,并且大型建筑物在尾流区域产生更多湍流。

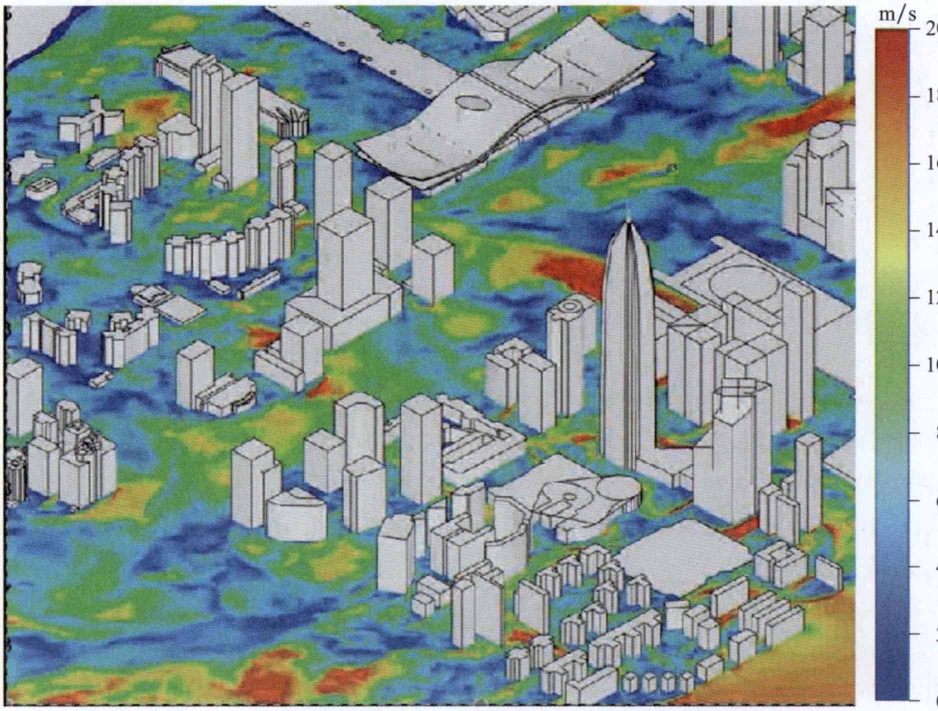

图 11-6　2018 年台风“山竹”影响前深圳市民中心附近平均流向速度(偏东风入流)

第 12 章　雷暴大风识别技术

1. 雷暴大风对低空飞行的影响

雷暴大风是由雷暴云团引发的强对流天气，具有突发性强、生命史短等特点，通常伴随雷电、强降雨，有时伴有冰雹等极端天气，破坏性极大。这类大风的形成主要是由于雷暴云中的高空冷性气团快速下沉，在接近地面时迅速扩散，形成强劲的地面大风，其风速经常超过 17.4 m/s(8 级)，甚至在一些极端情况下可以达到 30 m/s(11 级)或更高。

雷暴大风对飞行，特别是低空飞行的影响是多方面且深远的。首先，雷暴大风通过风切变效应对飞行器的纵向和垂直稳定性构成严重威胁。当飞行器在起飞或着陆过程中遇到风切变时，会导致飞行器的升力和速度突然发生变化，难以掌控飞行器的姿态和航向。强烈的垂直风切变尤其危险，可能造成飞行器失速或无法准确控制，这无疑增加了飞行事故的风险。

除风切变外，雷暴大风的突发性和短暂性也加剧了其危害。飞行器在雷暴中可能遭遇突如其来的强风，这不仅干扰了正常的飞行轨迹，还会对飞行控制系统和结构造成额外的负载。机体应力增加可能导致结构性损伤，同时强风带来的振动和气动荷载变化会影响飞行控制系统的响应和稳定性。强风可能引起严重的操作困难，甚至导致失误。

综合来看，雷暴大风因其突发性、短暂性和强烈破坏力，成为低空飞行的一大威胁。通过科学的监测预报技术、合理的飞行策略、先进的飞行控制设备，可以有效降低其对飞行安全的负面影响，确保低空飞行的安全和稳定。

为了有效应对雷暴大风对低空飞行的威胁，需要采取多方面的策略和技术措施。首当其冲的是高精度气象实时监测和预报，通过使用多普勒雷达等监测设备，增强对雷暴系统的早期识别和跟踪预报能力。在飞行管理系统中，强化雷暴大风的预警机制，确保第一时间得到准确、详细的气象信息，从而做出合理的飞行计划调整和规避策略。

2. 雷暴大风

灾害性雷暴大风，是对流风暴产生的龙卷以外的地面直线型风害。雷暴大风的产生主要有 4 种方式：①对流风暴中的下沉气流到达地面时产生辐散，直接造成地面大风。②对流风暴移动时，带有某方向动量的环境空气被夹卷进入风暴内部，随着下沉气流到达地面附近，引起原有纯下沉气流辐散风的加强(图 12-1)。③阵风锋的推进和过境导致大风，这种原因的雷暴大风很难与前两种原因导致的雷暴大风截然分开。④低空暖湿入流在快要进入上升气流区时受到上升气流区的抽吸作用而加速，导致地面大风，这种情况下大风范围很小，并且只有在上升气流非常强的雷暴附近才会出现。前三种方式占灾害性雷暴大风的绝大多数。

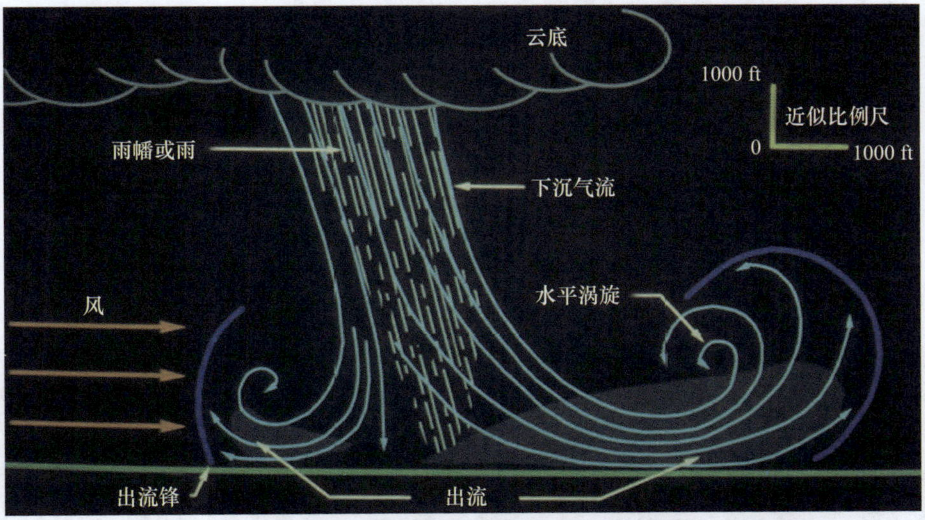

图 12-1　由雷暴内下沉气流和动量下传共同导致的地面附近非对称辐散风

(1 ft=30.48 cm)

(1)雷暴大风强对流系统主要组织形态

雷暴大风主要由雷暴内强下沉气流伴随动量下传，以及下沉气流导致的地面附近冷池的扩散(冷池前沿为阵风锋)所致。雷暴大风主要组织形态如下。

① 下击暴流。下击暴流是指雷暴内的强下沉气流，该下沉气流在地面上导致 8 级以上强阵风，下沉气流下部和地面强辐散风合起来作为一个整体，被称为“下击暴流”。多数雷暴大风事件伴随有下击暴流的发生，是下击暴流的直接后果之一。下击暴流对流单体呈现反射率因子核心快速下降，低层小尺度径向速度强辐散特征，部分过程伴中气旋式旋转的显著中层径向辐合(MARC)特征。

② 飑线与弓形回波。飑线是准连续的、能够带来区域性雷暴大风的线性对流系统。弓形回波可以是孤立的、由多单体构成的，在雷达回波上呈现“弓形”的多单体结构，更多情况下镶嵌在飑线中作为飑线的一部分，“弓形”的向前凸起部分附近更容易产生雷暴大风。强飑线存在明显的中气旋式环流，穿过弓形回波凸点的径向速度呈现明显中层径向辐合特征。

③ 超级单体风暴。超级单体代表风暴在其最强盛期间的准稳定状态。超级单

体风暴内部的旋转特征是其区别于其他风暴类型的最主要特征。随后的理论和数值模拟工作进一步证明中气旋是超级单体的最本质特征,这在国际雷达气象学界逐渐达成共识。超级单体风暴可以产生雷暴大风、短时强降水、冰雹甚至龙卷,其中雷暴大风和冰雹产生频率最高。

雷暴大风事件发生时,一般在大的对流有效位能(CAPE)和中等偏上的 0～6 km 垂直风切变环境下,对流层中层常存在明显干层。

(2)速度退模糊

雷达通过测量相邻脉冲间的相位变化提取径向速度。最大探测速度与雷达波长、脉冲重复频率(PRF)成正比,而最大探测距离与脉冲重复频率成反比。同一部雷达同一个脉冲重复频率,为保证较大的最大探测距离,其最大探测速度就要缩小,俗称“多普勒两难”。因“多普勒两难”关系,业务上 S 波段天气雷达最大探测速度范围局限在 −27～27 m/s,超出最大探测速度的径向速度会折叠在该范围内,由此产生错误的模糊速度(图 12-2)。速度模糊问题使雷达资料应用受到一定限制。

模糊速度与真实速度之间存在一定关系(真实速度等于模糊速度加减偶数倍的最大不模糊速度),为纠正模糊值,解析真实速度,退模糊速度是重要业务环节。

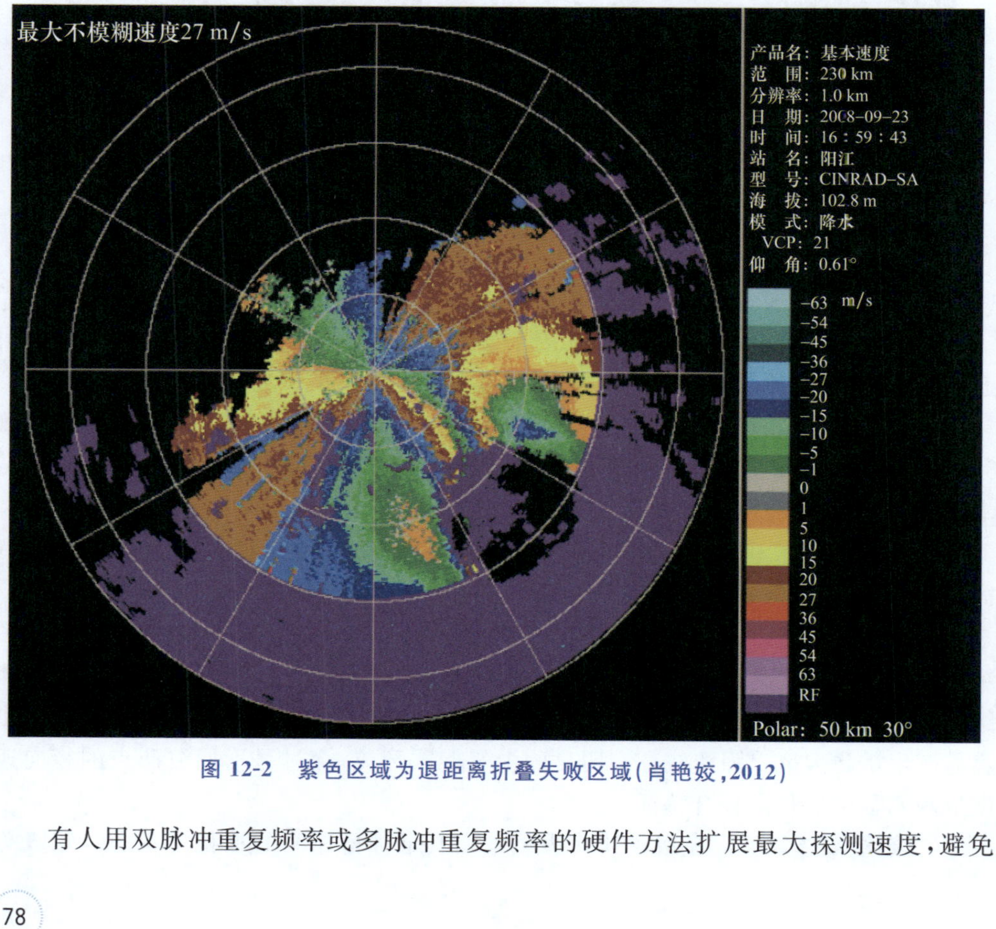

图 12-2　紫色区域为退距离折叠失败区域(肖艳姣,2012)

有人用双脉冲重复频率或多脉冲重复频率的硬件方法扩展最大探测速度,避免出现速度模糊，但会导致雷达探测数据质量下降，且遇到台风、强对流等天气依然会出现速度模糊。为解决距离折叠问题，速度退模糊成为业务中的主要方法。速度退模糊算法有多种，由于模糊速度表现为最大速度值跃变，目前业务上退模糊算法大多基于径向速度在空间和时间上的连续性特点，从沿径向、方位、仰角和时间序列退模糊。

退模糊的基本思路是：把每个观测的径向速度与某个参考速度相比较，当两者的差值大于预设的风切变阈值时，就认为观测的径向速度模糊了。

由此可见，速度退模糊的关键是确定可靠的观测参考值。第一种借助雷达以外的资料，如探空环境风，但这些资料的时空分辨率较低，中小尺度系统代表性差。第二种使用雷达速度方位显示（VAD）风场作为参考速度，但 VAD 风场只提供雷达附近多个高度的平均风场，且算法本身受速度模糊及有效速度资料覆盖率影响。第三种自动多次二维速度退模糊算法，通过自动搜寻最弱风区来确定一组退模糊的初始参考径向和速度库，然后从初始参考径向和速度库开始，基于速度场的水平连续性进行两次顺时针和逆时针 180°的二维速度退模糊。该算法不需要额外的辅助风场信息，解决了初始模糊问题，应用效果好，但对孤立回波和杂点干扰的模糊现象还会出现问题。

针对孤立风暴、高切变和强台风等复杂情况，肖艳姣等（2012）改进了第三种算法，搜索最弱风区的初始参考径向时考虑相邻仰角，并保留两组初始参考径向，对强风切检查进行第二次退模糊。

该算法先通过搜索最弱风区，第一次确定最多两组初始参考径向和参考速度库，使用相邻仰角初始参考径向应具有方位连续性的约束条件，剔除假零速度线引起的不恰当备用初始径向；然后从初始参考径向和参考速度库开始，对其周围邻近的速度库进行连续性检查，如果当前库的径向速度与参考速度的差值大于给定阈值，就对其进行纠正；完成两次全方位径向退模糊处理后，算法进行径向和方位方向的强风切变检查，如果还有强风切变存在，就通过搜索弱风切变区中有效速度库最多的径向，第二次确定一组退模糊的初始参考径向和参考速度库，再重复前面的退模糊过程，这有利于远离雷达的孤立风暴的速度退模糊。在多次退模糊过程中，判断速度模糊的标准由紧到松，切变阈值由小到大，以确保用于后面退模糊处理的参考速度的可靠性（图 12-3）。

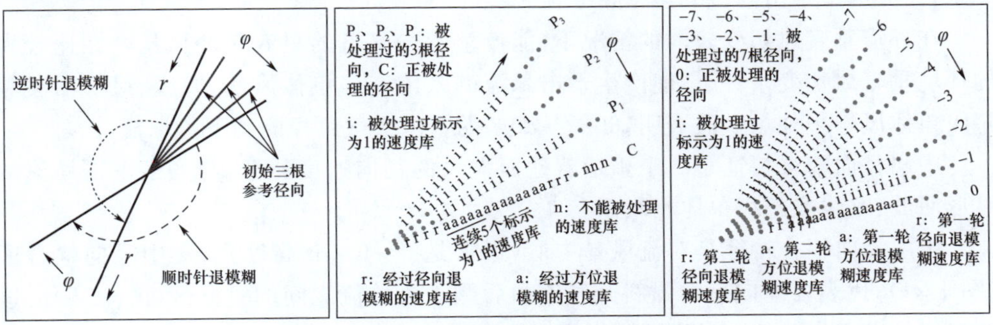

图 12-3　退模糊算法示意图（肖艳姣，2012）

对双脉冲重复频率径向速度奇异值修正,通过定量分析双脉冲重复频率径向速度的局地偏差,发现其中较大正、负速度交替跳变的奇异值就是高、低脉冲重复频率对应的最大不模糊速度,分别取它的5个值,然后在这5个值中取最贴近参考速度的值来替代它,就可以把其中的奇异值处理得比较干净了。

需要说明的是,大气流场的变化复杂多样,人工精力有限,难以将速度模糊图像全部规律置于算法中,达不到100%准确。目前,人工智能发展迅速,依据现有工作的速度退模糊正样本,是否可用对抗神经网络模型学习其图像退模糊规律?是否可以建立智能专家知识库,归纳完整的人工退模糊逻辑思维规律?是未来可尝试的创新想法。此外,X波段雷达的最大不模糊速度更小,速度模糊现象更严重,退模糊难度也更大。

3. 雷暴大风的识别

(1)下击暴流与中层径向辐合

下击暴流引起的雷暴大风是常见的灾害性天气。下击暴流最早由美国人Fujita(1976)于1976年提出,用来描述1975年6月24日美国肯尼迪机场飞机起飞失事中造成的风暴强下沉气流及其向外的爆发性辐散气流,这也是最早通过灾情调查认识到下击暴流对航空的危害。

下击暴流在航空领域和气象领域有不同的界定。

在航空领域,下击暴流指超过飞机起飞降落速度的局地强下沉辐散气流,多为小尺度下击暴流(微下击暴流)。基于航空飞行风切变阈值,雷达气象学家Wilson等(1984)将微下击暴流界定为多普勒天气雷达径向速度图上的辐散式径向风,其径向速度对直径在4 km以下、最大径向风速差大于10 m/s,常称为风切变。这里的风切变指与对流风暴下沉辐散相关的风切变,而非晴空风切变。

在气象领域,下击暴流指由强下沉气流引起的近地面灾害性辐散大风。根据地面风的水平尺度将其分为微下击暴流和宏下击暴流。微下击暴流界定为小于一个机场范围的小尺度系统,水平尺度在4 m~4 km;宏下击暴流常被简称为下击暴流,属于水平尺度在4~40 km的中尺度系统。根据下击暴流强风发生期间是否伴有强降水,又分为干下击暴流和湿下击暴流。

在环境垂直风切变较弱的情况下,能产生下击暴流的只有脉冲风暴。在比较大的环境垂直风切变条件下,能产生下击暴流的系统有多单体风暴、飑线、弓形回波和超级单体风暴。外场试验表明,60%~80%的雷暴天气可探测到下击暴流。

中层径向辐合特征是一个预示着地面大风的径向速度特征,与产生下击暴流的弓形回波、飑线或超级单体相联系。

中层径向辐合特征是对流风暴中层(通常是3~9 km高度)的集中径向辐合区(图12-4),代表由前向后的强斜升气流和后侧入流急流之间的过渡区(图12-5)。这个特征是由Przybylinski等(1995)首次提出的。

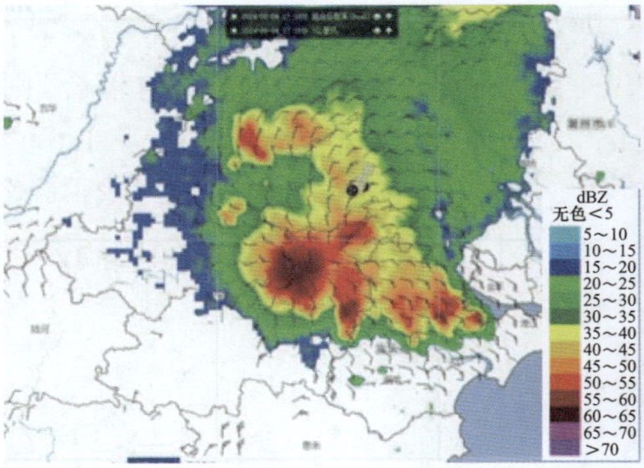

图 12-4　中层径向辐合特征是对流风暴中层（通常是 3~9 km 高度）的集中径向辐合区

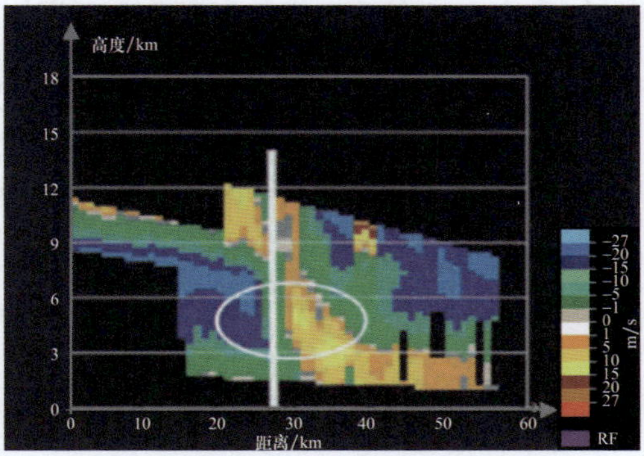

图 12-5　中层径向速度垂直剖面图及 MARC 位置（白椭圆形区域）

中层径向辐合特征被观察到与强烈的下击暴流或微下击暴流相关。Lemon 等（1993）在研究下击暴流超级单体时发现了一个厚 10 km、长 50 km 的深厚的辐合区（DCZ），并指出中层径向辐合特征的存在。在众多下击暴流个例研究中，中层径向辐合特征都明显存在，这些研究揭示了中层径向辐合特征与广泛的下击暴流雷暴大风事件相关，是下击暴流的预警指标之一，已被国内外气象学者们广泛认识和应用。

基于多普勒天气雷达资料，发展了多种中层径向辐合自动识别算法。基于线性最小二乘导数法（LLSD）的三维中层径向辐合特征自动识别算法较好地识别出与强风暴相关的三维中层径向辐合特征，包括表现为非典型“正-负速度区域对”的径向辐合区，业务应用较好。该算法首先采用线性最小二乘导数法计算径向速度的径向散度切变，然后使用风暴单体径向辐合区识别（SCRCZI）算法进行三维径向辐合区的识别，最后使用基于反射率因子数据识别的风暴位置对与强风暴无关的三维径向辐合区进行消空处理，被保留下来的三维径向辐合区就是被识别出来的三维中层径向辐合特征。

① 线性最小二乘导数法的中层径向散度切变估算

线性最小二乘导数法由 Elmore 等（1994）提出，用来估算径向速度的径向散度切变和方位涡度切变。美国人 Smith 等（2004）将该方法用于灾害性下击暴流（DDPDA）算法中，识别低层出流和风暴单体内的中层气流辐合和旋转。算法如下。

在极坐标下，取一个 $(2N+1)$（径向）$\times(2M+1)$（切向）大小的二维局地窗口。设窗口内各方位斜距库的径向速度为 $u_{i,j}$ $(i=-N,\cdots,0,1,\cdots,N;j=-M,\cdots,0,1,\cdots,M)$。以窗口中心 $(i=0,j=0)$ 为基准。沿径向中心以远，i 为正，沿切向顺时针方向，j 为正，则推导出来的窗口中心的径向切变 u_r 为：

$$u_r=\frac{\sum_j\sum_i iu_{i,j}w_{i,j}}{\Delta r\sum_j\sum_i i^2 w_{i,j}},(i=-N,\cdots,0,1,\cdots,N;j=-M,\cdots,0,1,\cdots,M) \tag{12-1}$$

式中:Δr 为径向速度库的库长,$w_{i,j}$ 为权重。对于所有的 i 和 j,都应有 $w_{i,j}>0$,$w_{i,j}=w_{-i,j}$,$w_{i,j}=w_{i,-j}$,取 $w_{i,j}=1/\sqrt{i^2+j^2}$。如果速度场中有径向辐合,则 $u_r<0$,u_r 越小,辐合越强;有径向辐散,则 $u_r>0$,u_r 越大,辐散越强。

由于 LLSD 计算径向散度切变时使用的是极坐标径向速度数据,其方位分辨率随着离开雷达的距离 R 而变化,故所取局地窗口大小也随着 R 变化。设径向辐合核的大小是某个常数 D,那么 N、M 的取值分别为:

$$N=(\text{int})\left[\left(\frac{D}{\Delta r}-1\right)/2\right]$$
$$M=(\text{int})\left[\left(\frac{D}{R\Delta\varphi}-1\right)/2\right] \quad (12\text{-}2)$$

式中:$\Delta\varphi$ 为雷达波束宽度,单位为弧度;(int) 表示四舍五入取整。如果 $M<1$,则令 $M=1$;如果 $M>26$,则令 $M=26$。

② 风暴单体径向辐合区识别算法

SCRCZI 算法与 SCIT(风暴单体识别与跟踪)算法类似,其区别在于 SCIT 算法处理的是极坐标三维反射率因子数据,而 SCRCZI 算法处理的是极坐标径向速度的三维径向散度切变数据。

SCRCZI 算法识别分三个部分进行,即一维的径向辐合段、二维的径向辐合分量和三维的风暴单体径向辐合区识别。

径向辐合段的识别是沿径向搜寻径向散度切变值小于预设的径向辐合阈值(缺省分 7 级,分别是 −80、−70、−60、−50、−40、−30 和 −20,单位:$\times10^{-4}\ s^{-1}$)的连续距离库。当沿径向从雷达处开始往外第一次搜索到小于径向辐合阈值的径向辐合库时,其后面小于该阈值的连续径向辐合库被聚在一起,直到大于该值的径向辐合库被搜索到,如果随后库的径向辐合值与该阈值的差小于或等于径向辐合差阈值,且这样的连续径向辐合库的数量小于中断计数阈值,该径向辐合段搜索继续,否则,径向辐合段截止在第一个大于径向辐合阈值的距离库之前。如果径向辐合段的长度大于段长度阈值,该段就被保存,否则被剔除。图 12-6 显示了 3 个径向辐合段,其中阴影区代表被保存的部分(中括号表示大于对应阈值的径向辐合值)。从图 12-6 可以看出,对于那些大于阈值的径向辐合值,只有同时满足径向辐合差阈值和中断计数阈值的才能被包含在被保存的径向辐合段中。

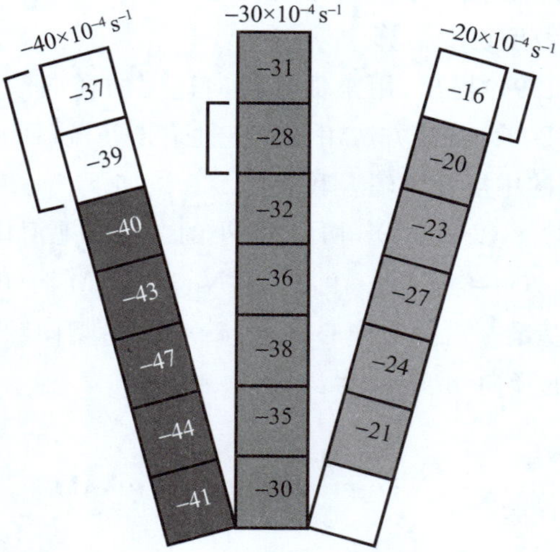

图 12-6 3 个径向辐合段(单位:$\times10^{-4}\ s^{-1}$)

当一个仰角的最后一根径向被处理完后，基于空间邻近原则，径向辐合段被合并为二维的径向辐合分量。一个二维径向辐合分量包含的径向辐合段的数量必须大于段数阈值，其面积要大于分量面积阈值。为了提取最强辐合区的信息，如果低阈值（如 $-40\times10^{-4}\ s^{-1}$，图 12-7 深灰色阴影）的径向辐合分量的中心落在高阈值（如 $-30\times10^{-4}s^{-1}$，图 12-7 浅灰色阴影）径向辐合分量面积内，高阈值的径向辐合分量就被丢弃。此外，考虑到识别的是中层径向辐合特征，那些质心高度小于 1 km 或大于 9 km 的径向辐合分量也会被丢弃。

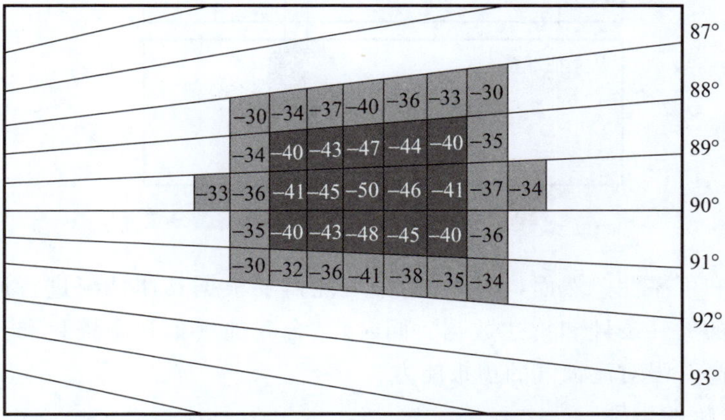

图 12-7　2 个二维径向辐合分量（灰色阴影中数字的单位：$\times10^{-4}s^{-1}$）

当完成所有仰角的二维径向辐合分量识别后，对径向辐合分量按质量（各库的径向辐合绝对值与对应库面积的乘积之和）大小排序，之后进行垂直关联。每个被识别的三维径向辐合区至少包含连续仰角的 2 个径向辐合分量。垂直关联是从最低仰角开始的一个反复过程。首先垂直关联相邻仰角的分量中心距离小于 2.5 km 的径向辐合分量。如果有多个分量可以关联，只选择质量最大的分量进行关联。如果第一次垂直关联结束后还有未被垂直关联的径向辐合分量存在，把搜索半径增加到 5 km。对未被垂直关联的所有径向辐合分量重复上面的步骤。如果第二次垂直关联结束后，仍然有未被垂直关联的径向辐合分量存在，把搜索半径增加到 7.5 km 后，再次重复上面的步骤进行第三次垂直关联。这个过程在所有相邻仰角执行后形成三维径向辐合区（图 12-8）。最后，把三维径向辐合区按垂直积分径向辐合大小排序。

③ 消空处理

有时，被识别出的三维径向辐合区与强风暴无关联，而是因径向速度资料质量问题或其他原因导致的误判。为此，算法使用基于反射率因子数据识别的强风暴位置对误判的三维径向辐合区进行消空处理。当以一个三维径向辐合区的质心位置为中心的 5 km 半径范围内有强风暴存在时，该三维径向辐合区才能被保存为中层径向辐合特征。

线性最小二乘导数法能够自动识别中层径向辐合特征，并通过订正策略提高识

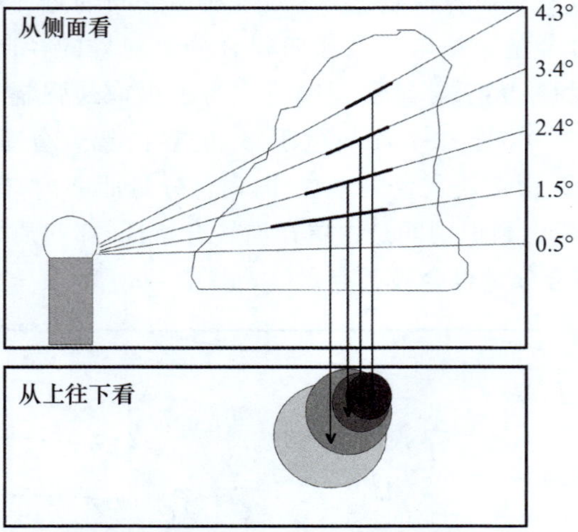

图 12-8　被垂直关联的二维径向辐合分量

别的准确性和可靠性。然而,实际应用中可能需要根据具体情况进行调整和优化,以适应不同的天气条件和雷达数据。同时,结合其他气象观测资料和预报方法,可以进一步提高对强对流天气的预报能力。

(2)中气旋的识别

① 超级单体风暴与中气旋

超级单体风暴是一种具有特殊结构的单体强风暴,比正常成熟风暴的水平尺度要大得多,云体中低层雷达回波的水平尺度可达数十千米,维持时间可达数小时,常伴有强风、强降水、冰雹,甚至龙卷。20 世纪 60 年代,Browning 等(1968)就给出了超级单体的雷达反射率因子特征。当时认为稳定性和持续性是超级单体与其他强风暴的主要区别。Donaldson(1970)首次利用多普勒天气雷达观测到超级单体中的“龙卷气旋”,也就是最早由 Fujita(1981)提出,现在广泛使用的“中气旋”。后来的数值模拟研究和多普勒雷达探测表明,深厚持久的中气旋才是超级单体风暴最本质的特征。超级单体风暴与其他强风暴的区别在于超级单体风暴含有一个持久深厚的中气旋。

中气旋是与强对流风暴的上升气流和后侧下沉气流紧密相连的小尺度涡旋,在径向速度图上呈现为一沿方位角方向相隔不远的正负速度对。该涡旋满足一定的切变垂直伸展和持续性判据,满足下列判据的小尺度涡旋即为中气旋。

a. 核区直径(最大入流速度和最大出流速度间的距离)≤10 km;最大旋转速度平均值($[|V_{r\max}|+|V_{r\min}|]/2$)超过图 12-9 中相应的数值;图 12-9 中的三条实线划分成的四个区由上至下分别表示强中气旋、中等强度中气旋、弱中气旋和弱切变。

在中气旋识别中,中气旋强度阈值的关系如图 12-9 所示。离雷达的距离为 x 轴,观测到的旋转强度(由最大入流、出流速度决定)为 y 轴。中气旋强度曲线表明,

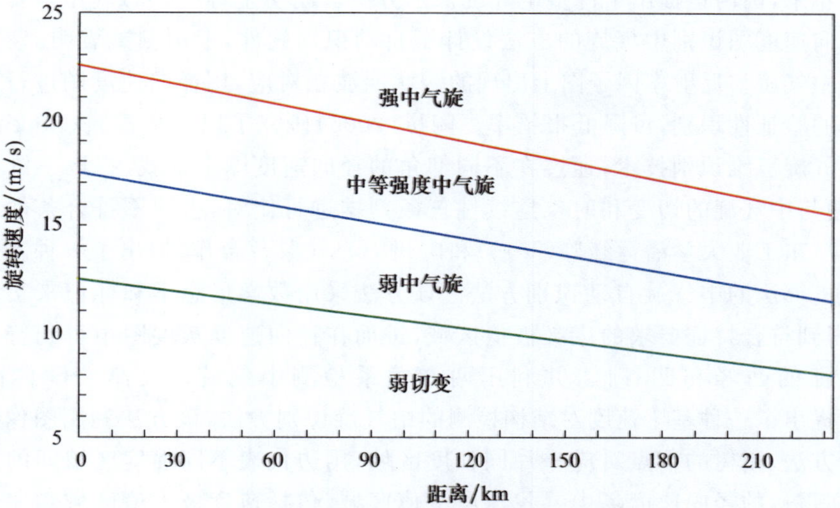

图 12-9　中气旋识别旋转速度判据

同强度的中气旋多普勒雷达探测的最大(最小)径向速度随探测距离增加而减小，这是雷达抽样体积随测距增加，平滑作用导致最大值(最小值)减小(增加)的缘故。以强中气旋为例，距雷达 10 km 处的强中气旋，其转动速度平均值必须大于或等于 22.5 m/s。而在 130 km 处，平均转动速度大于或等于 19 m/s 时就形成强中气旋了。

b. 垂直延伸厚度大于或等于 3 km。

c. 上述两类指标都满足的持续时间至少为两个体扫。

② 中气旋识别进展

在中气旋识别方面的进展，大致分为三个阶段。

第一阶段，1970 年，Donaldson 提出了使用径向速度的方位切变值和垂直伸展厚度值作为中气旋识别判据，阈值为径向速度方位切变值$\geqslant 5\times10^{-3}\ s^{-1}$，其伸展厚度$>3$ km。

第二阶段，1977 年，美国国家强风暴实验室(NSSL)研究人员提出的使用与距雷达距离有关的径向速度方位切变阈值和厚度阈值识别中气旋，数值为在距雷达 230 km 以内，方位切变值$\geqslant 5\times10^{-3}\ s^{-1}$，其伸展厚度$>3$ km；在 230 km 以外，方位切变值$\geqslant 5\times10^{-3}\ s^{-1}$，无厚度要求。此后，针对中气旋的研究一直使用该识别判据。

第三阶段，1987 年，NSSL 研究人员在多普勒/闪电试验中首次提出使用旋转速度代替方位切变值作为判据。Andra(1997)根据美国俄克拉何马州中部伴有强雹和龙卷的中气旋进行统计，给出了距雷达不同距离圈上观测到的旋转速度和中气旋强度的关系，将中气旋判据进行了细化，分成弱切变、弱中气旋、中等强度中气旋、强中气旋四个区域(图 12-9)，并沿用至今。

近年来，国内也提出了许多中气旋识别方法。胡明宝等(2003)利用多普勒天气雷达径向速度图识别中气旋的方法设计了自动识别软件，个例测试表明，该方法识别出的中气旋与反射率因子图上出现的钩状回波相对应，用径向速度图进行不同高度之间的验证性识别，可降低报错率。陶岚(2006)研究了以兰金模式(rankin)为基础的中气旋三维识别技术，通过在不同仰角的径向速度图上寻找、提取三维特征信息，进而与中气旋的切变和时空连续性三条判据进行比对，去掉不符合条件的伪中气旋。广东工业大学潘运红等(2010)和广州中心气象台合作，提出了一种基于浸水模拟改进算法的中气旋自动识别方法。该方法采用数学形态学和标记来实现图像分割，得到符合特征要求的广义极值区域，进而在径向速度灰度图中得到符合基本属性特征的凸峰和凹谷区，并利用两者关系检测中气旋。天津大学侯谨毅等(2017)提出了一种基于速度对结构检测的中气旋识别方法，该方法利用图像树形结构分析方法，用树的节点对应一片同强度区域，用边代表不同强度区域间的重叠关系，先在雷达的径向速度场中寻找速度极值区域，包括速度极大值区域和速度极小值区域，然后通过匹配的方式获取涡旋的速度对结构。该方法直接从检测单仰角径向速度图中的二维正负速度对结构入手，避免了因一维切变段检测造成的误报问题，为速度对结构中的两个极值区域设计树形数据结构，既可将中气旋的兰金条件隐含于其中，又有效避免了环境风的影响。目前，我国各地使用的多普勒雷达系统的中气旋算法，基本上都是以 Zrnié 等(1985)提出的算法为基础设计的。

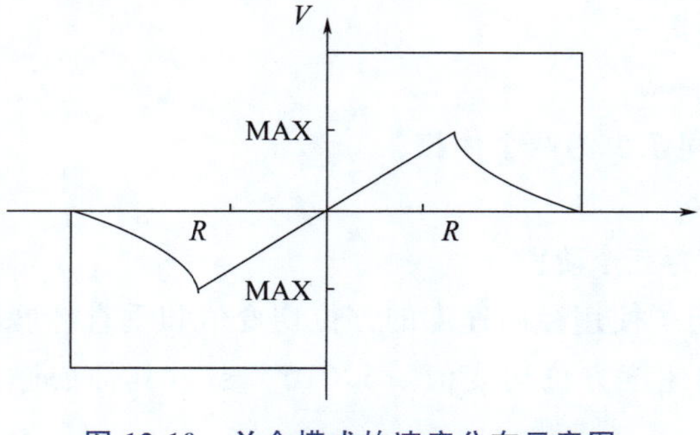

图 12-10　兰金模式的速度分布示意图

③ 中气旋识别算法

中气旋是与强对流风暴的上升气流和后侧下沉气流紧密相连的小尺度涡旋，该涡旋满足一定的切变、垂直伸展和持续性判据。这个涡旋可以用一个兰金组合涡旋来模拟。理想的多普勒速度场如图 12-10 所示，中气旋核作为一个固体旋转，切向速度(V)与半径(R)成正比，在中气旋核以外，切向速度与半径成反比，随着半径的增加而减小。利用三维识别技术来识别中气旋，对多普勒径向速度处理后，寻找一维模式矢量、二维特征分量，直到三维对称方位切变区域，从而提取中气旋在多普勒雷达速度场中的重要特征信息。

a. 一维模式矢量

每一个中气旋都包含了一个正负速度对。首先寻找在距雷达同一距离的顺时针方位上多普勒速度的递增。满足该条件会被记录下该点的模式矢量。模式矢量包含七个分量：距雷达距离、矢量两端的方位角、与方位角相对应的多普勒速度、切向方向的切变量和角动量。其中，如果该模式矢量的切变量和角动量均不符合一个固定阈值，则说明形成的中气旋旋转速度达不到典型中气旋的要求，因此将其舍弃。

其余的模式矢量被合并成特征。特征是一组在很近的距离内的模式矢量。如果该特征区域范围太小，不满足中气旋直径要求，则将其舍弃；如果该特征直径满足要求但不对称，则将其标记为风切变；如果该特征直径足够大且对称，则将其标记为一维中气旋。

中气旋的出现总是伴随着超级单体的出现，中气旋出现的区域也总是在超级单体出现区域的周围，也就是说，超折射区域和薄云区域是不可能有中气旋出现的，所以在径向速度图上也就没有必要对这些区域进行速度对的搜索。因此，将径向速度图与滤除超折射之后的反射率图进行信息融合，去掉超折射区和薄云区，可以大大提高工作效率。

由于由基数据产生的图像的命名方法有一定的规则，根据这一规则，就可以自动寻找到对应的同一仰角的径向速度图，与反射率图进行信息融合，具体方法如下。

设 $f_1(x,y)$ 为经滤除超折射处理的反射率图像 f_1 的像素点取值，$f_2(x,y)$ 为径向速度图像 f_2 的像素点取值，由 f_1 和 f_2 的数据融合而成的合成图像记为 f_3，其像素点取值：

$$f_3(x,y)=\begin{cases}f_1(x,y), & f_1(x,y)=0\\ f_2(x,y), & f_1(x,y)\neq 0\\ 0, & f_2(x,y)=\mathrm{RF}\end{cases} \tag{12-3}$$

式中：RF 为模糊速度。

在合成图像 f_3 中，像素点取值表示径向速度，取值非零的区域即有意义的降水回波区域，这一区域是中气旋可能发生的区域。这样在寻找速度对的时候，就不用在整张图范围上搜索了，只需要搜索不为零的连通域的外包矩形以内的区域即可，大大提高了运算效率。

b. 二维特征矢量

当完成所有层次的模式矢量的识别后，将一系列一维模式矢量根据方位重叠和径向相关的原则组合成为二维的特征，并对其进行重新编号。这里方位重叠距离和径向相关距离分别指两个一维模式矢量的方位角中心值之间的距离和径向长度的差值。

兰金模式是识别中气旋的一个重要判据，当一个速度对不满足兰金模式时，可以认为这个速度对一定不会是中气旋，因此，将兰金模式作为剔除伪速度对的第一步。具体算法如下。

设某正负速度对所处位置为 p 和 q，p 和 q 两点连线上的像素点依次为：$(p+q)2+1,\cdots,p-2,p-1,p,p+1,p+2\cdots$ 和 $(p+q)2-1,\cdots,q-2,q-1,q,q+1,q+2\cdots$，总像素点为 N。

兰金模式准则：

$$f((p+q)/2)=0 \cup |f(m)|-|f(n)|>0,\quad \|m-l\|_2<\|n-l\|_2, l=p,q \tag{12-4}$$

兰金模式准则的运用：

依次计算，

$|f(p)|-|f(p-i)|\rightarrow A_i,\quad i=1,2,\cdots,(p+q)/2+1$

$|f(p)|-|f(p+j)|\rightarrow A_j,\quad j=1,2,\cdots,(p+q)$

$|f(q)|-|f(q-i)|\rightarrow B_i,\quad i=1,2,\cdots,(p+q)/2+1$

$|f(q)|-|f(q+j)|\rightarrow B_j,\quad j=1,2,\cdots,(p+q)$

若 $A_k>0$，且 $A_k>A_{k+1}$，$k=i,j$，则 $N_A=N_A+1$，若 $B_k>0$，且 $B_k>B_{k+1}$，$k=i,j$，则 $N_B=N_B+1$，其中 N_A、N_B 的初值为 0。

若 $\frac{N_A+N_B}{N}>M$，则认为速度对 (p,q) 属于一个中气旋。考虑到干扰的影响，一般不将阈值 M 设定为 1，可以考虑 M 为 0.6～0.8。

基于投票法的兰金模式：

如果只取正负速度中心所在的一条直线上的点的速度值，来判断它们是否满足兰金模式，由于环境风和其他干扰的存在，使得该算法有些理想化，鲁棒性不强，因此提出三人投票法兰金模式。

基于三人投票法的兰金模式规则考虑了邻域的影响。这三点是速度对所在直线上的点、与速度对所在直线垂直的直线上的最近的上下两点。这三点中如果有两点满足兰金模式，则该点就满足兰金模式，送入计数器 N_A、N_B 中。找其垂直位置上的点最易想到的方法就是计算斜率 K'。正负速度中心所在直线斜率为 K。利用如下公式求出对应的速度值：

$$y=K'(x-x_0)+y_0,\ K\cdot K'=-1 \tag{12-5}$$

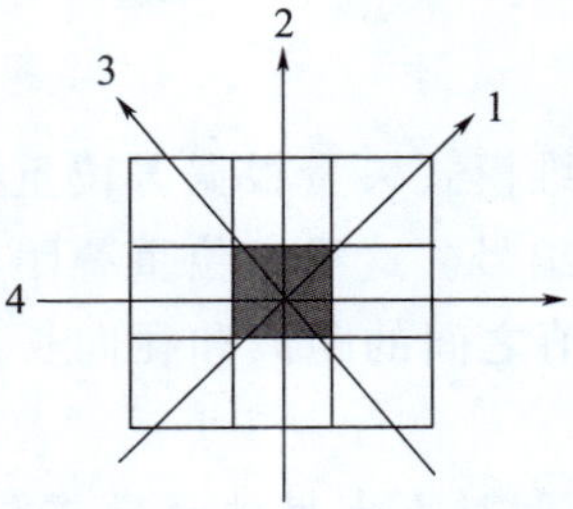

图 12-11　投票法八邻域示意图

考虑到正负中心斜率 K 有 4 种情况：0、无穷、正、负；由 K 得出的 K'，也就有 4 种情况。投票时，按斜率找，分类多，程序比较繁琐，要求计算精度与准确性，有可能找不到合适点。结合数字图像的特点，采用八邻域法，每次移动 1 步（图 12-11）。该方法只需知道一个斜率 K 即可。设 θ 为正负速度中心所在连线与水平直线的夹角。

当 $\theta\leqslant30°$ 或 $150°\leqslant\theta\leqslant210°$ 时，认为正负速度中心的连线为图 12-11 中线 4 的方向，其垂直的方向为线 2 的方向；

当 $30°<\theta\leqslant60°$ 或 $150°<\theta\leqslant240°$ 时，认为正负速度中心的连线为图 12-11 中线 1 的方向，其垂直的方向为线 3 的方向；

当 $120°\leqslant\theta<150°$ 或 $300°\leqslant\theta\leqslant330°$ 时，认为正负速度中心的连线为图 12-11 中线 3 的方向，其垂直的方向为线 1 的方向；

当 $60°<\theta<120°$ 或 $240°<\theta<300°$ 时，认为正负速度中心的连线为图 12-11 中线 2 的方向，其垂直的方向为线 4 的方向。

这样，就将所有的速度对分成了四类，每一类都可以采用计算机，每次移动1步来找到其连线和与连线垂直的线上的点，省去了计算斜率的工作，大大提高了效率。

经过兰金模式算法的滤除，初步滤掉了一些伪速度对，但是，余下的速度对数量仍然很大，还有很多伪速度对，需要进一步滤除。

切变量判据：

对于同一个速度区域来说，无论是正速度还是负速度，最多都只可能同时属于两个中气旋而形成正反气旋。对于某一个正速度区域来说，如果有大于两个的负速度和它匹配，则其中必然会有伪速度对，考虑到中气旋一定要有一定的切变量，如果切变量过小，则达不到中气旋的程度。对于同时满足兰金模式的速度对，切变量越大，受关注的程度应该越高。切变量判据如下。

经过兰金模式滤除后，剩下的速度对集合为 $V=\{V_1,V_2,\cdots,V_n\}$，其中，$V_i=(V_{i+},V_{i-}),i=1,2,\cdots,n$，速度对的切变量集合为 $S_V=\{S_{V1},S_{V2},\cdots,S_{Vn}\}$。若 $\exists(V_{+1},V_{-1})\in V$，$(V_{+2},V_{-2})\in V$，$\cdots$ $(V_{+k},V_{-k})\in V$，$k\geqslant 2$，$S_{Vi}=\max\{S_{V1},S_{V2},\cdots,S_{Vk}\}$，$S_{Vj}=\max\{S_{V1},\cdots,S_{Vil-1},S_{Vil+1},\cdots,S_{Vik}\}$，$1\leqslant i,j\leqslant k$，$i\neq j$ 且 $V_{+1}=V_{+2}=\cdots V_{+k}$，$V_{-1}\neq V_{-2}\neq\cdots\neq V_{-k}$，则保留速度对 V_i 和 V_j，其他速度对删除。

经过切变量判据滤除后，速度对的数量明显减少，并且可以保证每一个完成配对的正速度区域都至少保留一个(仅筛选出一个速度对)、至多保留两个(筛选出多个速度对)满足兰金模式的速度对，不会出现漏掉的情况，有效地解决了多配一的问题。

合并近距离的速度对：

经过切变量判据处理后的速度对数量少了很多。对于一幅雷达图像来说，中气旋的个数一般都很少，它们并不是杂乱无章地分布在图像的各个位置，而是很紧密地分布在某几个区域上，每一个区域上的速度对可能出现叠加的情况。所以，可以将距离很相近的速度对合并。

经过切变量判据滤除后，剩下的速度对集合为 $V=\{V_1,V_2,\cdots,V_n\}$，其中，$V_i=(V_{i+},V_{i-}),i=1,2,\cdots,n$，代表点表示为 $V_i=(P_{i+1},P_{i-1})$，代表点坐标分别为 $P_{i+}(x_{i+},y_{i+})$，$P_{i-}(x_{i-},y_{i-})$，$d(p,q)$ 为点 p 和 q 之间的距离。

若 $d(V_i,V_j)<15\wedge V_{i+}\neq V_{j+}$，则将 V_i 和 V_j 合并为一个速度对 $V'=(V'_+,V'_-)$，$P'_+=\left(\dfrac{x_{i+}+x_{j+}}{2},\dfrac{y_{i+}+y_{j+}}{2}\right)$，$P'_-=\left(\dfrac{x_{i-}+x_{j-}}{2},\dfrac{y_{i-}+y_{j-}}{2}\right)$。原来聚集在一起的速度对被一个速度对代替。

c. 三维中尺度气旋

当所有层次内的二维特征都处理结束后，根据空间距离垂直相关性，将这些二维特征组合成为三维的中尺度气旋。

以上判据都是在二维图像上对伪速度对进行剔除，由于中气旋有一定的延伸厚度,因此应该引入三维的信息,在上述算法的基础上进一步处理。由每一个基数据生成的图像都包含了 9 个仰角的信息,通过不同仰角数据就可以得到更多的信息,进而判断该气旋是否具有一定厚度。

如果在不同仰角图上的相近位置也存在一个满足上述所有二维判据的速度对,则认为该速度对具有一定厚度,保留;否则,剔除。图像上保留下来的速度对就被认为是符合中气旋条件的。

对于这些被保留下来的速度对,可以分成两类,虽然在切变量判据中保留下来的是切变量较大的速度对,但是这并不能保证这些速度对的切变量值就一定能够达到中气旋的程度,切变量不能达到中气旋要求的那些速度对称为切变。当切变量值 $\geqslant 2\ \mathrm{s}^{-1}$ 时,为中气旋;否则,为切变。

中气旋是超级单体风暴区别于其他单体风暴的最重要的特征,存在中气旋必然会出现雷暴大风、短时强降水等强对流天气,因此,中气旋的识别对雷暴大风的监测具有现实意义和社会效益。

识别出中层径向辐合特征、中气旋,则认为将出现雷暴大风。图 12-12 是 2024 年 4 月 30 日 19:48,系统在珠江口西侧江门一带识别出大风,实况出现 8~9 级阵风。

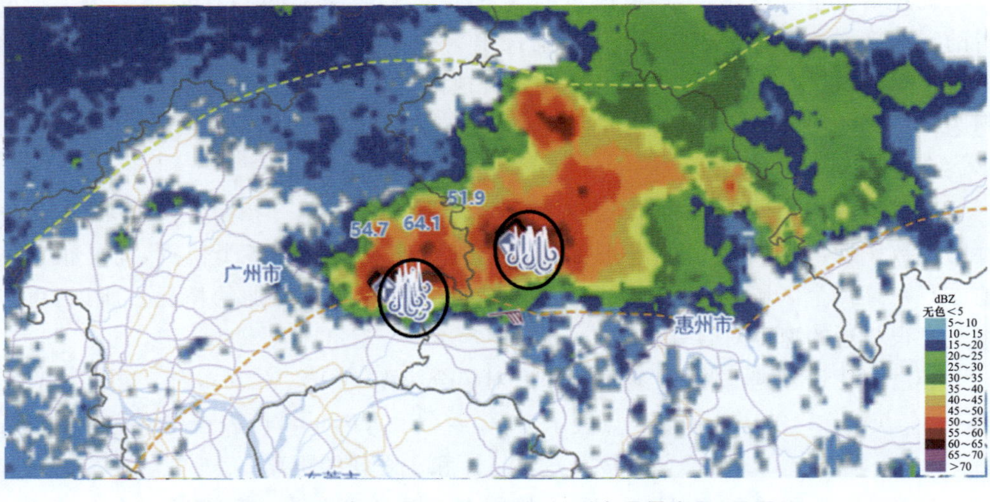

图 12-12　2024 年 4 月 30 日 19:48 识别出雷暴大风(黑圈处)

随着高性能计算能力及算法的不断提升,基于深度学习技术在大风识别领域也取得了一些成果。深度学习技术优异的特征学习能力,能很好实现输入数据与标签数据间的数学关联,从而挖掘到雷暴大风数据的内在特征及其蕴含的规律,在大风识别领域具有广泛的应用前景。

第 13 章　基于 AI 的雷暴大风临近预报

突发性雷暴大风是较为常见的灾害性天气，为提升雷暴大风的短时临近预报预警，充分应用大数据分析、人工智能技术等，结合突发性大风物理过程和发展的时空特性，利用基于通用人工智能(AGI)的深度学习算法进行大风临近预报研究，实现未来 2 h 突发性雷暴大风的预报，从而改善和提高对突发性雷暴大风的临近预报预警能力。总体功能架构如图 13-1 所示。

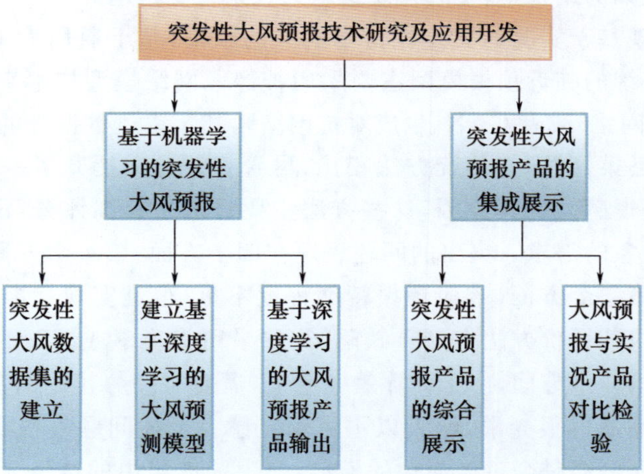

图 13-1　基于 AGI 的雷暴大风临近预报流程

1. 基于 AGI 的突发性大风智能预报

基于通用人工智能机器学习技术的研究成果，建立多线程并发的突发性大风预报后台程序，利用华南地区高密度观测数据、雷雨大风等资料，并结合突发性雷暴大风识别技术，建立基于通用人工智能机器学习的大风预报模型，当系统接收到突发性雷暴大风时，后台自动启动模型进行未来 0～2 h 雷暴大风预报。

2. 建立基于 AGI 的大风预报模型

目前，国内基于神经元网络，如 CNN(卷积神经网络)等人工智能模型，由于缺乏柔韧性，应用场景受到一定限制，通用人工智能技术前沿的跟踪与研究是大势所趋。通用人工智能的崛起预示着第四次工业革命的来临，将深刻改变气象预报的人机交互模式、业务模式与服务模式。通用人工智能与普通人工智能的区别在于具有柔韧性与适应性，与自然人相比，在知识结构上，AGI 基本上可以达到无所不知、无所不在的程度，但还需要以 AGI 为基础，经过专业训练，构建若干人工智能工具。AGI 的决策能力与柔韧性也为构建气象预报的智能模型提供了坚实基础。

为实现基于 AGI 的气象预报模型，需要在 AGI 的基础上应用气象部门的特有数据集来加以训练。传统的灾害性天气识别与追踪系统主要采用图形图像识别或者 Arrow AI 技术来实现，形成离散的图形或者文字产品，还不能很好地融入精准服务、风险预警中。利用 AGI 将灾害性天气识别与追踪形成个性化的产品是可行的。基于天气雷达、卫星、自动站、闪电、风场等多类数据构建数据集，这个数据集与以往不同，是基于自然语言的数据集，充分利用 AGI 自然语言的处理能力与推理能力，输出更接近人类认知的结果，能实时体现最新天气系统变化趋势。

因此，为实现基于实况的突发性雷暴大风的预报，基于通用人工智能的模型再造是可行的。传统的临近预报模型主要采用神经元网络模型技术来实现，如 CNN、RNN（循环神经网络）或者 GAN（生成对抗网络），基于雷达数据等的图像处理，没有物理约束，也缺乏柔韧性，与传统方法相比，尽管在评分上提升了一些，但服务对象并无实质性的获得感。究其原因，这些方法主要目的是提高评分，没有真正实现预报员或者服务对象的需求。突出的问题表现在四个方面：第一个方面，1 h 后的预报质量显著下降；第二个方面，落区预报精细程度不足，很难实现精准的定点预报；第三个方面，模型内部评价方法有严重缺陷，往往采用正确率或 TS 评分，没有同时兼顾落区与强度；第四个方面，由于计算效率低下，需要对高分辨率的雷达等数据进行降尺度处理，产品显得很光滑，给人以不可信之感。上述问题最根本的原因只有一个，传统的神经元网络是个过度简化的模型，与大脑皮层中的神经元是两个概念，因为简化，所以效率低下，没有动态学习能力，无法应付转折与意外。

采用 AGI 方法，构建基于 AGI 的大风预报模型，可以在一定程度上解决上述传统临近预报智能模型存在的问题，具体方法如下。模拟大脑皮层的 150 万个网格化圆柱，实现单个圆柱的多观测输入与建模，预测与输入观测的互动反馈，这个输入数据是指雷暴大风落区在格点上的时序。观测数据输入后，模型预测下个时次的状态：复制该圆柱的副本，将第二步预测的结果作为输入，再进行预测，反复迭代直到预测 2 h，此间预报误差会累积。这个预报模型也可采用另外的方法：思维运动法。从一个圆柱激活另外一个圆柱，一次预报多个时间序列。为了简化或者提高效率，可利用卡尔曼滤波器代替单个圆柱的自动建模功能，或者采用最优拟合方法。单个圆柱其实就是学习每个实况大风落区格点的时序。对于大风强度在单点上的运动，这个曲线是有规律的，都可以通过建立训练集枚举出来，到了最高值维持一段时间就会下降。因此，对于大风预报的学习数据集就是大风实况的时序图，在基于 AGI

的预报模型基础上，通过建立大风数据集进行训练和测试，即可实现突发性大风的预测。

3. 突发性大风数据集的建立

根据近年来广东地区突发性雷雨大风天气过程实况资料，建立人工智能识别预报训练数据集。数据属性包括大风实况数据，以及时间、经度、纬度、数值等维度。

(1)数据采集：采集近 10 年来雷暴大风过程的实况数据，作为训练样本；采集近 1 年来雷暴大风实况数据，作为测试样本。

(2)数据处理：对数据进行清洗、预处理、分析等，以提取有用信息。

(3)数据标注：对处理后的数据进行标注，包括雷暴大风发生时间、经度、纬度、数值等信息，以便基于机器学习算法进行训练和模型测试。

(4)模型训练：根据标注好的数据，使用机器学习算法训练模型，以实现突发性雷暴大风的自动监测和分类。

4. 基于 AGI 模型进行突发大风预测

将雷雨大风的预报作为一个时空序列预测问题，通过基于 AGI 建立的模型，利用实况雷暴大风数据序列进行模型训练，并进行外推预测。利用近年来一定时间连续时次的历史雷暴大风过程实况数据，并经过一定格式转换处理后，作为训练数据集，进行基于 AGI 的机器学习模型训练，然后通过模型在线学习预测新出现的时空模式结果，输出未来 0～2 h 的雷暴大风预报产品。

在这个过程中，首先，利用雷暴大风训练数据集对基于 AGI 的大风预测模型进行训练、测试，调整参数，优化模型，确保其达到最优效果。最后，综合训练、测试结果，从中选取最优的大风预报模型，用于后续业务化应用，从而实现更加准确、更加智能的大风预报。

5. 基于模型的大风预报产品输出

在产品综合设计的基础上，利用高性能服务器及并行算法，以多线程并发的形式运行，将实时读取的雷雨大风等数据经过必要的预处理，转换成灰度图后，采用最近 5 个时次的连续数据代入人工智能大风预报模型，通过模型输出未来 20 个预报时次的雷雨大风灰度图预报数据，再经过转换后得到最终的 0～2 h 大风外推预报产品，同时将生成状态进行保存，从而实现人工智能大风预报产品的生成输出，产品输出频率为 6 min/次。转换灰度图的具体步骤如下。

(1)基于中值滤波方法，将实时读取的雷暴大风数据进行去噪处理，以减少噪声对后续处理的影响。中值滤波去噪的过程大致可以分为 2 步:①从图像的某个采样窗口中取出奇数个数像素点进行排序处理,②用排序后的中值像素点的值来替换要处理的数据。

(2)将去噪后的雷暴大风数据转换为灰度图,通常使用的方法是将彩色图像的 RGB 通道加权平均。

(3)直方图均衡化:对灰度化后的图像进行直方图均衡化处理,以增强图像的对比度和细节信息。

(4)调整图像大小:根据需求,对图像的大小进行调整,以适应后续处理的要求,例如训练模型时的输入大小等。

(5)数据标准化:对调整后的图像数据进行标准化处理,以便后续的机器学习算法训练和模型测试。

6. 突发性大风预报产品的集成展示

在基于深度学习的大风预报产品生成基础上,利用图形可视化技术,在业务平台前端页面基于电子地图对突发性大风预报和实况产品进行综合展示,并建立客观检验评估模块,对基于机器学习的突发性大风预报产品结合实况监测数据进行实时对比检验(图 13-2)。

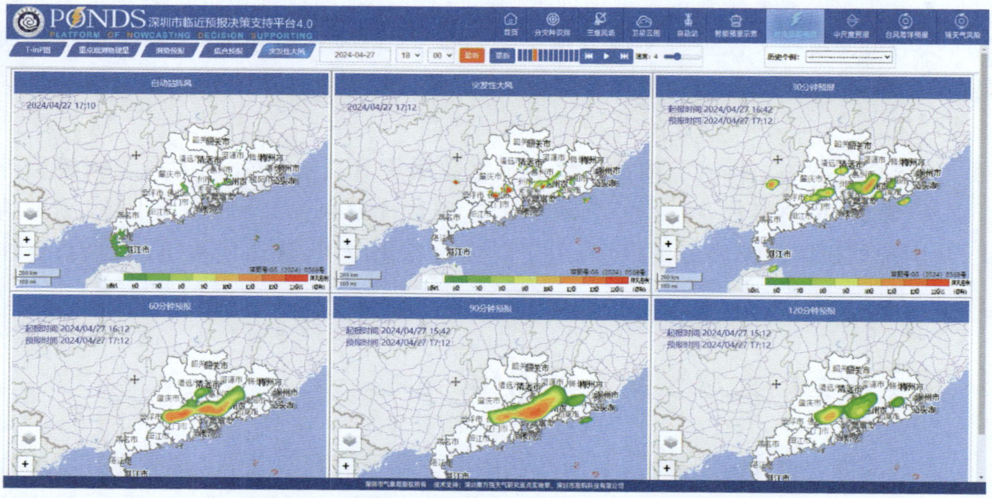

图 13-2　突发性大风预报产品综合对比展示的示意图

7. 突发性大风预报产品的综合展示

基于后台程序自动生成的未来 0～2 h 突发性大风预报产品,利用 WebGIS(网络地理信息系统）平台及图形可视化技术，在业务平台前端页面上增加对应的综合展示模块，以时间轴方式在电子地图基础上针对突发性大风实况和预报产品进行综合展示，实现突发性大风预报产品的实时快速滚动更新展示。

产品显示支持动画显示模式和单帧显示模式，两种模式下图形显示均支持放大、缩小、平移功能，除实时综合显示外，基于时间指标还支持历史产品的检索查看回放功能。突发性大风预报产品综合展示流程如图 13-3 所示。

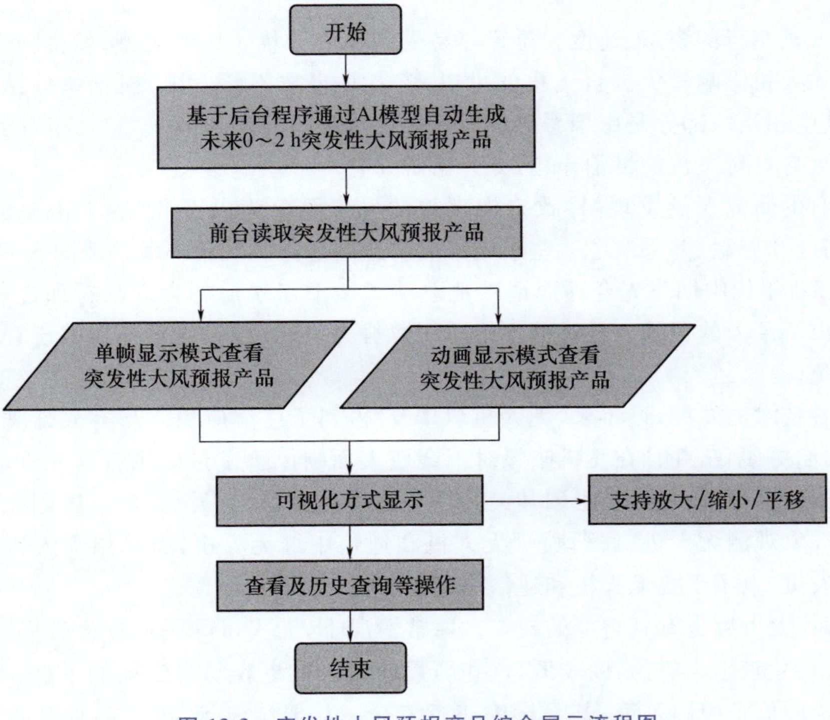

图 13-3　突发性大风预报产品综合展示流程图

第 14 章　风对无人机飞行影响研究

无人机飞行的姿态、速度和位置容易受到风的干扰。风的类型、特征，在低空环境中对无人机影响较大。自飞机问世以来，各种事故不断发生，根据统计结果可以看出，其中相当一部分是由于恶劣的大气条件所造成的。20 世纪 60—70 年代，人们意识到大自然对飞机的可怕作用，并开始研究它。

当时的研究人员发现，导致空中事故的风主要分为以下几类：下击暴流、湍流风、风切变和尾涡，并采取了一些措施来应对这些恶劣的气象环境。美国人 Fujita 在 20 世纪 70 年代中期率先合理而清晰地总结了微下击暴流的含义。在那之后，许多学者做出了巨大的贡献。经过数十年的不懈努力，风致载人飞行器事故已在很大程度上避免。

随着技术的发展，近年来，无人机（UAV）得到了广泛应用。与有人驾驶的飞机相比，它们更便宜，并且在飞机坠毁时不会使人面临风险。只要飞行器允许，它们的飞行时间就会更长，无人机也因其灵活性和体积小而受到广泛关注。民用无人机主要包括气象观测无人机、农药喷洒无人机和通信中继无人机，而军用无人机则包括目标无人机、电子干扰无人机和通信中继无人机。

然而，无人机也有其自身的缺点。通常情况下，无人机的飞行速度较慢、起飞重量较轻、尺寸较小、飞行高度较低，这些因素使无人机更容易受到风的干扰。大气环境的干扰增加了控制难度，甚至影响飞行安全。从弱湍流到台风，各种风扰动都会不同程度地影响无人机。风对无人机的影响可以看作是一个能量传递的过程。风将其能量传递给无人机，然后改变它们的飞行状态。此外，无人机需要在不同的地形、高度、温度和时间段内工作，这导致无人机不可避免地容易受到大气干扰。

风引起的无人机事故很多，就像数十年前的载人飞机一样。最受关注的案件是：(1)美国国家运输安全委员会（NTSB）报告称，2016 年 6 月发生的一起事故，在 Aquila 无人驾驶太阳能无人机的首次飞行中，无人机遭遇“结构性故障”的原因是强风；(2)美国国家运输安全委员会称，2015 年 5 月，谷歌母公司 Alphabet 旗下的 Solara 50 在遭遇高温时发生了一起无法控制的事故。许多学者通过数值方法、理论方法或试验方法为提高无人机的飞行性能做出了一些贡献。为了降低无人机在飞行过程中的风险并提高任务成功率，研究清楚各种风的不同影响如何作用于无人机具有极其重要的意义。

1. 风对无人机的影响类别

(1)恒定风

恒定风是指一定环境中的平均风速,它随着时间和空间的变化而变化。恒定风在自然界中并不存在,因为它只是特定环境中风速的参考值。通过统计可以获得不同时间条件或不同空间条件下的恒定风值。通常,恒定风用于无人机的模拟测试,但它无法完美地描述飞行环境。为了实现更有效的模拟测试,必须添加其他类型的风。

(2)湍流

湍流是一种连续的随机波动,总是伴随着恒定的风。湍流的原因与许多因素有关,如风切变、热交换、地形因素和其他飞机的涡流。随机过程理论和方法通常用于描述工程应用中的大气湍流。湍流模型包括德莱顿模型和冯·卡门模型,这两种模型都依赖于大量的测量和统计数据。不同的是,德莱顿模型在推导谱函数之前建立了湍流的相关函数,而冯·卡门模型则相反,先建立了谱函数,然后推导了湍流的相关性函数。经过相关研究,两种模型之间没有显著差异,只有谱函数高频段的斜率不同,因此两者都可以用于求解工程问题。

德莱顿光谱函数:

$$\begin{cases}\Phi_u(\Omega)=\sigma_u^2\dfrac{L_u}{\pi}\cdot\dfrac{1}{1+(L_u\Omega)^2}\\[2ex]\Phi_v(\Omega)=\sigma_v^2\dfrac{L_v}{\pi}\cdot\dfrac{1+12(L_v\Omega)^2}{(1+4(L_v\Omega)^2)^2}\\[2ex]\Phi_w(\Omega)=\sigma_w^2\dfrac{L_w}{\pi}\cdot\dfrac{1+12(L_w\Omega)^2}{(1+4(L_w\Omega)^2)^2}\end{cases}\tag{14-1}$$

冯·卡门谱函数:

$$\begin{cases}\Phi_u(\Omega)=\sigma_u^2\dfrac{L_u}{\pi}\cdot\dfrac{1}{(1+(aL_u\Omega)^2)^{5/6}}\\[2ex]\Phi_v(\Omega)=\sigma_v^2\dfrac{L_v}{\pi}\cdot\dfrac{1+(8/3)(2aL_v\Omega)^2}{(1+2a(L_v\Omega)^2)^{11/6}}\\[2ex]\Phi_w(\Omega)=\sigma_w^2\dfrac{L_w}{\pi}\cdot\dfrac{1+(8/3)(2aL_w\Omega)^2}{(1+2a(L_w\Omega)^2)^{11/6}}\end{cases}\tag{14-2}$$

式中:Φ_u、Φ_v、Φ_w 是沿无人机机体坐标系轴方向的湍流谱函数,σ_u、σ_v、σ_w 是三个方向的恒定风速,L_u、L_v、L_w 是三个方向湍流的特征波长,Ω 是湍流能量在波数域中的分布参数。在冯·卡门谱函数中,$a=1.339$。

(3)风切变

风切变是指随时间或空间变化的恒定风。NRC(美国国家研究委员会)将风切变程度定义为空间中两点处的两个风矢量之差除以这两点之间的距离。风切变的原因有很多。在无人机飞行中，常见的低空风切变包括锋面风切变、急流风切变、地形诱导风切变和微下击暴流。其原因和特点见表 14-1。

表 14-1　低空风切变的类型、成因和特征

类型	成因	特点
锋面风切变	不同物理特性的气团温差	它将水平和垂直出现，可以提前发出警告
急流风切变	大的气压梯度	主要发生在春季和夏季，影响无人机的起飞和着陆过程
地形诱导风切变	由地形变化引起	对无人机的综合影响是严重的，可预测性较差
微下击暴流	由冷气团下沉引起	自上而下的辐射气流，无人机先遇到逆风，再遇到顺风

风切变是空间位置的函数，其模型相对简单。风切变的频率也没有湍流那么大，它每几秒钟就会以最大频率变化一次。在模拟试验中，恒定风速的突变用于指示风切变的发生。

风切变是一种离散或确定性的风速，通常发生在很短的时间内，是一种强烈的大气扰动。风切变模型根据其剖面几何形状可分为几类，包括矩形模型、梯形模型和“一致性”模型。模拟试验的具体模型表示如下。

矩形模型：

$$V=\begin{cases}\dfrac{y}{d_m}V_{\max} & (0\leqslant y<d_m)\\[2ex] \dfrac{2d_m-y}{d_m}V_{\max} & (d_m\leqslant y\leqslant 2d_m)\end{cases}\tag{14-3}$$

梯形模型：

$$V=\begin{cases}\dfrac{y}{h}V_{\max} & (0\leqslant y<h)\\[1ex] V_{\max} & (h\leqslant y<2d_m-h)\\[1ex] \dfrac{2d_m-y}{d_m}V_{\max} & (2d_m-h\leqslant y\leqslant 2d_m)\end{cases}\tag{14-4}$$

全波长“一致性”模型：

$$V=\begin{cases}0 & (y<0)\\[1ex] \dfrac{V_{\max}}{2}\left(1-\cos\dfrac{\pi y}{d_m}\right) & (0\leqslant y\leqslant 2d_m)\\[1ex] 0 & (y>2d_m)\end{cases}\tag{14-5}$$

半波长“一致性”模型：

$$V=\begin{cases}0 & (y<0)\\[1ex] \dfrac{V_{\max}}{2}\left(1-\cos\dfrac{\pi y}{d_m}\right) & (0\leqslant y\leqslant d_m)\\[1ex] 0 & (y>d_m)\end{cases}\tag{14-6}$$

式中：V 表示任意方向的风切变的速度；d_m 表示存在风切变的范围的长度；$V_{\max}$ 是风切变的强度，根据之前的研究，风切变尺度 d_m 和风切变强度 $V_{\max}$ 与(2)湍流中提到的特征波长 L 和恒定风速 s 有关。

(4)螺旋桨涡流

对于大型有人驾驶飞机，飞机机翼会产生尾流涡流，这些涡流会显著影响跟随头部飞机的其他飞机。就无人机而言，由于其飞行速度较低，尾流涡流将不再发挥重要作用，而螺旋桨引起的另一个涡流必须在这里考虑。顾名思义，螺旋桨涡流是由螺旋桨形成的。当螺旋桨旋转时，压缩空气穿过旋转叶片的间隔并形成涡流场。该场将影响后续飞机的飞行状况，尤其是在近距离编队飞行中。

同样，螺旋桨尖端涡的模型也可以用 Navier-Stokes 方程建立。为了研究螺旋桨涡流对僚机无人机的影响，不需要完整的涡流，只需要知道涡流诱导速度随位置和时间的变化就足够了。定义循环 Γ 代表涡流的强度，忽略沿涡流线方向分离引起的循环 Γ 的变化。循环 Γ 可以通过以下方程式计算出来：

$$\Gamma=\frac{4r_b g}{\pi\rho b V} \tag{14-7}$$

式中：g 是重力加速度，r_b 是发动机转速，ρ 是空气密度，b 是叶片直径，V 是相对流速。

对于小型无人机，其空速 V_a 远小于载人飞机，机翼周围的相对流速 V 等于其空速 V_a，因此机翼涡流的循环很小。就螺旋桨涡流而言，通过螺旋桨的流速不仅与无人机的空速有关，还与螺旋桨速度有关。因此，螺旋桨涡流是影响后续无人机的主要因素。

虽然有不同的模型来表示涡流诱导速度，但切向速度分布 $V_\theta(r)$ 由以下方程给出。除无黏性涡旋模型外，每个方程都是环流 Γ 和核心半径 r_c 的函数，变量 r 表示到直线涡线的法线距离。这些变量之间的关系如图 14-1 所示。

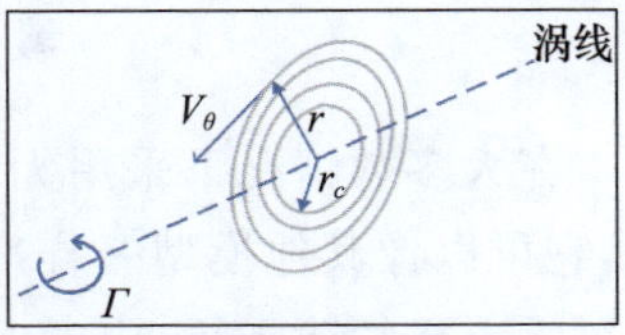

图 14-1　涡流诱导速度

无黏性涡旋：

$$V_\theta=\frac{\Gamma}{2\pi r} \tag{14-8}$$

低阶代数涡旋(伯纳姆-哈洛克涡旋)：

$$V_\theta(r)=\frac{\Gamma}{2\pi}\frac{r}{r_c^2+r^2} \tag{14-9}$$

高斯涡旋(兰姆-奥斯涡旋)：

$$V_\theta(r)=\frac{\Gamma}{2\pi r}\left(1-\exp\left(-1.256\times\left(\frac{r}{r_c}\right)^2\right)\right) \tag{14-10}$$

普罗克特模型：

令 $r > r_c$，

$$V_\theta(r) = \frac{\Gamma}{2\pi r}\left(1 - \exp\left(-10 \times \left(\frac{r}{r_c}\right)^{0.75}\right)\right) \tag{14-11}$$

图 14-2 显示了上述 5 个模型的垂直速度，它们是在假设核心半径的情况下计算的。其中，$r_c = 0.05b$，$\Gamma = 1\ \mathrm{m^2/s}$，$b = 3\ \mathrm{m}$。峰值不同，兰姆-奥斯涡旋模型产生最大值，伯纳姆-哈洛克涡旋模型产生最小值，尽管存在一些小差异，但每个模型的值在 r_c 长度的 2 倍后趋于一致。

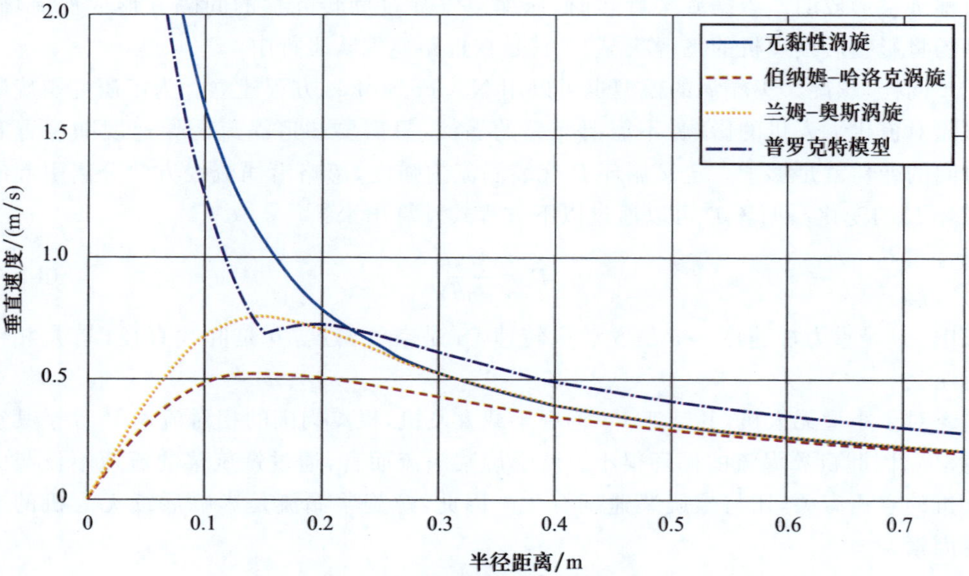

图 14-2　垂直速度随径向距离的变化

在大多数情况下采用无黏性涡旋模型。一方面，它具有最简单的形式；另一方面，它可以像其他模型一样准确地描述真实的涡流。在非常接近的编队模拟中，如旋翼无人机编队飞行，应考虑涡流的峰值垂直速度，在这种情况下，伯纳姆-哈洛克涡旋模型和兰姆-奥斯涡旋模型是最佳选择。

2. 风影响无人机的原理

(1)速度

空速是无人机动态模型的先决条件，如果无人机保持静止，动态模型的所有气动导数都将失去意义。空速可被视为基于惯性坐标系的飞机相对于空气的相对速度 F^i，空速 V_a 由地面速度 V_g 和气流速度 V_f 的矢量和表示：

$$V_a = V_g + V_f \tag{14-12}$$

V_a 在机体坐标系，F^b 上的投影由下式给出：

$$V_a^b = u_a \times i^b + v_a \times j^b + w_a \times k^b = (u_a, v_a, w_a)^T \tag{14-13}$$

式中：u_a、v_a 和 w_a 分别是投影到机身框架 i^b 轴、j^b 轴和 k^b 轴方向上的空速分量。我们可以将仰角 α 和侧偏角 β 表示为：

$$\alpha = \tan^{-1}\left(\frac{w_a}{u_a}\right)$$

$$\beta = \sin^{-1}\left(\frac{v_a}{\sqrt{u_a^2 + v_a^2 + w_a^2}}\right) \tag{14-14}$$

无人机数学模型中一些气动导数的值将受到仰角 α 和侧偏角 β 的影响。

总之，各种风都会改变无人机的空速，从而改变仰角和侧偏角，影响气动导数的值，最终对无人机的合力和合力扭矩造成干扰。

一般来说，描述风对无人机影响的最流行的方法是从速度的角度。风的数学模型介绍中给出了速度 V_f 随空间和时间的分布，且由方程(14-12)计算得出。

在大多数情况下，某个风场的诱导速度是不均匀的，就像阵风风场和螺旋桨涡流场一样，这意味着速度 V_f 不是一个恒定值，它会随着无人机的不同部分而变化。为了解决这个问题，Venkataramanan 等(2003)提出了一种平均技术来计算有效风速和风梯度，以推导风速变化与有效风之间的关系，以及物体角速度变化与风梯度之间的关系。

(2)风力

根据这一观点，非均匀的流场影响被视为无人机上的外力。众所周知，相互作用力是物体运动状态变化的根本原因，空气产生的力称为阻力。

在流体动力学中，阻力是一种与任何物体的相对运动相反的力，它相对于周围的流体具有相对速度，其大小取决于流体的性质以及物体的大小、形状和速度。阻力方程是其中一种表达方式：

$$F_D = \frac{1}{2}\rho v^2 C_D S \tag{14-15}$$

式中：F_D 是阻力；ρ 是流体的密度；v 是物体相对于流体的速度；S 是横截面积；C_D 是阻力系数，它是一个无量纲的数字。阻力系数 C_D 取决于从实验室试验中获得的雷诺数 Re，如图 14-3 所示。

由于其不确定性，湍流的影响通常通过阻力来研究。根据方程表示的湍流谱函数，在机体坐标系中，阻力可以表示为：

$$F_{flow}^b = \frac{1}{2}\rho C_D S \begin{pmatrix} W_u \cdot \Phi_u \\ W_v \cdot \Phi_v \\ W_w \cdot \Phi_w \end{pmatrix}^2 \tag{14-16}$$

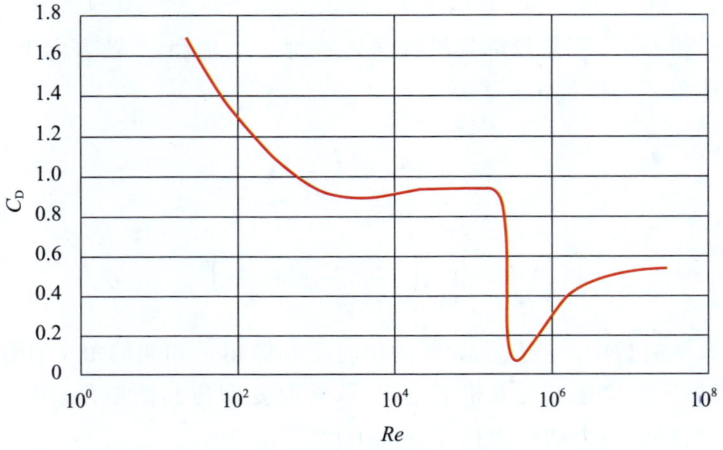

图 14-3 阻力系数 C_D 随雷诺数 Re 的变化

式中:W_u 、W_v 、W_w 是三个相互独立的高斯白噪声;Φ_u 、Φ_v 、Φ_w 是沿无人机机体坐标系轴方向的湍流谱函数。

(3)能量传递过程

风对无人机的影响可以看作是一个能量传递过程。风将其动能传递给无人机。如果风场到无人机的能量传递效率超过无人机的动力系统和执行器,无人机将不再受到控制,飞行安全将受到威胁。风速越大,能量传递效率越高,是因为每个空气分子的动能越高。如果风场具有适度的能量尺度,无人机将能够通过适当的控制律保持其飞行状态。

当飞行高度变化很小时,势能引起的无人机动能变化与无人机本身的动能相比将非常小。忽略无人机势能的变化,风场对无人机的影响也可以用动量理论来解释。

假设无人机受侧风影响,无人机质量为 m ,有效迎风面积为 S ,无人机纵向速度为 v_{lon} ,横向速度为 0,风速表示为 v_w 。空气流和无人机之间的动量传递在 1 s 内完成,其体积为 $v_w S$,其质量计算为 $v_w S\rho$ 。侧风在 1 s 内引起的横向速度远小于风本身的速度。因此,侧风引起的速度可以认为在 1 s 内是相同的。根据动量守恒定律和能量守恒定律,有公式:

$$\begin{cases} v_w^2 S\rho + m v_{\text{lat}} = v_w'^2 S\rho + m v'_{\text{lat}} \\ \dfrac{v_w^3 S\rho}{2} + \dfrac{m v_{\text{lon}}^2}{2} = \dfrac{v_w'^3 S\rho}{2} + \dfrac{m(v_{\text{lat}}'^2 + v_{\text{lon}}^2)}{2} \end{cases} \tag{14-17}$$

式中:空气密度为 $\rho = 1.29\ \text{kg/m}^3$ 。如果无人机已经获得了横向速度 v'_{lat} ,则可以计算出风速 v_w 。从上述公式可以看出,风速 v_w 的值与无人机的质量 m 和无人机的纵向速度 v_{lon} 有关。

通过消除公式中的 v'_w 项，可以得到一个以风速 v_w 为未知变量的单变量 6 阶方程：

$$(v_w^2 S\rho + mv_{\text{lat}} - mv'_{\text{lat}})^3 = (v_w^3 S\rho + mv_{\text{lat}}^2 - m(v'^2_{\text{lat}} + v_{\text{lon}}^2))^2 \tag{14-18}$$

在分析无人机质量 m 和纵向速度 v_{lon} 对风速值的影响时，可以发现无人机质量 m 和纵向速度 v_{lon} 与风速呈单调递增关系。也就是说，对于相同的风速 v_w，无人机的质量 m 越小，或者无人机的纵向速度 v_{lon} 越小，它将获得的纵向速度就越大。

3. 模拟与分析

为了展示不同风场对无人机的影响，进行了一些模拟试验。小型无人机的巡航速度为 13 m/s，测试时间为 20 s。在所有这些模拟测试中，只使用了主飞行控制器，没有使用路径控制器，因此可以清楚地显示风场对无人机的影响。

图 14-4 描绘了无人机在不同风场中的飞行路径。蓝色实线表示无风条件下的路径，表明无人机可以完美地直线飞行。在此期间的飞行状态在图 14-5 至图 14-8 中记录为橙色实线，包括机身框架中的速度（u, v, w）和欧拉角（u, f, c）。它们将为无人机在不同风场中的状态提供参考。

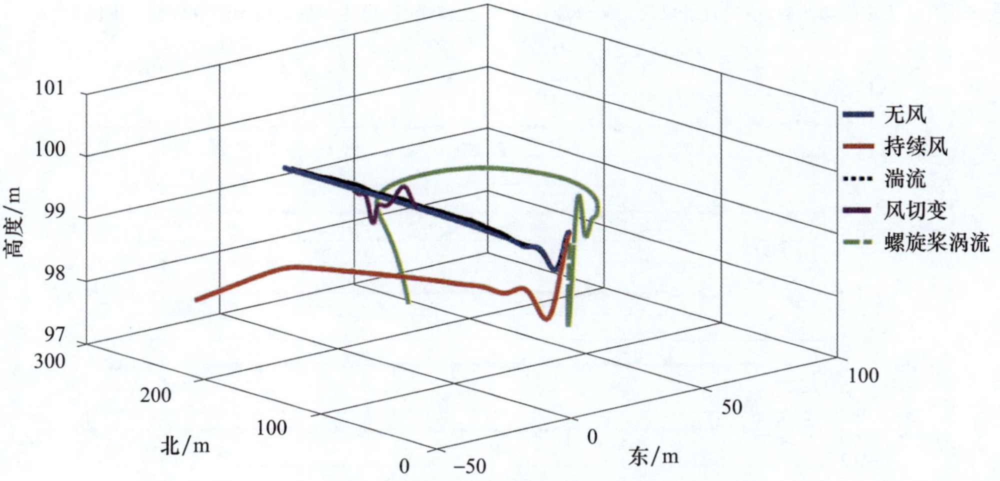

图 14-4　无人机在不同风场中的飞行路径

图 14-4 中的橙色实线表示恒定风中的路径。三个方向的设定恒定风速分别为 2.0 m/s、2.5 m/s 和 3.0 m/s。

显然，无人机飞得离预期路径很远。从图 14-4 中可以看出，其速度受到恒定风的影响。为了保持无人机的稳定，俯仰角会发生一些变化。此外，其航向角也与参考航向角不同，这是无人机偏离预期路径的主要原因。

图 14-4 中的黑色虚线表示湍流中的路径。可以看出，湍流可能不会对路径产生太大影响。图 14-6 显示，湍流可能会导致无人机状态的波动，因此无人机的机身和设备将面临更多挑战。

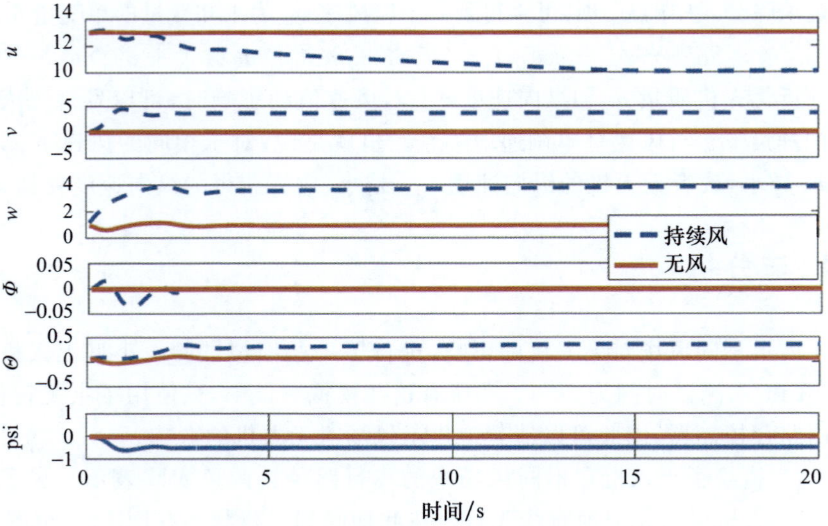

图 14-5 持续风中的飞行状态

（u、v 分别为水平 u 风、v 风，驱动水平动量传输和飞行器轨迹偏移；
w 为垂直运动，影响飞行稳定性；Φ 为沿无人机机体坐标系轴方向的湍流谱函数；
Θ 为速度势函数，描述背景风场无旋分量；psi（Ψ）为流函数，描述背景风场无辐散分量。下同）

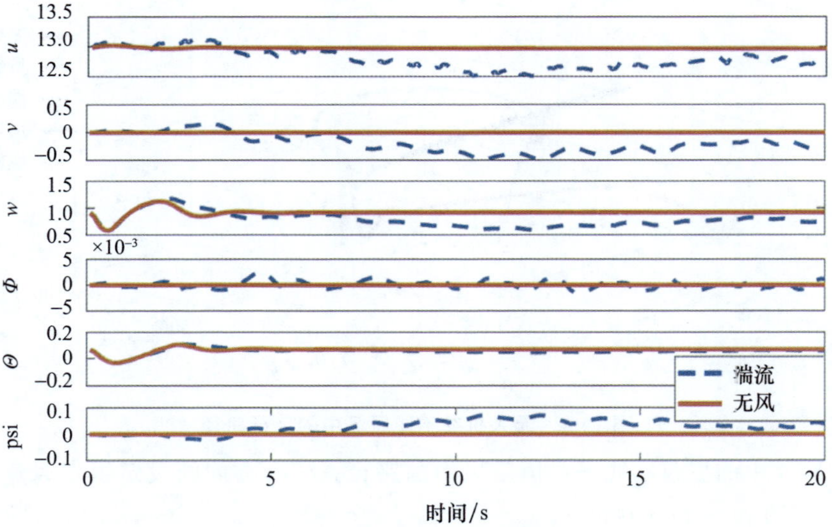

图 14-6 湍流中的飞行状态

图 14-4 中的紫色短线代表风切变中的路径。风切变从第 12 s 增加到第 15 s，值为 7 m/s。从图 14-4 中的紫色线和图 14-7 中的变化状态可以看出，无人机必须保持稳定，否则可能无法继续沿直线飞行。一般来说，风切变的能量更大，无人机很容易失控。

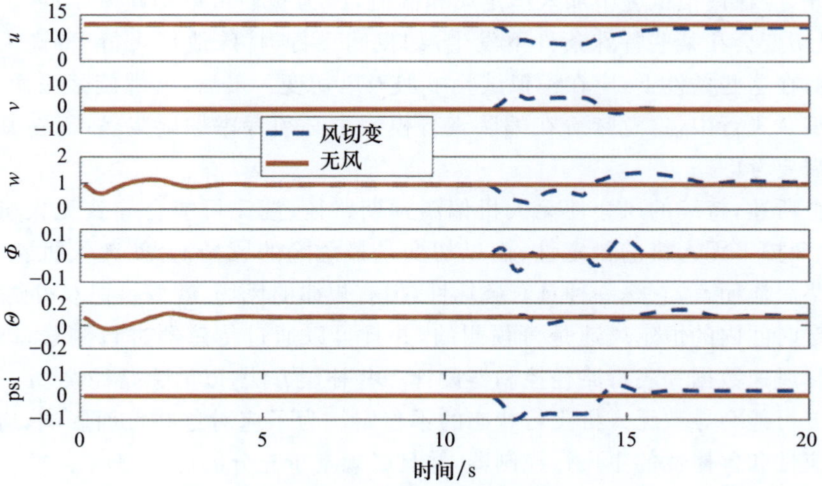

图 14-7　风切变中的飞行状态

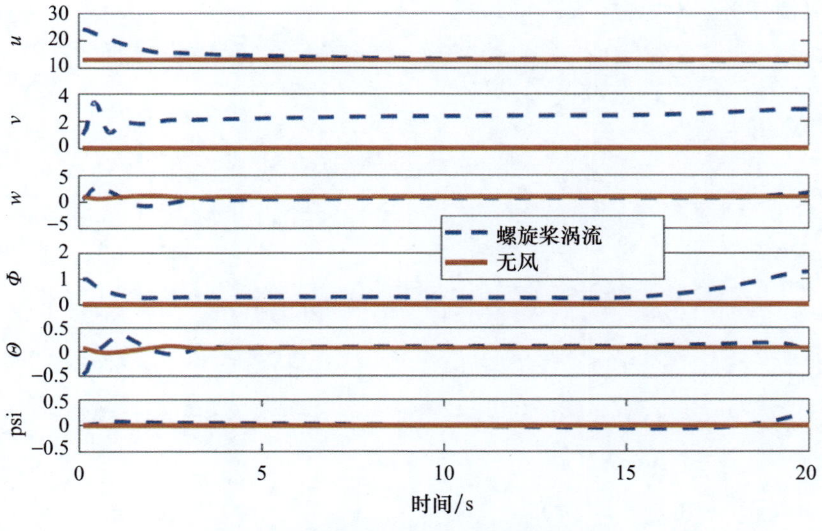

图 14-8　螺旋桨涡流中的飞行状态

图 14-4 中的绿色点划线表示螺旋桨涡流中的路径。涡激速度对无人机的影响更像是作用在无人机上的力矩。幸运的是，诱导速度不会太大，因为前方无人机的速度不会太快，无人机可以稳定自己，避免坠落，如图 14-8 所示。但无人机不能再沿着预期的路径飞行了。如果诱导速度变大，无人机可能会失控并坠落地面。

风通常存在于大气环境中，对无人机的性能有害。因此，在设计过程中应强调控制器的自适应能力和鲁棒性。这意味着在仿真中必须考虑无人机可能遭受的不同类型的风场，以测试控制器的性能。

首先，应在模拟试验中加入恒定风和湍流，因为它们可以构建基本的大气环境。其次，风切变会在某些特殊条件下发生，如夜间飞行、特殊地形飞行、特殊天气飞行等；因此，在这些条件下，应在模拟试验中加入风切变。最后，就螺旋桨涡而言，它只存在于编队飞行中，这意味着在编队飞行模拟中必须考虑螺旋桨涡，而在其他条件下则不需要考虑。

综上所述，持续的风会使无人机偏离预期路径；湍流可能会导致无人机状态的波动，从而损害无人机的稳定性；而风切变是最危险的风场，会使无人机暂时失控；就螺旋桨涡流而言，它是一种具有破坏性，但有规律的风场，就像一把双刃剑。

一定时间内的恒定风速是可预测的，并且可以通过传感器进行测量，因此必须根据实际风速数据为飞行路径控制器设计一些补偿方法，以消除路径误差。

湍流可能会导致无人机飞行状态的不稳定。为了应对这些负面影响，应设计更具自适应性和鲁棒性的主飞行控制器，并且必须基于充分的仿真测试。

处理风切变的最佳方法是避免它。一些风切变现象，如锋面风切变和微下击暴流风切变可以预测。如果持续的风太强或有严重的风切变现象，无人机应避开这些区域或取消任务。

第 15 章　基于雷达的临近预报技术研究

1. 临近预报的发展历史

基于雷达数据的风暴识别、追踪及预报技术是最早出现的临近预报技术。20 世纪 50 年代，美国人 Ligda（1953）证明了雷达可以有效地探测降水。Browning（1962）分别在美国田纳西州和西弗吉尼亚州开展雷达观测降水试点工作，开始了基于雷达回波的临近预报方法研究。

美国在全国布设了天气监视雷达——WSR-88D 多普勒雷达网络（Crum et al.，1993）。这一现代化网络取代了老化的 WSR-57 和 WSR-74 雷达，成为政府和私营部门恶劣天气监测预警的主要工具。该网络的优点是有一套覆盖全国的恶劣天气检测算法。

恶劣天气检测算法是 WSR-88D 系统的一个关键要素。这种算法可以在恶劣天气预警操作中为预报员提供恶劣天气探测产品，可以在多普勒速度数据中识别中气旋和中旋涡特征，并提供连续的孤立风暴和风暴系统识别、跟踪和单体运动产品。

从此以后，许多风暴追踪和运动算法被开发出来。这些算法大致可以分为两大类：一类是基于对象的外推临近预报技术，使用风暴单元质心技术来单独识别和跟踪风暴，代表方法是单体质心法；另一类是基于区域的外推临近预报方法，使用跟踪回波运动矢量场来确定风暴的运动，交叉相关法和光流法是其中的主要代表。

2. 临近预报传统算法介绍

单体质心法通过识别和跟踪对流单体和对流单体群，基于对流单体的合并和分裂，提供对流单体的移动和演变信息，在业务上被广泛应用的有 SCIT 算法和 TITAN 算法（雷暴识别跟踪分析和临近预报算法）等。

（1）SCIT 算法

Johnson 等（1998）对 WSR-88D 风暴系列算法进行了改进，发展了风暴单体识别与跟踪算法。SCIT 算法发展是因为 WSR-88D 风暴系列算法在近距离风暴（线、簇）情况下的性能相对较差。SCIT 算法是一种用于识别、表征、跟踪和预测三维风暴单体短期运动的算法，它基于质心识别和跟踪技术，能够跟踪单个风暴并提供单元特征信息。在 SCIT 算法中使用 7 个反射率阈值(30 dBZ、35 dBZ、40 dBZ、45 dBZ、50 dBZ、55 dBZ、60dBZ)(图 15-1)的回波参数,从而获得雷暴单体的诸多特征,如雷暴中心、反射率因子权重质心、雷暴体积、雷暴顶高、回波底高等,对前后两个体扫的扫描数据进行单体匹配追踪。风暴的移动矢量则根据最近连续多个时刻的匹配追踪,采用最小二乘法拟合得到,最后对这些雷暴特征进行拟合外推来做出对流的临近预报。相对于 WSR-88D 风暴系列算法中使用的一个反射率阈值(30 dBZ),该方法大大提高了识别性能。例如,在一条线或一组风暴中,单个风暴单元由 SCIT 算法检测,而 WSR-88D 风暴系列算法只能检测到一个风暴。由于 SCIT 算法识别了单个风暴,而不是风暴系统,因此可以跟踪单个风暴单元,并可以确定它们的特性,如最大反射率,并进行趋势分析。这种方法的优点是它更完整地利用了现有的信息。

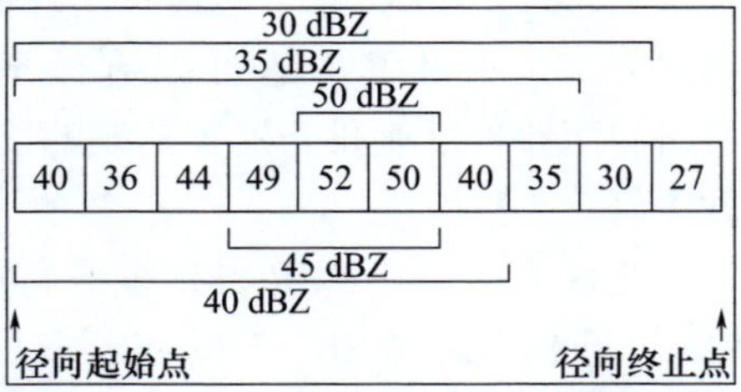

图 15-1 径向上 50 dBZ、45 dBZ、40 dBZ、35 dBZ、30 dBZ 临界值风暴分量识别

风暴的追踪方面,对在两个连续体扫中识别的风暴单体进行时间相关处理,以确定每一个被识别的风暴单体的路径。

首先,检查体扫之间的时间间隔。如果该时间间隔大于阈值(默认值为 20 min),则不进行体扫间的时间相关分析。这一步骤主要是处理由于雷达故障或通信中断造成的数据不连续。

然后,利用前一个体扫中识别的每个单体质心的位置,确定目前体扫中该单体的初猜位置。初猜位置的确定根据该单体以前的路径确定的运动向量或一个缺省的运动向量(如果该单体在前一个体扫中首次被识别)。缺省的运动向量是前一个体扫所有风暴单体运动向量的平均值,或者由用户输入速度和移向。后者只在前一个体扫所有单体的平均运动无法得到的情况下才使用。

接下来,计算在当前体扫中识别的每个单体与计算的当前每个单体初猜位置之间的距离。如果距离小于一个阈值,则与初猜位置相对应的旧单体被储存下来作为一个与当前单体的可能的匹配。之后计算当前单体与其所有可能匹配的旧单体的当前初猜位置间的距离。具有最小距离的匹配被认为是与当前识别的单体时间上相关联的,并认为它们是同一单体。如果是同一单体,就被赋予与前次体扫相同的 ID。如果不是同一单体,就被赋予新的 ID。

最后,计算所有至少已经在连续两个体扫中被识别的目前单体的新的运动向量。单体运动向量的计算使用线性最小二乘拟合方法,从目前的风暴单体直到前

10 个体扫的位置。各个体扫的位置是等权重的(图 15-2)。

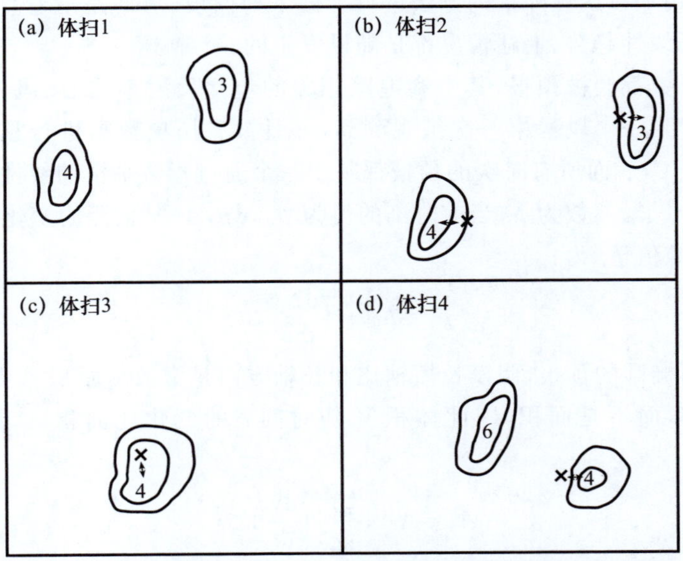

图 15-2　一个时间相关过程的个例(×代表当前体扫单体的初猜位置，短箭头代表当前体扫中单体位置和相应的初猜位置之间的距离)

图 15-3 给出了两个风暴的质心和投影区域，一组是在 T_1 时刻，另一组是在 T_2 时刻，时间间隔是一个体扫的时间(5～10 min)。每个时刻出现的风暴数目是不等的，例如，在 T_1 时刻出现了 4 个风暴，在 T_2 时刻出现了 5 个风暴。图中同样展示了在 T_1 和 T_2 时刻之间可能出现的风暴路径，其目的就是找出和 T_1 时刻风暴对应的 T_2 时刻的风暴，并且确认它们的路径。如果在连续的时间间隔重复实施，就可以追踪到风暴的整个周期。

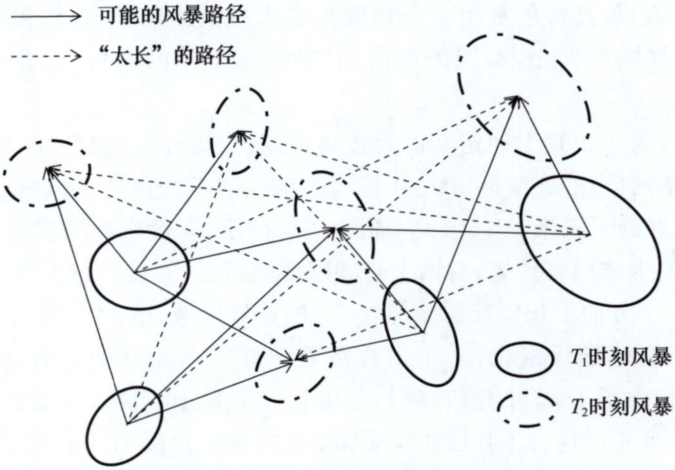

图 15-3　在连续时间间隔内可能出现的路径

SCIT 短时临近预报方法:雷暴单体的预报分为路径预报和雷暴单体区域大小的预报,都采用加权线性外推的方法进行。做下列假设,风暴是沿着直线移动的、风暴的生消遵循线性趋势、上述情况都是随机发生的。

一系列系数都会被预报,其中和追踪相关的包括反射率质心、风暴体积和拟合椭圆的参数。当一个风暴第一次被观测到,并且没有历史数据进行预报时,所有的变化都认为是 0,后面所有时次的预报都基于一个通过指数平滑的线性模型。

假设某个风暴参数为 p,当前时刻的值为 p_0,$\mathrm{d}p/\mathrm{d}t$ 是估测的变化速度,那么 Δt 时间后,该参数值 p_t 为:

$$p_t = p_0 + \left(\frac{\mathrm{d}p}{\mathrm{d}t}\right)\Delta t \tag{15-1}$$

对于投影椭圆的预报,假设长短轴比和长轴方向是常数。面积 A 的预报基于体积的变化速率,而不是面积,因此体积 V 随时间 t 的变化比面积 A 更平滑。预报如下:

$$A_t = A_0 + \frac{A_0}{V_0}\left(\frac{\mathrm{d}V}{\mathrm{d}t}\right)\Delta t \tag{15-2}$$

(2)TITAN 算法

雷暴识别跟踪分析和临近预报算法是 20 世纪 90 年代美国国家大气研究中心研发的,后来又经过了不断完善。与 SCIT 一样,TITAN 也是针对对流风暴的外推系统。与 SCIT 采用以雷达为中心的极坐标不同,TITAN 采用直角坐标,定义在连续区域内反射率因子高于一定阈值(如 35 dBZ)且体积超过一定阈值(如 50 km^2)的雷暴为一个对流单体。由于采用直角坐标,TITAN 既可以用于单部雷达,也可以用于多部雷达,只要将多部雷达的反射率因子内插到三维直角坐标系中,在两部或多部雷达都有数据的地方做些处理,就可形成雷达三维数字化拼图。由于采用直角坐标,因此雷暴单体的识别直截了当,单体特征除了与 SCIT 中类似的质心坐标外,还有体积和投影面积,其特色是用一个椭圆拟合水平投影面积,这样椭圆的面积大小就代表该雷暴区域的大小,椭圆的取向(长轴与水平轴的夹角)也是该雷暴的重要特征。

识别方法:为了识别上述定义的对流单体,我们需要先找到一个反射率超过 T_z(给定的反射率阈值)的连续区域。为了区分,将会在两个维度上进行(x,y),而实际应用中已经扩展到了三维(x,y,z)。如图 15-3 所示,假设所有的阴影部分代表反射率超过 T_z 的笛卡尔网格位置,有两个步骤需要进行。

① 在某一个方向上识别反射率超过 T_z 的连续区域,图 15-4 中有 15 个。

② 相邻的区域进行组合,一个组合需要包含一个风暴中所有的格点。图 15-4 中的风暴 1 包含了 1~6 个片段,风暴 2 由片段 7、8、10 组成,风暴 3 由片段 9、11、13、14 组成,风暴 4 仅包含了片段 12,风暴 5 仅包含了片段 15。注意,片段 5 和 7 并没有被认为是相邻的,因为它们仅仅是对角线相邻,片段 12 和 15 也是如此。风暴

4 和 5 有可能会被忽略，因为它们太小了。在三维个例中，步骤②会搜索 y 和 z 方向上相邻的格点。

这两个步骤的优点是可以减少维度上的问题，提高计算效率。在三维格点中，一旦片段被找到，识别过程就降为一个二维的问题。

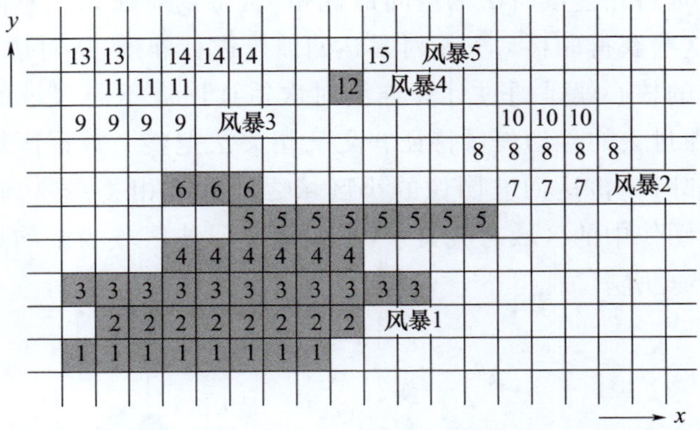

图 15-4　二维风暴数据处理个例（阴影部分代表超过反射率阈值 T_z 的格点，不同阴影部分代表不同的风暴）

接着，会计算风暴的各位要素，以下要素与该算法相关：反射率质心（x_z, y_z, z_z）、体积（V）、风暴水平方向的大小和形状。用椭圆拟合形状（图 15-5），椭圆的中心被认为是质心（x_e, y_e），椭圆的长轴短轴（r_{major}, r_{minor}），椭圆长轴与 x 轴的夹角（θ）。质心和体积是直接计算的，而椭圆的计算是基于（x, y）数据投影区域的主成分转换规则得到的。

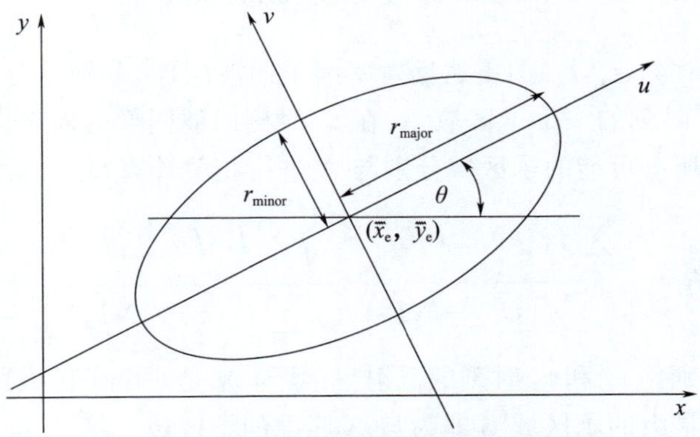

图 15-5　椭圆投影区域参数计算

（3）交叉相关法

单体质心法只对对流单体进行识别、追踪和预报，对层状云预报效果差。交叉相关法则可用于跟踪整个反射率因子场（确定整个场的一般运动）、孤立回波区域（确定孤立风暴或风暴系统的运动）或大回波区内的单元（确定风暴系统内单元的运动)。Rinehart 等(1978)提出的 TREC 算法(雷达回波追踪法)是交叉相关法的典型代表,该方法主要利用前后两个时次雷达回波相关系数来进行风暴的识别和追踪。

交叉相关法不仅适合强对流风暴的跟踪和临近预报,也适合范围较广的一般性对流降水系统,以及对流云和层状云混合降水系统的跟踪和临近预报。它主要是通过计算雷达回波资料在连续时次的空间最优相关,得到对流系统不同位置的移动矢量特征,并基于这些获得的移动矢量对雷达回波等进行外推,从而达到预报的目的。

交叉相关法的核心就是通过计算连续时次雷达回波不同区域的最优空间相关性,来确定回波在过去的移动矢量特征。交叉相关法把整个数据区域划分成若干小区域,然后在相邻时刻雷达回波图像的小区域之间计算相关系数,通过最大相关系数确定相邻时刻图像中的区域对应关系,进而确定回波区域的平均运动。一个简单的示意图如图 15-6 所示。

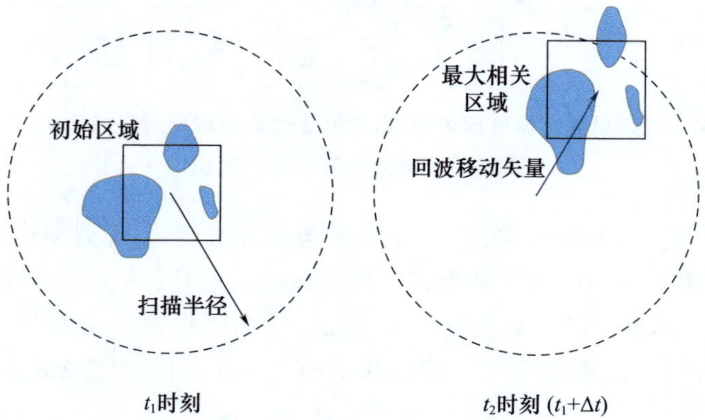

图 15-6　交叉相关法示意图

将两幅相邻时刻(t_1,t_2)的雷达反射率因子回波图像,分别划分成若干大小相同的子区域。对 t_1 时刻的一个子区域 A,在 t_2 时刻回波图像的候选区域(大小由平均风速决定)中,将所有可能的子区域分别与 A 进行相关计算,相关系数 R 表示为:

$$R=\frac{\sum_k I_1(k)\times I_2(k)-\frac{1}{N}\sum_k I_1(k)\sum_k I_2(k)}{\left[\left(\sum_k I_1^2(k)-N\overline{I_1^2}\right)\times\left(\sum_k I_2^2(k)-N\overline{I_2^2}\right)\right]^{1/2}} \tag{15-3}$$

式中:I_1 和 I_2 分别是 t_1 和 t_2 时刻的反射率因子,N 是一个子区域内像素点的数量。t_2 时刻相关系数最大的子区域 B 即为与 A 匹配的子区域。将 A 和 B 的中心位置连接起来,即为回波运动矢量。将二维回波场内每个"区域"的移动矢量全部考虑进去,即可得到整个回波区域的移动特征。当确定了雷达回波各个"区域"的移动矢量后,利用获得的这些移动矢量来外推相应"区域"的回波场,最终可获得整个回波区域的预报图像。为提高计算的准确率,一般要求最大相关系数不能小于一个阈值,否则认为区域 A 在 t_2 时刻没有有效匹配区域。

由此可见，交叉相关法的优点是算法简单、直观，而且仅仅需要单部雷达在连续时次探测的回波资料，容易实现。

3. 光流法研究

在变化较为平缓的层状云降水系统中，从雷达回波图像上观察到的雷暴的外形和移动速度变化都不是很剧烈，此时交叉相关法的效果较好。但对于强对流天气过程，尤其是雷暴的外形和移动速度随时间变化很快的情况，通过简单的计算相关系数的方法就难以保证追踪的准确性了，交叉相关法的效果就会明显降低，跟踪失败以及相邻运动矢量对吹的情况显著增加，并最终影响预报的结果。所以，对变化较为剧烈的强对流降水系统，交叉相关法有先天的缺陷，需要引入新的方法。

(1)光流法的应用

光流法是计算机视觉领域中的重要方法。光流的概念由 Gibson(1950)首先提出，它是指由于被观测的目标和传感器之间的相对运动，而在序列图像中产生的瞬时位移场，体现了图像亮度模式的表观运动。图像中所有像素点的光流构成了图像的光流场，而光流法的核心正是从连续的图像序列中计算光流场。目前，光流法除了广泛应用于目标分割、识别、追踪和运动估计等传统的计算机视觉领域外，也被应用于医学、天文、气象等其他领域。

(2)光流法临近预报

① 光流法基本原理

由于运动目标和观测器之间的相对运动，以图像亮度变化作为识别对象，在序列图像中产生瞬时位移，体现了图像亮度模式的表观运动。图像中所有像素点的亮度光流就构成了图像的光流场。而光流法的核心就是从连续的图像系列中计算光流场。

简单来说，光流场就是类刚体物体的速度矢量场。速度矢量在气象领域一般用两个分量(u,v)来表示。假设笛卡尔坐标平面上有一点(x,y)，它代表三维空间中某一点(x,y,z)在图像平面上的投影，该点在时刻 t 的灰度值(光亮度值)为 $I(x,y,t)$。假定该点在$(t+\Delta t)$时运动到$(x+\Delta x,y+\Delta y)$，在一定时间间隔 Δt 内灰度值保持不变，即：

$$I(x+u\Delta t,y+v\Delta t,t+\Delta t)=I(x,y,t) \tag{15-4}$$

式中：u、v 分别是该点的光流在 x、y 方向上的分量。假设亮度 $I(x,y)$ 随时间 t 平滑变化，可以将式(15-4)按泰勒公式展开，得到：

$$I(x,y,t)+\Delta x\frac{\partial I}{\partial x}+\Delta y\frac{\partial I}{\partial y}+\Delta t\frac{\partial I}{\partial t}+e=I(x,y,t) \tag{15-5}$$

式中：e 为包括 Δx、Δy、Δz 的二次以上无穷小项。式(15-5)消去 $I(x,y,t)$，用 Δt 除以等式两边，并取 $\Delta t\rightarrow 0$ 的极限后，可求得：

$$\frac{\partial I}{\partial x}\frac{\mathrm{d}x}{\mathrm{d}t}+\frac{\partial I}{\partial y}\frac{\mathrm{d}y}{\mathrm{d}t}+\frac{\partial I}{\partial t}=0 \tag{15-6}$$

式(15-6)实际上是 $\frac{\mathrm{d}I}{\mathrm{d}t}=0$ 的展开式，可以简写为：

$$I_x u+I_y v+I_t=0 \tag{15-7}$$

式中：$u=\frac{\mathrm{d}x}{\mathrm{d}t}, v=\frac{\mathrm{d}y}{\mathrm{d}t}, I_x=\frac{\partial I}{\partial x}, I_y=\frac{\partial I}{\partial y}, I_t=\frac{\partial I}{\partial t}$。

式(15-7)就是光流约束方程。

令 $\nabla I=(I_x, I_y)^T$。∇I 为图像点灰度的空间梯度；I_t 为灰度随时间的变化率；(u, v) 称为光流，图像中的所有点的光流就构成了光流场。

从光流的定义 (u, v) 可以看到，光流场与交叉相关法所求得的运动矢量场在物理意义上是等价的。如果把传感器从摄像机换成多普勒雷达，被探测的目标从一般的运动物体换成雷达回波，则 $I(x, y, t)$ 就是雷达图像上像素点 (x, y) 在时刻 t 的反射率因子值。因此，可以用光流法替代交叉相关法得到运动矢量场。

由于光流有两个未知变量 u 和 v，而公式(15-7)只有一个光流约束方程，如果不对光流特性做任何假设，则无法同时求出 u 和 v。因此需要引入进一步的约束条件，才能完全确定光流 (u, v)。

② Lucas-Kanade 法计算光流场

通常，光流场计算的约束方法有 Lucas-Kanade(卢卡斯-卡纳德)局部约束和 Horn-Schunk(霍恩-申克)全局约束。局部约束方法假定在给定的点周围的一个小区域内光流满足一定的条件，而全局约束方法假定光流在整个图像区域范围内满足一定的约束条件。因为临近预报关注回波精细化的局地预报，所以选定 Lucas-Kanade 局部约束法作为计算光流的约束条件。

局部平滑约束 Lucas-Kanade 法的具体算法如下。

假设以 P 为中心的一个足够小的区域内 N 个点的光流相同，而且在足够短的时间间隔内，两帧图像间的运动可以近似为线性的。区域内不同的点给予的权重不同，离 P 点越近，权重越高，光流的计算可转化为：

$$\sum_{x\in\Omega}W^2(x)\left[\nabla I(x,t)\cdot V+I_t(x,t)\right]^2 \tag{15-8}$$

式中：Ω 为以 P 为中心的小区域；$W^2(x)$ 为窗函数，代表区域内各点的权重；$V=(u, v)^T$ 为 P 点的光流。

令：

$$\begin{aligned}&A=(\nabla I(x_1),\nabla I(x_2),\cdots,\nabla I(x_n))^T,\\&W=\mathrm{diag}(W(x_1),W(x_2),\cdots W(x_n)),\\&b=-(I_t(x_1),I_t(x_2),\cdots,I_t(x_n))^T\end{aligned} \tag{15-9}$$

则方程的解为：

$$V=(A^{T}W^{2}A)^{-1}A^{T}W^{2}b \tag{15-10}$$

$A^{T}W^{2}A$ 实际为 2×2 矩阵：

$$A^{T}W^{2}A=\begin{pmatrix} \sum W^{2}(x)I_{x}^{2}(x) & \sum W^{2}(x)I_{x}(x)I_{y}(x) \\ \sum W^{2}(x)I_{y}(x)I_{x}(x) & \sum W^{2}(x)I_{y}^{2}(x) \end{pmatrix} \tag{15-11}$$

式中：A 是矩阵，表示回波图像灰度梯度的加权和；W 是窗函数（权重函数），用于表示小区域内各点的权重；I_x 是回波在 x 方向上的梯度（即回波沿 x 方向的变化率），反映了回波在 x 方向上的亮度变化；I_y 是回波在 y 方向上的梯度（即回波沿 y 方向的变化率），反映了图像在 y 方向上的亮度变化。

尽管相邻两个时次的雷达回波反射率会随时间变化而发生变化，但在雷达两次体扫的时间间隔 6 min 内，这种变化可以认为是比较微弱的。因此，可以近似地认为雷达图像满足光流约束方程(15-7)。在算法中使用一阶差分来代替反射率在各个方向的导数 I：

$$\begin{aligned} I_{x} &= \frac{1}{4\Delta x}[(I_{i+1,j,k}+I_{i+1,j,k+1}+I_{i+1,j+1,k}+I_{i+1,j+1,k+1})- \\ &\quad (I_{i,j,k}+I_{i,j,k+1}+I_{i,j+1,k}+I_{i,j+1,k+1})] \\ I_{y} &= \frac{1}{4\Delta y}[(I_{i+1,j,k}+I_{i+1,j,k+1}+I_{i+1,j+1,k}+I_{i+1,j+1,k+1})- \\ &\quad (I_{i,j,k}+I_{i,j,k+1}+I_{i,j+1,k}+I_{i,j+1,k+1})] \\ I_{t} &= \frac{1}{4\Delta t}[(I_{i+1,j,k}+I_{i+1,j,k+1}+I_{i+1,j+1,k}+I_{i+1,j+1,k+1})- \\ &\quad (I_{i,j,k}+I_{i,j,k+1}+I_{i,j+1,k}+I_{i,j+1,k+1})] \end{aligned} \tag{15-12}$$

根据式(15-12)可计算出光流场。由式(15-12)可知，在计算光流场时既考虑了连续时次回波的变化，也考虑了相邻位置回波的变化。

(3)雷达数据质量控制

获得平滑真实的回波光流场是追踪回波移动特征并作好外推临近预报的关键。由于所获得的雷达数据包含了雷达真实信号和各种误差噪声等成分，噪声污染对回波算法有很大的影响。利用光流法进行雷达回波移动追踪时，需要分别进行雷达回波噪声消除的质量控制和光流运动矢量场的优化，以获得更加真实和平滑的雷达回波和光流运动矢量场。

① 雷达回波质量控制——中值滤波

中值滤波是一种非线性平滑技术，它将每一像素点的灰度值设置为该点某邻域窗口内的所有像素点灰度值的中值。

中值滤波是基于排序统计理论的一种能有效抑制噪声的非线性信号处理技术，其基本原理是把数字图像或数字序列中一点的值用该点的一个邻域中各点值的中值代替，让周围的像素值接近真实值，从而消除孤立的噪声点。该方法是用某种结构的二维滑动模板,将板内像素按照像素值的大小进行排序,生成单调上升(或下降)的二维数据序列。

通过中值滤波质量控制前后得到的回波对比可以看出(图 15-7),滤波前后飑线的形状、强回波中心以及飑线后的层状云回波大体一致。但中值滤波前(图 15-7a),飑线回波后部的层状云回波、南端对流回波比较零碎、杂乱。滤波后(图 15-7b),从视觉效果来看,较好地保留了回波的边缘特征,没有明显失真,而且去噪效果好、图像清晰,达到了较理想的视觉效果,回波变得更平滑、有序,回波边沿清晰。

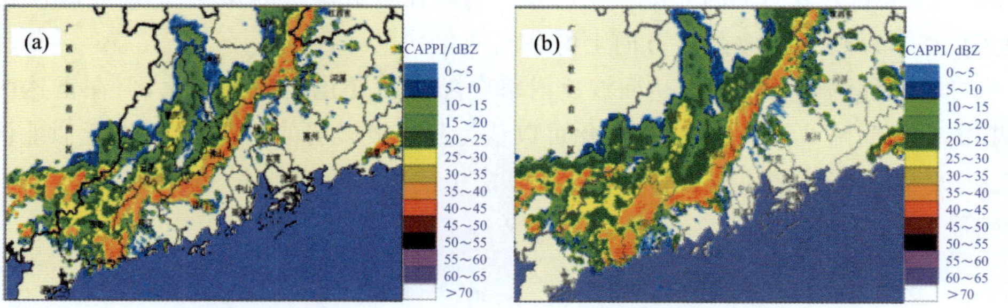

图 15-7 中值滤波质量控制前(a)、后(b)得到的本次过程回波对比

② 光流场质量控制

用光流法计算回波的运动矢量时,还必须考虑光流场的噪声情况。如果噪声较强,说明光流场数据本身的置信度较低,需要更多的条件加强光流的约束。根据统计试验,算法对某点与周围若干点的矢量大小平均值的偏差超过 5 m/s 和夹角超过 25°的矢量予以剔除。为保证一定范围矢量场的平滑和真实,对于与整个回波区域移动矢量大小的整体平均值相比而言,偏差达到 15 m/s 的个别矢量,也予以剔除。

图 15-8 为雷达回波实况及局部约束算法优化前后的运动矢量场。由图 15-8a 可知,算法优化前的运动矢量场能大致反映出回波向偏东方向移动的特征。但在西北和西南部,光流法计算追踪的回波运动矢量场稍显凌乱,与回波移动流场方向存在一定的差异。算法优化后(图 15-8b),得到了方向更加一致、更加平滑的回波运动矢量,其与回波向偏东方向移动的特征也更加相符,与真实的回波运动矢量也更加接近。

利用优化后的局部约束光流法得到的光流场运动矢量场来外推相应区域的回波场,最终可获得整个回波区域的预报图像。

③ 临近预报试验

a. 台风"海鸥"过程

台风"海鸥"在菲律宾以东洋面生成,后向西北偏西方向移动,横过南海中北部,在海南东北部文昌沿海地区登陆。

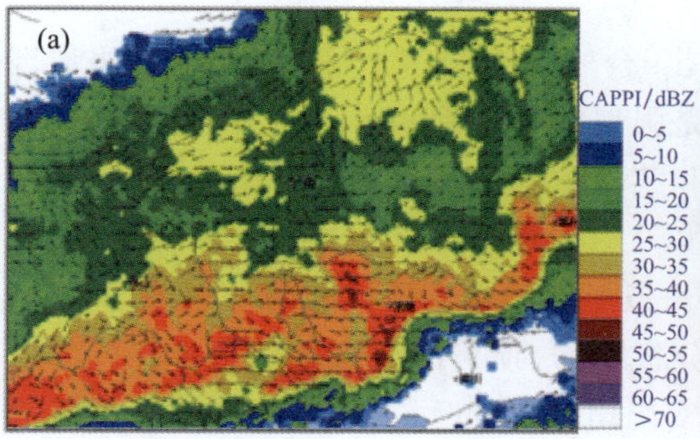

图 15-8　局部约束算法优化前(a)和优化后(b)的回波运动矢量场

图 15-9a 为雷达观测的回波实况拼图。台风眼区的回波是闭合的，眼区半径大约 50 km。眼区外是大范围的螺旋雨带。在台风中心附近，眼墙区域有三个高值回波区，分别位于台风眼的南侧、西北侧和东北侧。其中，南侧的强回波区覆盖了第三象限和部分第四象限，西北侧的强回波区覆盖了第二象限，东北侧的强回波覆盖了第一象限和部分第四象限，它由台风东南侧眼墙与螺旋雨带共同构成。这三个区域的回波强度都在 30 dBZ 以上，最大值超过 40 dBZ。在台风中心东北侧眼墙区域以北约 150 km 处有一条偏东西向的回波带，中心强度在 40 dBZ 左右。在眼墙区的外围，台风的东到东北侧，由内向外依次大致还有四条东南—西北向带状回波，回波强度在 40 dBZ 以上，在这些区域也有较强的积云对流发展，雨带呈长条带状，主要与台

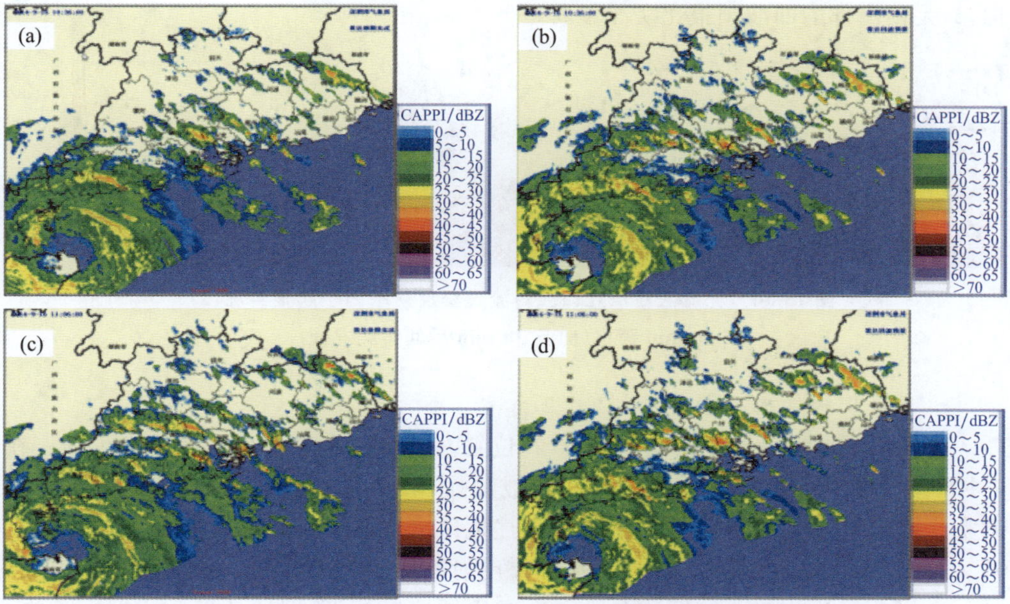

图 15-9　光流法对台风“海鸥”过程的反射率因子实况和预报

(a)30 min 后实况；(b)30 min 预报；(c)1 h 实况；(d)1 h 预报

风外围云系有关。

由 30 min 外推预报(图 15-9b)可以看出,台风眼清晰,大小和实况相当,眼墙区域螺旋雨带与雷达观测实况资料接近,只是强回波区范围稍大。与实况相似,预报的台风眼壁较强的对流发生在第一、第二和第三象限。眼墙区域在东北、西北和西南侧有高回波中心,回波强度达到 30 dBZ 以上。眼墙区域北侧预报了东西向回波。同样在外围预报了四条东南—西北走向的长条形回波带。预报的回波和实况相比,强度大致相当,但范围稍显偏大。由以上分析可知,预报的台风螺旋雨带和外围对流整体分布形势以及位置,与 30 min 后的实况均比较接近。

对台风"海鸥"进行 1 h 外推预报试验。图 15-9c、图 15-9d 分别是 1 h 实况、1 h 外推预报。由图可知,预报 1 h 后台风的螺旋雨带和外围雨带与实况比较一致,大体形状也与实况比较接近。

b. 珠江口强对流过程

珠江口东侧地区呈东西向的对流缓慢东移并减弱,而珠江口西侧一条近似南北向的弓形回波以较快的速度东移,在东移中,追上东侧的回波。两条回波合并后,强度和范围迅速加大,最后发展成为倒"Y"字形的强回波。这次对流过程给珠三角部分地区造成了局地的强降水和短时雷雨大风。

图 15-10 是光流法对这次强对流过程反射率因子 30 min 预报及 30 min 后雷达回波实况。图 15-10 的对比表明,光流法预报了两条回波合并后强度加强,预报的 30 min 后回波的位置与实况基本相符,也基本预报出了回波的加强及倒"Y"字形结构,只是西南部的回波预报比实况偏弱。

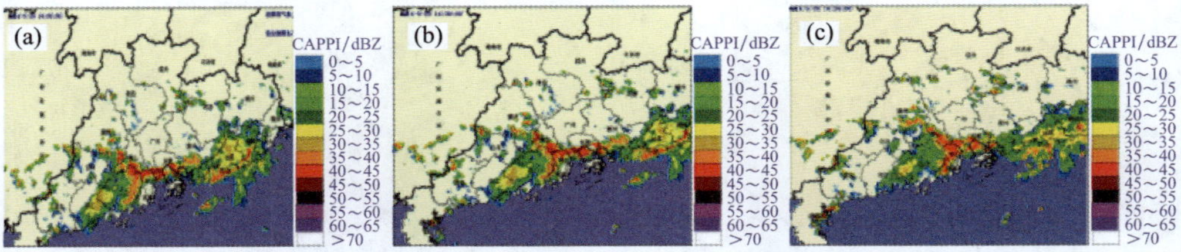

图 15-10　光流法对珠江口强对流过程反射率因子起报实况(a)、30 min 预报(b)及 30 min 后回波实况(c)

c. 珠江口强降水过程

珠江口西侧沿海地区回波生成后,其位置基本维持在珠江口西侧沿海少动。在 β 中尺度辐合线作用下,雷达回波不断生成加强,回波也由块状逐渐向带状降水回波调整。由于强降水系统的长时间维持,上述地区出现暴雨到大暴雨。

图 15-11 为光流法对本次强降水过程反射率因子拼图外推试验。从外形上看,30 min 预报的珠江口西侧回波东段和实况比较接近,西段回波位置和实况有偏离。强度上,光流法预报出了东段的大部分强回波,但由于预报位置偏离,没有预报出西段回波。

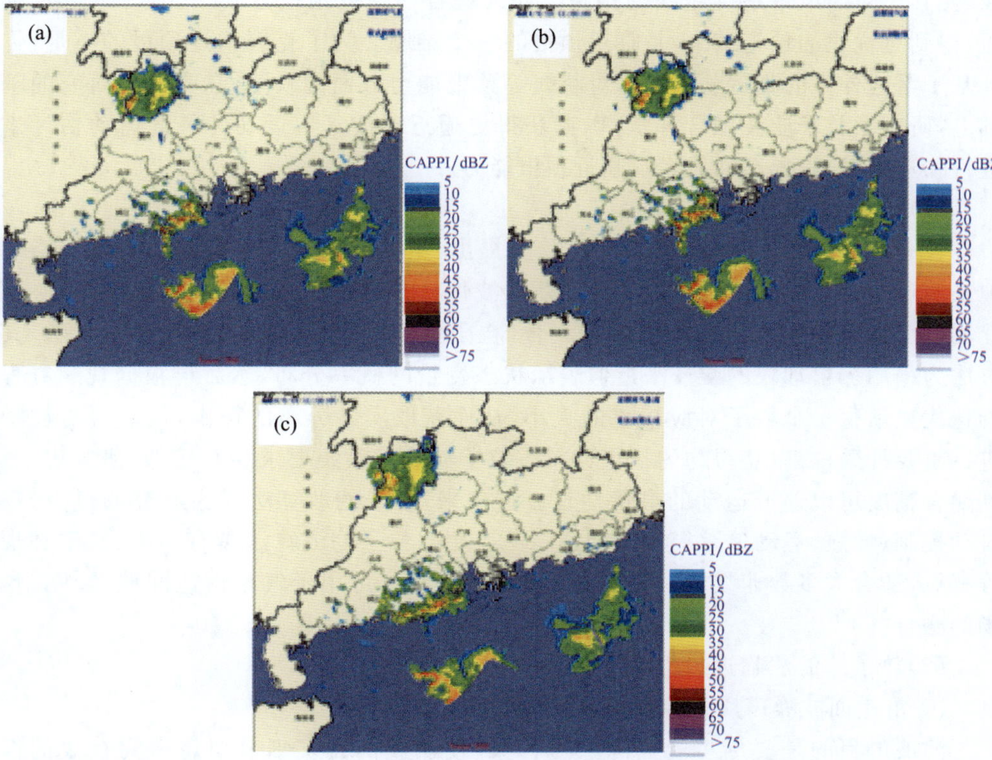

图 15-11　光流法对珠江口强降水过程反射率因子起报实况(a)、30 min 预报(b)及 30 min 后回波实况(c)

由天气个例的试验结果可知，该算法可以预报出大部分天气过程未来 30 min、60 min 内雷暴的回波特征、形状及位置，光流法对对流天气过程雷达回波 30 min、60 min 的预报结果对业务有指导意义。但预报与实况还存在一定的差异，主要表现为回波的形状差异。

与传统的交叉相关法相比，光流法立足于变化，在计算光流场时考虑了回波在时间、空间上的变化，而不是选定不变特征，再跟踪不变特征移动的方式。与简单的交叉相关法相比，光流法使用局部平滑约束来求解偏微分运动方程，其优势在于，即使雷暴的运动和外形变化比较剧烈，也能准确地得到雷暴的整体运动趋势，这是交叉相关法无法相比的。试验及评价的结果验证了光流法对热带系统降水、强对流降水系统效果较好；对准静止型局地加强型降水、飑线等，光流法效果优于交叉相关法，但预报效果仍较差，说明该算法仍存在一定局限性。

4. 粒子滤波法研究

和交叉相关法相比，光流法取得了较好的预报效果。但光流法仍有一定的局限性,尤其是对西风带系统飑线的预报。如何将各种临近预报方法结合起来,取长补短,得到更优化的预报结果,是临近预报的一个难题。为了克服临近预报的不足,弥补基于雷达外推的临近预报技术对飑线等预报能力方面的缺陷,在光流法研究的基础上,研制了粒子滤波融合算法,以期获得更逼近回波真实运动的最优运动估计来进行临近预报,以提高回波客观临近预报能力。

(1)粒子滤波法的应用

粒子滤波由 Carpenter 等(1997)首次提出,主要是通过非参数化的蒙特卡洛模拟来实现递推贝叶斯滤波估计。贝叶斯滤波估计是粒子滤波的理论基础,其核心是使用一个具有相应权值的随机样本集合(粒子集)来表示需要的后验概率密度。其方法为采用一组加权的粒子来近似表示状态变量的概率分布,然后再根据观测方程群迭代更新每一个粒子对应权重的大小,从而获取实际分布的样本,最后再对粒子进行重要性采样,以获得均匀权重分布。粒子滤波对系统要求相对较低,研究表明,其融合精度可以逼近运动的最优估计。近年来,粒子滤波算法成为研究的热点,在自动控制、导航、运动追踪等领域得到广泛应用。粒子滤波算法具有简单、易于实现等特点,适合大多数非线性运动物体的轨迹融合,也可用于气象雷达回波运动矢量场的融合。

(2)粒子滤波法临近预报

① 雷达回波噪声质量控制——双边滤波

滤波的目的是要尽可能去除噪声污染,使回波的真实细节信息得到有效的保留。Tomasi 等(1998)最先提出了双边滤波的概念,它是在基于空间分布的高斯滤波函数基础上提出的。该方法结合了图像的空间邻近度和像素相似性,将二者非线性结合求得权重系数值,进而自适应滤波后获得平滑低噪图像。对于边缘附近的像素,不会受到距离较远的像素的太多影响,保证了对边缘附近像素值的保存。

该滤波器由两个函数构成,滤波器系数分别由几何空间距离、像素差值决定。双边滤波定义为:

$$F_{B}(I)=\frac{1}{w_{p}}\sum_{i,j\in\Omega}w_{s}(i,j)^{*}w_{r}(i,j)^{*}F(i,j) \tag{15-13}$$

式中:Ω 为像素点 (i,j) 处的邻域范围,$F_{B}(I)$ 为滤波后的图像,$F(i,j)$ 为待滤波的噪声图像。$w_{s}(i,j)$ 为空间域权重,$w_{r}(i,j)$ 为像素域权重,w_{p} 为归一化参数,分别表示为:

$$w_{s}(i,j)=\exp\left(-\frac{(i-x)^{2}+(j-y)^{2}}{2\sigma_{s}^{2}}\right) \tag{15-14}$$

$$w_{r}(i,j)=\exp\left(-\frac{(I(i,j)-I(x,y))^{2}}{2\sigma_{r}^{2}}\right) \tag{15-15}$$

$$w_{p}=\sum_{i,j\in\Omega}w_{s}(i,j)\times w_{r}(i,j) \tag{15-16}$$

式中:σ_{s} 是空间相似度标准差,取值为 3;σ_{r} 是空间相似度标准差,取值为 0.1。在图像边缘附近，像素点的值变大，则权重 $w_r(i,j)$ 相对变小，滤波器在边缘处的平滑作用降低，从而保持了图像的边缘。

传统高斯滤波仅仅关注像素的空间距离，而忽略了像素值的变化，因此会在滤除噪声的同时造成边缘的模糊。双边滤波在传统高斯滤波器的基础上添加了考虑像素值变化程度的权值。因此，在滤除图像噪声的同时考虑到灰度相似度的信息，使得权重系数随着图像灰度的变化而改变，有效地保持了图像边缘结构，最终能够进行自适应滤波。

对回波进行滤波试验，由滤波前的回波（图 15-12a）可以看出，强回波的边界、强回波区的对流回波及部分层状云回波比较零碎、杂乱，部分回波呈锯齿状。与滤波后的回波对比可以看出，中值滤波和双边滤波后（图 15-12b 和图 15-12c），回波的形状、强回波中心以及强回波后的层状云回波和实况大致相同，强回波的边缘、强回波中心，后部的层状云回波变得更平滑、有序。对比滤波后飑线前沿回波，中值滤波后飑线前沿的回波被削弱，而双边滤波较好保留了前沿回波。中值滤波可以改善回波的质量，但是会削弱回波的边沿，尤其是飑线的边沿，在进行回波运动矢量场计算时，边沿的风矢量场只能通过估计分析得来，从而影响运动估计的质量。而双边滤波在提高回波质量的同时，也很好地保留了回波边沿，在进行运动矢量计算时可以直接获得该处的风矢量场，其质量相对来说更可靠。由此可见，双边滤波效果好于中值滤波，滤波后回波没有出现明显失真，回波变得更平滑，边沿清晰，去噪效果好，达到了较理想的滤波效果。

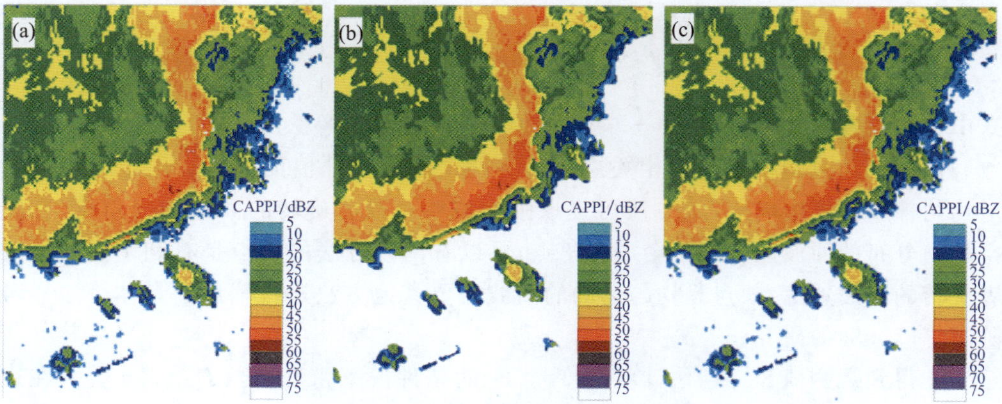

图 15-12　雷达回波滤波前后对比

（a）滤波前；（b）中值滤波后；（c）双边滤波后

② 粒子滤波法基本原理

在进行雷达外推预报前，需要获得雷达回波的运动矢量场。和获得唯一运动矢量场不同，粒子滤波算法是利用同一时次的雷达回波，采用两种不同的估测方法得到的相同时次的两组回波运动矢量场，采用粒子滤波算法对运动矢量场进行融合，再利用得到的运动矢量场来进行回波的外推预报。粒子滤波具体算法如下。

在粒子滤波算法中，回波矢量场可表示为：

$$\begin{cases} x_t = f(x_{t-1}) + m_{t-1} \\ y_t = h(x_t) + n_t \end{cases} \tag{15-17}$$

式中：$f(x)$ 和 $h(x)$ 分别为状态方程和观测方程，x_t 、y_t 、m_t 和 n_t 分别表示系统的状态、观测值、过程噪声和观测噪声，$f(x)$ 为采用 Lucas-Kanade 约束的光流法得到的运动矢量场。$h(x)$采用基于 Harris 角点（哈里斯角点）算法追踪回波得到运动矢量场。

在运动估计领域中，角点是一类信息含量足够丰富并且可以从前后时次的图像中识别出来的点。Harris 角点定义的基础是图像灰度强度的二阶导数矩阵，对原始图像全部像素求导，得到一幅新的二阶导数图像，即 Hessian 矩阵（黑塞矩阵）：

$$H(P) = \begin{bmatrix} \dfrac{\partial^2 I}{\partial x^2} & \dfrac{\partial^2 I}{\partial x \partial y} \\ \dfrac{\partial^2 I}{\partial x \partial y} & \dfrac{\partial^2 I}{\partial y^2} \end{bmatrix} \tag{15-18}$$

对于 Harris 角点，使用每个像素邻域内的二阶导数图像的自相关矩阵来定义，其表达如下：

$$M(x,y) = \begin{bmatrix} \sum\limits_{-k \leqslant i,j \leqslant k} W_{i,j} I_x^2(x+i,y+j) & \sum\limits_{-k \leqslant i,j \leqslant k} W_{i,j} I_x(x+i,y+j) I_y(x+i,y+j) \\ \sum\limits_{-k \leqslant i,j \leqslant k} W_{i,j} I_x(x+i,y+j) I_y(x+i,y+j) & \sum\limits_{-k \leqslant i,j \leqslant k} W_{i,j} I_y^2(x+i,y+j) \end{bmatrix} \tag{15-19}$$

式中：$W_{i,j}$ 为权重比例，$I(x+i,y+j)$ 为二阶导数图像像素点。

Harris 角点位于上述自相关矩阵具有两个最大特征值的地方。由于二阶导数对均匀梯度不产生响应，该方法可提取强回波中心或者旋转的回波作为角点，在时空均匀分布的回波区域则不会产生角点，可以看出该方法的优点是有利于强回波或者旋转的回波追踪，缺点是均匀运动的回波需要其他方法进行辅助。具体算法参考陈震等(2003)的研究。

在得到观测值 y_t 后，估计状态变量 x_t 的条件概率密度函数 $\Omega(x_t|y_t)$ 。在进行雷达回波状态跟踪时，假定回波当前时刻的状态 x_t 只与上一时刻的状态 x_{t-1} 有关，同时假定观测值 y_t 只与 t 时刻的状态 x_t 有关，即观测值之间互相独立。

粒子滤波计算方法的核心是用一组加权随机样本（粒子）来近似表示后验概率密度函数。递推贝叶斯滤波理论给出了该问题的严格求解。在进行求解时引入了优化算法对粒子滤波参数进行寻优，使算法对整个参数空间进行高效搜索以获得最优解。通过对各参数时间更新与量测更新的反复迭代估计出 $\Omega(x_t|y_t)$ 的最优解。相比其他方法，粒子滤波可以得到更优化的回波运动矢量场。粒子滤波利用一系列

带权值的空间随机采样，来逼近后验概率密度函数。后验概率密度函数采用一组加权的粒子 $X_k=\{x_k^i, \bar{\omega}_k^i\}_{i=1}^N$ 近似表示：

$$\Omega(x_t|y_t) \approx \Omega_N(x_t|y_t) = \sum_{i=1}^{N} \bar{\omega}_k^i \delta(x_k - x_k^i) \tag{15-20}$$

式中：$\bar{\omega}_k^i$ 为归一化权重，满足 $\sum_{i=1}^{N} \bar{\omega}_k^i = 1$；$N$ 为粒子数。

采用粒子滤波算法估计后验概率密度函数主要分三步：首先从先验分布中抽取粒子进行采样，再计算粒子的权重进行定权，最后为避免粒子退化进行重采样。计算方法如下。

第一步，初始化：$k=0$。

在先验密度函数 $\Omega(x_0)$ 中采集样本 x_0^i，该粒子权重取为 $\omega_0^i=1/N, i=1,\cdots,N$。

第二步，$k\geqslant 1$ 时，按照如下步骤迭代计算。

a. 粒子重要性采样

粒子 $x_k^i \sim q(x_k|x_{k-1}^i)$ 被采样后，根据 $\omega_k^i=\omega_{k-1}^i p(z_k|x_k^i)$ 分别计算相应的权重，并对其进行归一化处理 $\bar{\omega}_k^i=\omega_k^i / \sum_{i=1}^{N} \omega_k^i$，$i=1,\cdots,N$。粒子滤波算法中的关键问题是粒子重要性分布函数的选择和再采集，本研究中选择先验密度作为重要性分布函数。重要性分布函数中 $q(\cdot|\cdot)$ 表示较易采集的概率密度函数，$p(\cdot|\cdot)$ 表示较难采集的概率密度函数。

b. 重采样

如果有效采样粒子数 N 小于阈值 N_{th}（其中，$N=1/\sum_{I=1}^{N}(\bar{\omega}_k^i)^2$，$N_{\text{th}}$ 为事前给定的阈值，本研究取值为 $3N/4$），就对粒子样本 $(x_k^i)_{i=1}^N$ 进行重新采样。重采样的样本形成新的粒子集 $(X_k^i)_{i=1}^N$。新的粒子集满足 $\mathrm{P}(X_k^i=x_k^i)=\omega_k^i$（$\mathrm{P}(\cdot)$ 为概率）。权重值重新定义为 $\omega_k^i=1/N, i=1,\cdots,\mathrm{N}$。否则，由步骤 a 转到下一步。

c. 状态更新

$x_k=\sum_{i=1}^{N} X_k^i \omega_k^i$。贝叶斯滤波以递推的形式对两种回波运动矢量场进行寻优融合，给出后验概率密度函数的最优解，从而可以计算出回波运动的最优轨迹。

③ 运动矢量场对比

获得真实、平滑的运动矢量场是进行外推预报的关键。交叉相关法的核心是利用建立的连续时次的回波间的最佳拟合关系来确定回波的移动矢量场。光流法利用一定的约束条件得到回波的运动轨迹，从而确定回波的运动矢量场。而粒子滤波法对回波的两种运动矢量场进行融合计算，得到更逼近回波真实运动的最优矢量估计，从而能够获得更接近实况、更真实、更精细的回波运动矢量场。对分别用上述三种方法追踪的回波运动矢量场进行对比。交叉相关法和光流法均采用中值滤波法对雷达基数据进行质量控制,粒子滤波法采用双边滤波进行质量控制。

实况中,飑线大致呈西北—东南方向移动,粒子滤波融合法预报的移动路径与实况大致相同。在实况中飑线的不同位置移动方向有所差异。飑线南段向偏东南方向移动,北段向偏东方向移动,东南段介于两者之间。在粒子滤波融合算法追踪的飑线运动矢量风场(图 15-13a)中,飑线南段大致为受西北气流控制,北段以偏西气流控制为主,东南段为西北气流控制,与飑线相应位置的移动方向基本一致,对矢量场的刻画也更精细。交叉相关法追踪的矢量场大致为偏西风(图 15-13b),预报了飑线在 1 h 内朝偏东方向移动。而光流法追踪的飑线南段为偏西风、北段为西南风(图 15-13c),预报飑线在 1 h 内朝偏东北方向移动。交叉相关法和光流法在进行运动矢量追踪时,由于质量控制的原因,强回波中心或者旋转处运动矢量会被周边的运动矢量所平滑,导致预报的移动路径出现偏差。由此可知,粒子滤波融合法获得了更接近实况、更真实、更精细的回波运动矢量。粒子滤波融合采用寻优的方法,把不同的运动矢量场结合起来,取长补短,得到最优化的预报结果,所以能够获得更好的运动矢量。

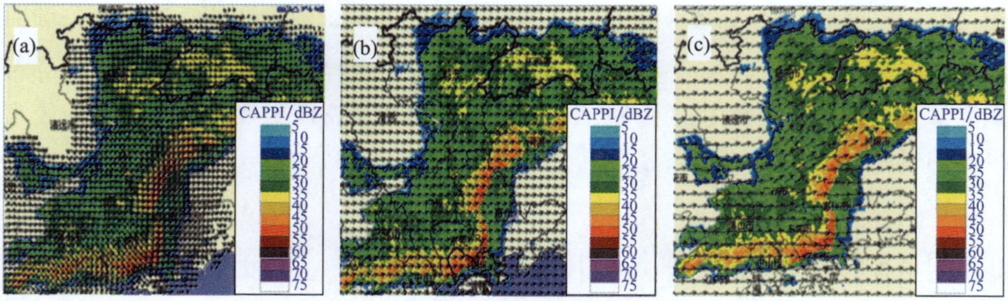

图 15-13 运动矢量场对比

(a)粒子滤波融合法;(b)交叉相关法;(c)光流法

④ 半拉格朗日外推方法

通过粒子滤波融合算法获得雷达回波的运动矢量场后,即可对回波进行临近外推预报。雷达回波的运动往往不是线性的。在进行外推预报时采用半拉格朗日平流外推方法来外推未来时刻的雷达回波,以解决线性外推不考虑回波旋转的缺点。试验表明,半拉格朗日方法在计算稳定性和精度方面都有良好的表现,在数值天气预报模式和气候模式中得到广泛应用。半拉格朗日平流公式为:

$$\bar{F}(t_0+\tau,x)=F(t_0,x-\alpha) \tag{15-21}$$

式中:$\bar{F}$ 和 F 分别为雷达回波的预报场和观测场,t_0 为预报开始时间,τ 为预报时效,α 为位移矢量。半拉格朗日平流方案将预报时效 τ 分为 N 步进行外推,时间步长 Δt 取值 6 min,采用前向外推,每一步的位移量 α 由下式迭代得到:

$$\alpha=\Delta t u\left(t_0,x-\frac{\alpha}{2}\right) \tag{15-22}$$

式中：$u\left(t_0, x-\frac{\alpha}{2}\right)$ 为在格点 $x-\frac{\alpha}{2}$ 处的速度。α 的初始值为 0，总位移是 N 步位移的总和。回波外推的具体方法见 RPM-SL 方案。

利用粒子滤波融合算法得到回波的运动矢量场，以此来进行外推预报，最终可获得整个回波的预报图像。粒子滤波法流程如图 15-14 所示。

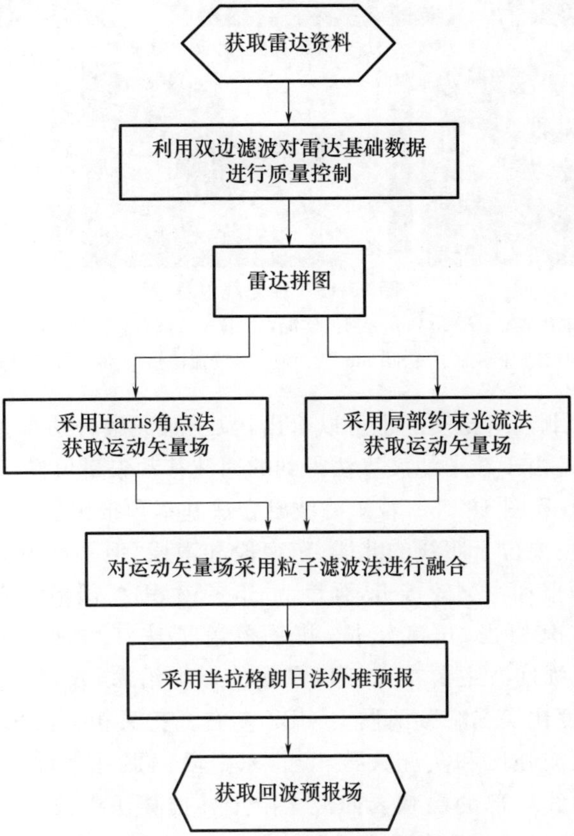

图 15-14　粒子滤波法流程图

⑤ 飑线临近预报个例对比试验

强飑线自西北向东南移动影响广东。粒子滤波融合法、交叉相关法和光流法对本次飑线过程进行了 60 min 内每隔 6 min 一次的临近预报，对这次强飑线过程的强度、形状、速度等进行外推临近预报对比试验(图 15-15)。

通过对比可知，粒子滤波融合法预报的 60 min 的飑线(图 15-15c)形状、位置、强回波范围与飑线实况(图 15-15b)比较一致，也较好地预报出飑线东南段的弓形回波、北段的线状对流回波以及南段的强回波区，且南段回波的位置和实况基本一致。交叉相关法预报的飑线(图 15-15d)强回波范围明显偏大，南段回波位置略偏北。而光流法(图 15-15e)与实况对比，强回波的范围偏小，北段、南段的回波强度明显偏弱，

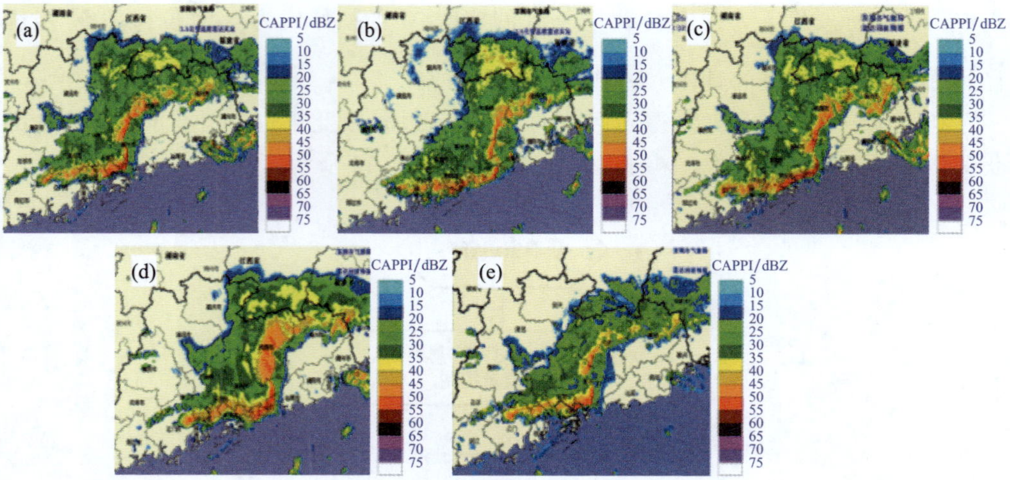

图 15-15　强飑线过程

(a)起报时雷达实况;(b)60 min 后回波实况;(c)粒子滤波融合法预报 60 min 后回波;(d)交叉相关法预报 60 min 后回波;(e)光流法预报 60 min 后回波

南段回波位置也偏北。对比实况也可以看出,粒子滤波融合法预报飑线的移动速度略微偏慢,这主要是由于粒子滤波算法得到的回波移动矢量偏慢。

对比图 15-15b 和图 15-15c,粒子滤波融合法基本预报出了飑线最大反射率因子特征位置,强回波主要位于飑线的北段、东南段和南段,但不同位置预报的强度仍有偏差。南段回波预报和实况较接近,强度为 35～50 dBZ;预报的东南段回波最强为 53 dBZ 左右,和实况相当,长度较长,几乎覆盖了珠江口两侧的沿海地区,达到 150 km 左右,实况强回波主要在珠江口东侧的深圳沿海,长度较短,预报的范围偏大;北段的回波强度比实况略微偏强 10 dBZ 左右。交叉相关法预报飑线强度偏强,光流法预报北段回波强度和实况大致相当,东南段偏强、南段偏弱。不同的算法都比较好地预报了飑线后部的层状云回波。由于外推算法中没有考虑回波强度的变化机理,几乎很难预报回波的增强或减弱消散。

从这次飑线过程预报和实况(图略)的对比可知,粒子滤波预报的飑线位置与回波形状、强度、移速和实况都比较接近。粒子滤波对组织性比较强的对流系统(如飑线的临近预报)有参考价值。

对于雷达回波的临近预报是基于雷达反射率因子单个因子的,并没有考虑风暴的动力学、热力学等因素对回波强度变化的影响,因此回波的临近预报几乎没有能力预报回波的生消。对于生命史小于预报时效的雷暴,外推的意义不大。对那些风暴生命史比较长的大尺度天气过程,如超级单体风暴、持续数小时的强飑线过程、由锋面造成的强降水雨带、台风等,外推临近预报才有现实意义。对于风暴的生成、强度的变化及回波的消散,传统的临近预报方法几乎没有预报能力,因此有必要继续发展临近预报方法。

第 16 章 基于 AI 的人工智能临近预报技术研究

1. AI 智能预报技术在气象上的应用历史

20 世纪 80 年代开始，人工智能技术已经在气象领域得到探索性的应用，从气候资料的处理到预报产品的制作都有涉足，其中主要有基于人工神经网络、基于遗传算法及其融合、基于支持向量机方法、基于贝叶斯方法等的气象预报方法等。一些研究成果已显示出较好的应用前景，但由于受当时基础条件的限制，人工智能技术在气象领域的发展受到了制约。进入 21 世纪，特别是近 10 年来，随着信息处理技术、计算机计算能力的提高，以及人工智能算法技术的突破，人工智能技术在气象上的应用研究也得到快速发展。2010 年，美国科学基金会以 1000 万美元经费资助橡树岭国家实验室等 7 个研究单位合作开展利用人工智能研究气候变化问题，项目的实施极大地推动了国际上有关大数据挖掘在气象领域的应用研究。

人工智能技术可以通过数据学习、分析，处理天气预报模型中的不确定因素，进而对不确定的信息进行甄别、分析、学习、记忆、联想和推断等，从而改善预报模型的质量。借助先进的人工智能算法、大数据挖掘，以发现未知的气象规律，改进天气预报方法，进而提高预报能力，已逐渐成为气象学家和学者们关注的热点。人工智能在天气预报，特别是临近预报中的应用，被一些气象专家认为是有效的方法之一。

面对信息处理技术和人工智能算法的快速发展，国内气象界也在积极探索将人工智能预报技术与气象科技发展相结合，一些学者已开展了积极的尝试。如中央气象台、福建省气象台等气象业务部门通过合作开展了基于神经网络、决策树模型等算法的临近预报方法研究。香港天文台从 2014 年开始和香港科技大学合作开发基于卷积神经网络预测模型的深度学习降水临近预报方法，得到回波未来 2 h 的预报，较传统光流法具有一定优势。

近年来，以深度学习为代表的人工智能技术具有针对不确定性问题进行分析、联想、记忆、学习和推断的能力，在图像识别、临近预报等领域取得了显著的进步。

2. 训练数据集构建——以广东为例

深度学习的核心过程主要包括训练数据集构建和算法的优化调整，其中训练数据集的梳理和质量是关键，高质量的标签数据是核心。美国普林斯顿大学研发了1400多万幅、包含21841个类别标签的图像数据集(ImageNet)，并成为自2010年以来历年国际目标物识别大赛的基准数据集。美国斯坦福大学、普林斯顿大学和德国慕尼黑工业大学联合研制的ScanNet(扫描网数据集)包含了250万个视图和1513个场景的三维相机姿态、曲面重建等视频，被广泛应用于基于监督学习的深度学习算法模型训练、自动识别等。ImageNet和ScanNet的建立，有力促进了国际上目标物智能识别领域的发展。为促进深度学习在气象定量降水估测、临近预报等领域的应用，越来越多的基准数据集得到研制，如香港天文台建立的HKO-7基准数据集(https://github.com/sxjscience/HKO-7)，包含了2009—2015年香港地区的雷达反射率数据，空间分辨率为1 km，时间分辨率为6 min。Xiong等(2022)利用中国湖北、湖南等6省2016—2018年4—10月的雷达、ERA5(第5代欧洲再分析)资料等数据，建立了分钟尺度定量降水估算和预报基准数据集QPefBD，该数据集包含了3185个强降水事件、231978个样本数据。Franch等(2020)利用意大利2010—2019年超过1250 d降雨日的最大雷达反射率数据，建立了TAASRAD19数据集，包含了36233幅雷达图像。Veillette等(2020)应用美国国家气象局(NWS)标记的风暴事件以及雷达和GOES-16(地球静止轨道环境业务卫星16号)数据，建立了超过10000个风暴事件样本的SEVIR数据集。

广东是中国经济活力最强的区域之一。该区域却是气象灾害种类最多、威胁最大的地方，每年的极端灾害性天气都会造成巨大的经济损失，甚至人员伤亡。例如，2017年5月7日广州突发极端强降水，最大小时雨量达184.4 mm，造成多地出现严重城市内涝，受灾人口2万余人，经济损失1.77亿元。多源数据融合的短时临近预报有助于提升预报精度。建立广东地区强降水数据集，本数据集提供了广东省2015—2021年的每年3—10月汛期强降水事件的多普勒雷达和葵花8号卫星影像数据，其中雷达回波空间分辨率为1 km，时间分辨率为6 min，单个样本覆盖256 km×256 km范围的区域，同时匹配的葵花8号卫星包括水汽通道和红外通道数据，空间分辨率为2 km，时间分辨率为10 min。数据集总共包含近10000个强降水事件。

(1)数据与方法

① 强降水事件

强降水事件是以广东区域2400多个自动气象站分钟观测降水统计的连续60 min降水超过20 mm阈值的天气过程。由于深度学习更关注多源数据之间的联系，是基于多种输入数据和标签数据组成的大量样本学习，因此强降水事件的选择以观测到的强降水时间点和空间点为中心，每组强降水事件样本覆盖时长为4 h(输入时长 2 h、预测时效 2 h)，空间窗口是以强降水发生地为中心、以 256 km 为边长的正方形覆盖区域范围。一次影响范围较大的强降水天气过程同时被多个自动气象站记录，若两个强降水中心距离超过 128 km，则定位为新的强降水事件样本，否则为原强降水事件样本。

② 雷达数据

a. 雷达数据质量控制

使用雷达资料为覆盖广东省范围内广州、深圳、韶关、清远、阳江、河源、汕尾、梅州、汕头、湛江和肇庆 11 部新一代 S 波段多普勒天气雷达探测资料，该雷达有效探测距离为 230 km，波束宽度为 1.0°，反射率因子的距离库长为 1 km，探测模式为 VCP21(体积覆盖模式 21)，每隔 6 min 对 9 个仰角进行三维体扫描，为确保所有雷达能同步扫描，采用了北京敏视达公司的雷达同步控制和数据采集系统时间同步软件进行时间同步。为确保样本数据的质量，首先对多普勒雷达体扫反射率因子数据进行质量控制，包括滤除孤立噪声点与填补缺测值、地物/超折射回波消除、径向电磁干扰回波剔除、晴空回波消除以及滤波平滑等，质量控制效果见图 16-1。

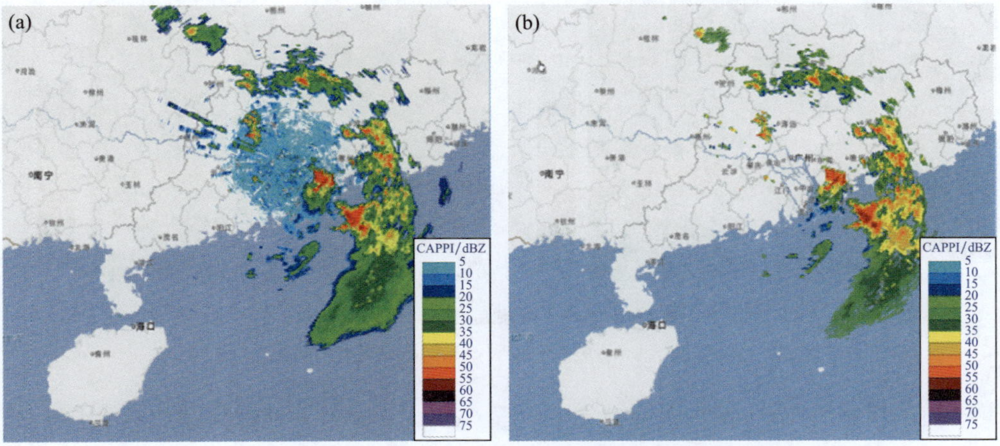

图 16-1　雷达回波质量控制前(a)后(b)效果对比

b. 雷达数据格点化

新一代天气雷达基数据采用极坐标的存储方式，空间分辨率不均匀，距雷达近的空间分辨率高，远的空间分辨率低。为了方便后续的研究，本数据集在雷达径向和方位上采用最近邻居法和垂直方向的线性内插法相结合的方法，将雷达反射率回波数据从极坐标格式插值到三维笛卡尔直角坐标系中，空间分辨率为 0.01°×0.01°，水平网格点数为 700×900(约为 700 km×900 km)，垂直分辨率也为 1 km，在雷达组网拼图时，若低于 1.5 km，则任意两部雷达之间几乎没有共同的覆盖区域，观测的范围太小；若高于 5 km，则雷达覆盖的范围扩大，却难以形成降水，因此，在垂直方向选取 1.5 km、2.5 km、3.5 km 和 4.5 km 共 4 层高度上的 CAPPI(等高平面位置显示）图像数据，如图 16-2 所示。

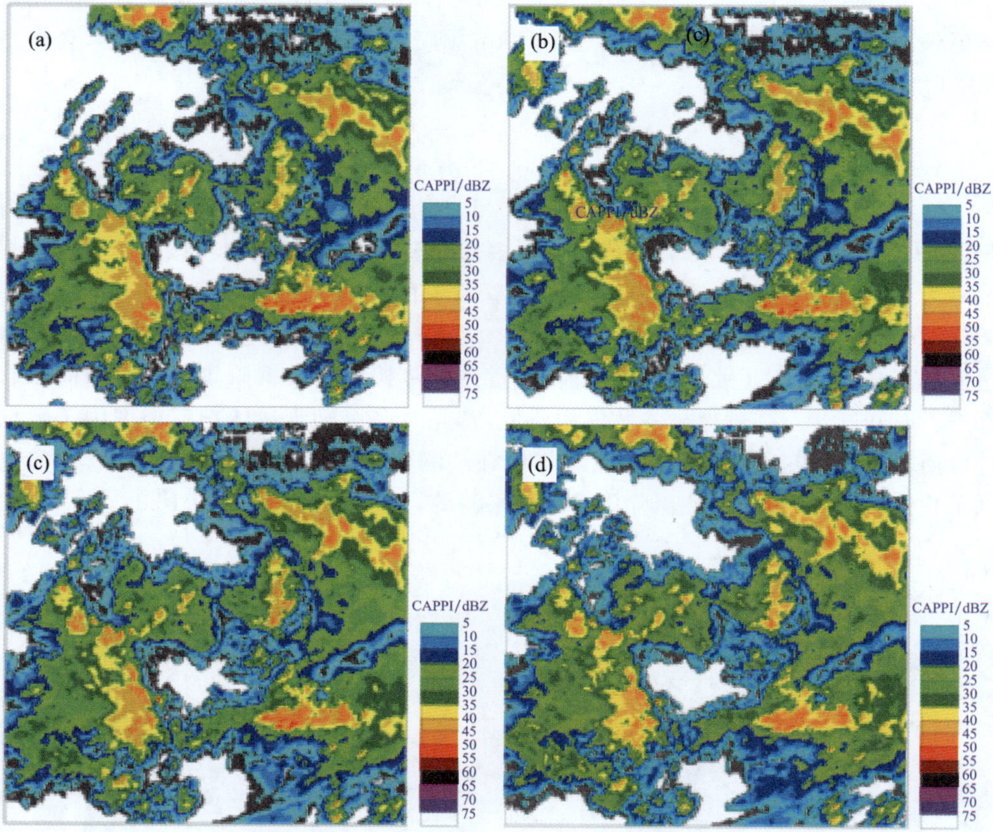

图 16-2　四个高度层的 CAPPI 图像

(a)1.5 km;(b)2.5 km;(c)3.5 km;(d)4.5 km

回波顶高（ET）和垂直积分液态水含量（VIL）常被用来评估风暴强度，其中 ET 指的是大于或等于给定阈值（本数据集为 18 dBZ）的反射率因子被探测到时，以最高扫描仰角为基础的回波顶高度，VIL 代表的是天气雷达能测量的大气水含量和可降水量，是在所有反射率因子均来自液态水的假设下用经验关系导出的等价液态水值。一般情况下，强降水等对流云云顶高度与上升气流强度相关联，云内上升气流越强，对流发展越旺盛，其 ET 越高，VIL 越大。本数据集 ET 和 VIL 数据产品采用肖艳姣等（2006）的算法生成，空间分辨率为 0.01°×0.01°，如图 16-3 所示。

雷达回波反射率、回波顶高和垂直积分液态水含量等数据集覆盖时间为 2015—2021 年的每年 3—10 月汛期强降水过程，其中，2015 年为 7—10 月，雷达数据时间间隔为 6 min，每天 240 帧数据。雷达数据的含义如表 16-1 所示。

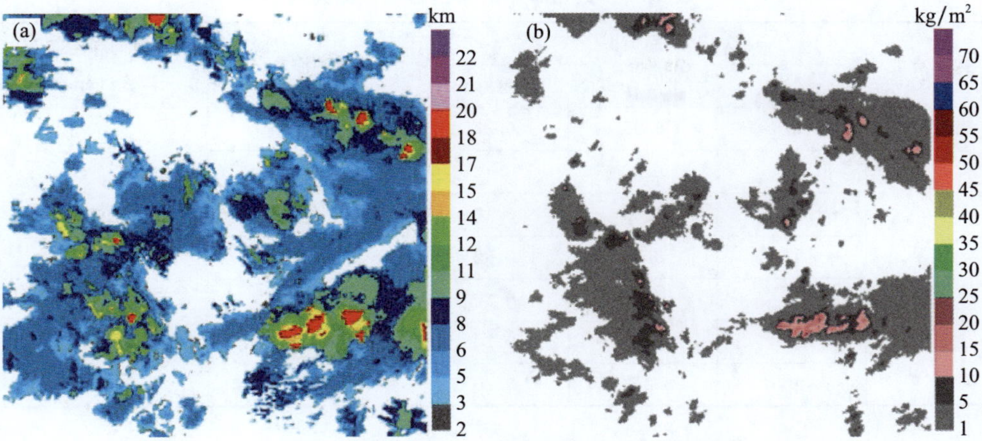

图 16-3　回波顶高(a)和垂直积分液态水含量(b)数据

表 16-1　数据集中的雷达数据产品列表

<table>
<tr><th>数据类型</th><th>产品类型</th><th>时间分辨率/min</th><th>空间分辨率/km</th></tr>
<tr><td rowspan="6">雷达</td><td>1.5 km 高度反射率因子(dBZ)</td><td rowspan="6">6</td><td rowspan="6">1</td></tr>
<tr><td>2.5 km 高度反射率因子(dBZ)</td></tr>
<tr><td>3.5 km 高度反射率因子(dBZ)</td></tr>
<tr><td>4.5 km 高度反射率因子(dBZ)</td></tr>
<tr><td>18 dBZ 回波顶高(km)</td></tr>
<tr><td>垂直液态水含量(kg/m²)</td></tr>
</table>

③ 卫星数据

日本气象厅于 2014 年 10 月发射的葵花 8 号(Himawari-8)卫星是拥有较高时空分辨率的新一代静止气象卫星，并于 2015 年 7 月业务化应用。葵花 8 号搭载的可见光和红外扫描辐射计 AHI(先进葵花成像仪)是一个拥有 16 个通道的多光谱成像仪，包含了 3 个可见光通道、2 个近红外通道以及 10 个红外通道(其中 3 个为水汽通道)，可捕获亚洲—太平洋地区的可见光和红外图像。其可见光通道空间分辨率达 0.5 km，红外通道为 2 km，全圆盘观测更新的时间间隔为 10 min，业务上获取资料的延迟时间约为 15 min。除了这些观测通道产品外，日本气象厅还提供了丰富的二次开发产品，包括云相态、云类型、云顶高度等。本数据集仅使用基本产品作为特征数据。

本数据集所用葵花卫星数据从日本宇宙航空研究开发机构(JACA)P-Tree 系统上下载，数据为等经纬度网格数据。可见光通道只在日间有数据，夜间没有观测数据。为了训练一个 24 h 可用的模型，故未采用可见光通道。红外通道中，根据每个通道的观测物理特性，选取了其与对流发生、发展相关的 7 个通道，详见表 16-2。

表 16-2　数据集中的雷达数据产品列表

数据类型	产品类型			物理特性	时间和空间分辨率/(min/km)
	通道	波长/μm	带宽/μm		
卫星	8	6.25	0.37	中高层湿度	10/2
	9	6.95	0.12		
	10	7.35	0.17	中低层湿度	
	11	8.60	0.32	云相态	
	13	10.45	0.30	云顶信息	
	14	11.20	0.20		
	16	13.30	0.20	云顶高度	

7 个通道的均一化卫星图像数据如图 16-4 所示。需要指出的是，由于文件保存为 16 位整数，因此在读取了数值之后，需要将数据除以 100，才是正确的数值。

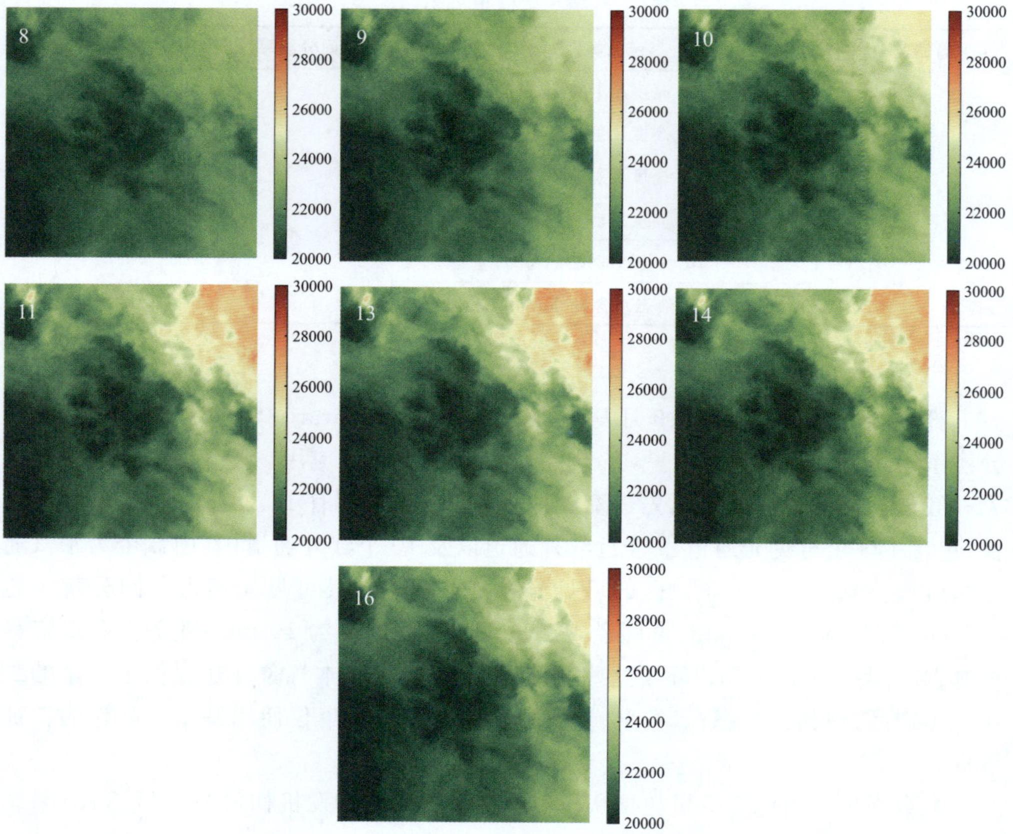

图 16-4　7 个通道均一化卫星图像数据产品

(2)强降水样本数据集的生成

强降水事件样本数据以发生的时间点和空间点为中心进行裁剪处理，每组强降水事件样本数据时间窗口为前后各2 h，共4 h，雷达观测数据时间分辨率为6 min，每组样本有41个时次。例如，当前时刻为12:00，则前后2 h的时间起止为10:00—14:00，按6 min一个时次，10:00为起始时次，14:00为终止时次，则共有41个时次。卫星观测数据时间分辨率为10 min，每组样本有24个时次。12:00前后2 h的起始时次为10:00，终止时次为13:50。以强降水发生地为中心，上下左右各128 km，即边长为257 km的正方形覆盖区域为该强降水事件的样本覆盖范围。考虑到后续深度学习模型训练对输入数据大小的要求，去掉覆盖区域的最后一行和最后一列，形成256 km×256 km的正方形区域。

强降水事件数据集中的雷达数据和卫星数据以Python环境下NumPy软件包的.npz压缩格式分别存储，雷达数据每个时次包含6个层的数据，分别是1.5 km、2.5 km、3.5 km、4.5 km高度层的回波反射率数据，以及ET和VIL。这6个层的数据叠加为6×256×256的矩阵，则将41个时次的数据叠加到一起，形成246×256×256的矩阵，即为一个样本的雷达回波数据。考虑到回波顶高和垂直积分液态水含量的数值会超过255，因此，样本数据以16位格式存储。经过.npz压缩后，每个样本数据的文件大小会不一致，强降水区域比较小，回波反射率等数据比较少的样本，最后生成的.npz文件会比较小。

卫星数据每个样本中包含葵花8号卫星中的7个波段，如表16-2所示。空间范围与雷达样本一致，由于卫星数据的空间分辨率为2 km，因此数据大小为128像素×128像素。每个样本的时间分辨率为10 min，包含了当前时刻前后各2 h的时次。因此，每个样本的数据叠加为24×7×128×128的矩阵。数据集文件名经过加密处理，以序列号进行命名，基本规则为：SATE_1074300105663009.npz和1074300105663009_rad.npz。其中，1074300105663009为该时刻的编码，SATE和rad分别表示卫星和雷达数据。所有的雷达和卫星数据分别放在对应的文件夹下，用户可自行划分训练集和验证集。训练集包含了2015—2020年的数据，验证集包含了2021年的数据，而测试集为2022年的数据。整个数据集的结构如图16-5所示。

(3)技术验证

本数据集主要用于强对流天气的回波外推预报，比较多源输入数据情况下外推结果的准确性。构建了基于Res模块(残差模块)和CBAM模块(卷积注意力机制模块)的Unet(U型网络)结构的外推网络作为基准网络，结构如图16-6所示。

主体结构基于UNet，用一系列Res＋CBAM模块替换普通的卷积模块。每一个下采样层，也用Res模块替换。Res＋CBAM模块、下采样模块、上采样模块、CBAM模块分别如图16-7所示。

本数据集包括1.5 km、2.5 km、3.5 km、4.5 km高度层的回波反射率、回波顶

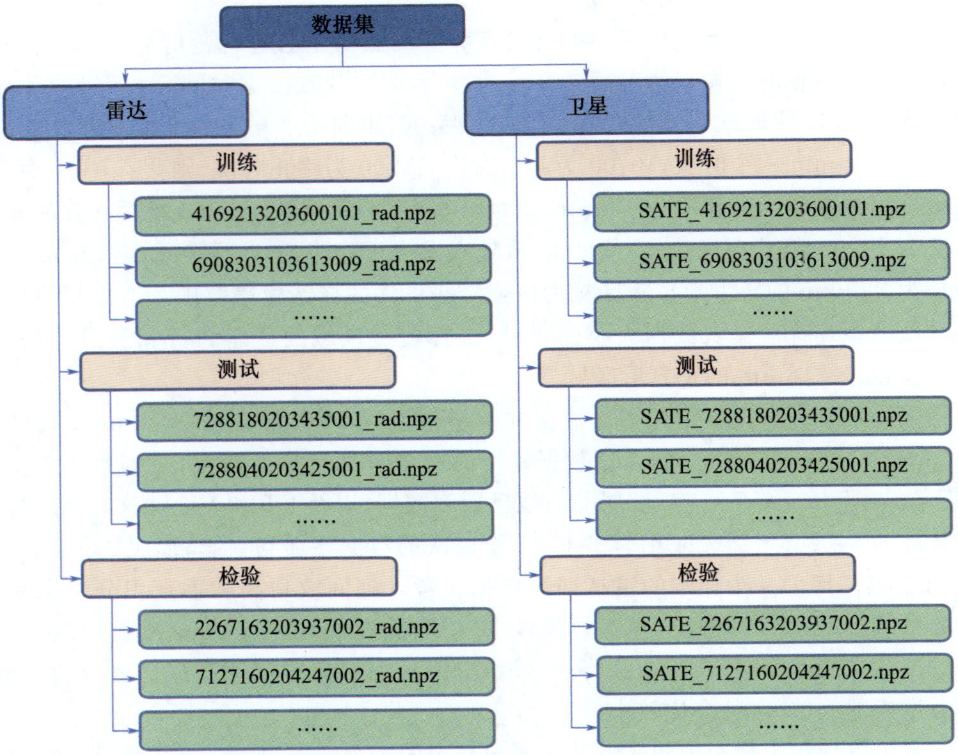

图 16-5　数据集结构图

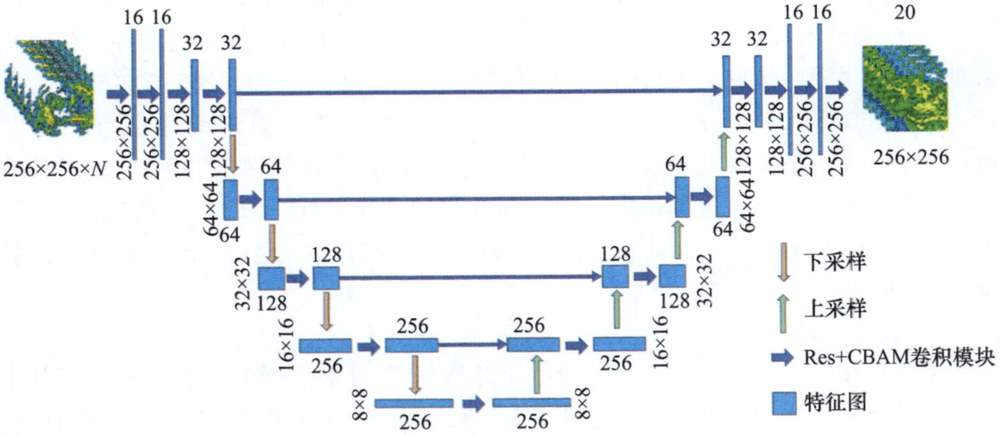

图 16-6　数据集外推基准网络

高、垂直可降水量,以及对应的卫星遥感数据,因此,在基准网络的基础上,输入前 2 h 的雷达和卫星数据,以预测未来 2 h 逐 6 min 的 2.5 km 处的雷达回波为目标,设置如表 16-3 所示的四种比较方案。

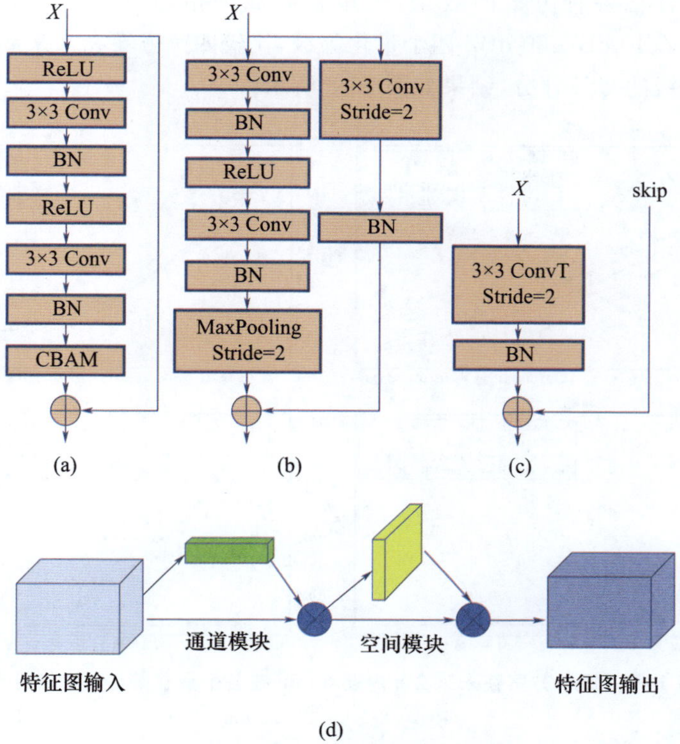

图 16-7　Res+CBAM 模块(a)、下采样模块(b)、上采样模块(c)和 CBAM 模块(d)

(Stride 代表步长;MaxPooling 代表最大池化;BN(Batch Normalization)代表批标准化,是一种用于加速神经网络训练、提升模型稳定性的技术;skip 代表跳跃)

表 16-3　数据集四种比较方案

序号	输入数据	数据尺寸
1	前 2 h 逐 6 min 的 2.5 km 处的雷达反射率	256×256×20
2	前 2 h 逐 6 min 的 1.5 km、2.5 km、3.5 km、4.5 km 的四层雷达反射率	256×256×80
3	前 2 h 逐 6 min 的 1.5 km、2.5 km、3.5 km、4.5 km 的四层雷达反射率、回波顶高、垂直可降水量	256×256×120
4	前 2 h 逐 6 min 的 1.5 km、2.5 km、3.5 km、4.5 km 的四层雷达反射率、回波顶高、垂直可降水量、卫星影像	256×256×204

上述四种方案采用同样的网络结构和参数,虽然每个方案输入数据的大小不一致,但是通过第一层卷积,即可将数据的维度调整一致。所有的对比试验均通过 Keras 进行实现,优化器采用 Adam,学习率设置为 0.0001,损失函数采用 L_1+L_2,所有输入数据需要先归一化到 0～1。2015—2021 年的数据用于训练,2022 年的数据用于测试。所有的模型均训练 100 个批次,批大小为 8。训练平台为单块 NVIDIA TESLA T4 GPU,16 G 显存,128 G 内存。

为了客观评估各种方案的效果,采用临界成功指数(CSI)作为评价指标,以 20 dBZ、30 dBZ、40 dBZ、50 dBZ 四个量化等级,比较四个方案在未来 2 h 内逐 6 min 在各个量化等级的 CSI 评分,结果如图 16-8 所示。

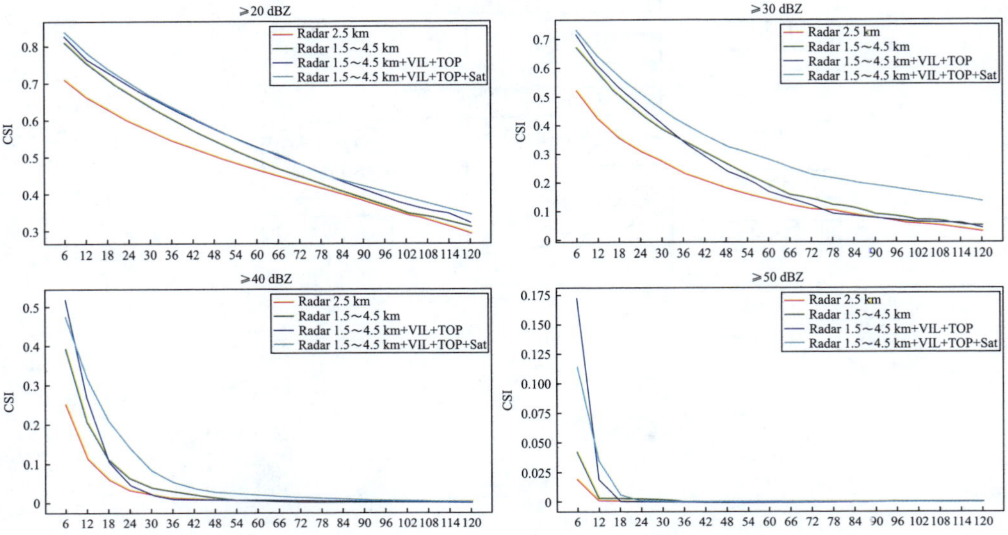

图 16-8　四个方案在未来 2 h 内逐 6 min 在各个量化等级的 CSI 评分

(Radar 2.5 km 为 2.5 km 高度处反射率因子,Radar 1.5～4.5 km 为 1.5 km、2.5 km、3.5 km、4.5 km 的四层雷达反射率反射率因子,Radar 1.5～4.5 km＋VIL＋TOP 为 1.5 km、2.5 km、3.5 km、4.5 km 的四层雷达反射率反射率因子＋垂直液态水含量＋回波顶高,Radar 1.5～4.5 km＋VIL＋TOP＋Sat 为 1.5 km、2.5 km、3.5 km、4.5 km 的四层雷达反射率反射率因子＋垂直液态水含量＋回波顶高＋卫星;横轴数字代表时间,单位:min)

从比较结果图中可以看出,总体而言,加入的数据越多,预报的 CSI 评分越高,说明新加入的数据能够提供更多的强对流回波的生消发展信息,有助于对未来回波的预测。

(4)使用说明

在使用本数据集进行雷达回波外推预测的过程中,数据的归一化非常重要。由于几个数据源的物理含义不同,导致每种数据源的最大值有差异,因此需要根据每种数据源的特点进行归一化。对卫星数据而言,最大值 48676 表示空值,因此在处理时经验性地将数据范围从 15000～30000 归一化到 0～1,实际使用过程中可以使用更好的归一化方法。本书用于基准测试的网络结构为比较常规化的 Res＋CBAM＋UNet 结构,训练时间和训练技巧也比较常规,可以看到在未来某些时次上,更多输入数据的 CSI 评分并不总是高于更少输入数据的 CSI 评分,因此,在实际使用数据集的过程中可以采用更先进的网络结构、更好的训练技巧,以取得更好的效果。

(5)代码可用性

所有的数据和源代码均可以通过开源的 GitHub repositorry 公开获取,其同时也提供了用于比较的预训练模型。代码运行环境为 Python 3.6、Ubuntu 16.04 LTS Version，使用一块 NVIDIA TESLA T4 GPU 可以训练一个模型。

3. 基于 GAN 的智能临近预报

深度学习技术作为一种先进的非线性数学模型，含有多层神经元，具有优异的特征学习能力，能够通过对海量数据进行自动学习，挖掘到数据的内在特征及其蕴含的物理规律，被广泛用来建立复杂的非线性模型。近年来，以深度学习为代表的人工智能技术具有针对不确定性问题进行分析、联想、记忆、学习和推断的能力，在图像识别、临近预报等领域取得了显著的进步。对流天气临近预报是一种基于时间和空间范畴的序列预测问题，已有学者将深度学习技术引入气象临近预报领域，取得了较好的应用成果。Shi 等(2015)提出了卷积长短时记忆单元的循环神经网络，对 0.5 mm/h 以上的降水预报准确率有明显提升。Wang 等(2017)提出了带有时空 LSTM(长短期记忆网络)单元的预测循环神经网络，在实际应用中取得了明显的性能提升。韩丰等(2019)在长短时记忆单元中增加时空记忆单元，对雷达反射率因子强度变化有一定的预报能力。Shi 等(2017)结合连续光流法，提出的 TrajGRU(轨迹门控循环单元)模型，能够更好地学习位置变化结构和权重，捕捉时空相关性。

GAN 方法模型由谷歌大脑团队科学家 Goodfellow 等(2014)首次提出，模型研究主要集中在传统的视觉领域，近几年在学术界受到广泛关注。

(1)基于生成对抗网络的人工智能临近预报方法

基于 GAN 的人工智能临近预报是对一系列雷达观测资料，运用卷积算法提取图像信息，获得图像特征，并通过损失函数训练模型进行预报的新技术。

① 模型的建立

如图 16-9 所示，利用 GAN 方法建立预报模型时，需要对输入的原始雷达图像进行 5 次卷积。首先对输入的雷达回波图像采用卷积层和纠正线性函数 ReLU(修正线性单元)修正叠加，提取图片初步特征，获得第一特征图。然后对第一特征图采用相同的方法进入下一轮卷积得到第二特征图。接着依次获得第三、第四特征图。最后对第四特征图采用卷积层和双曲正切函数 Sigmoid($S(x)$)进行修正叠加，获得第五特征图。通过堆叠 5 个卷积层从原始图像中提取的特征，建立预报模型，输出预报目标，再计算预报目标与真实目标图像之间的损失函数，并通过损失函数对模型进行训练，使模型向正确的方向优化。

② 模型的优化

对基于雷达图像的临近预报，这个模型存在以下两个问题。

a. 受卷积核影响，图像只能学习到较小范围的空间相关性

可以通过加入池化层缩小特征图，从而得到更大范围的空间相关性。但因为池化层会导致特征图像尺寸压缩，无法得到和输入图像序列一样大小的预测图像，所

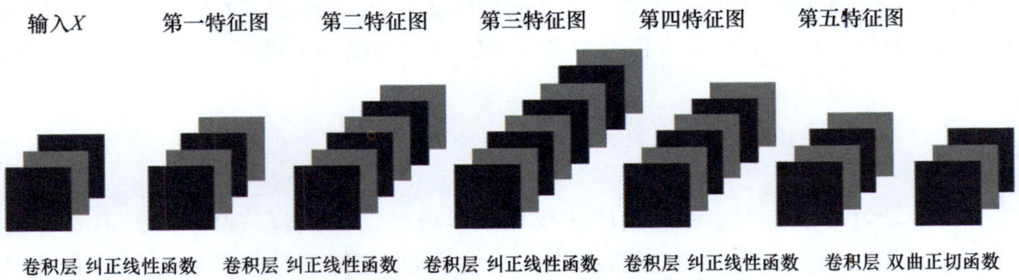

图 16-9　基于 GAN 方法的图像预测模型

以图像预测不可采用这种方式。

b. 对抗损失函数也会引起预测图像模糊

比如目标像素点的概率分布存在两种可能 v_1 和 v_2,选择$(v_1+v_2)/2$有助于减小差分损失函数,但$(v_1+v_2)/2$这个数值出现的概率非常小。

为解决问题 a,选择构造一个四级的图像金字塔网络,将图像尺寸逐次缩小,即边长逐次缩小为原始的 1/2、1/4、1/8、1/16,这样对于相同的卷积核,可以获得更大的空间相关性。但缩小后的图片会非常模糊,所以需要将缩小的图像经过卷积后的特征图放大,与更大一级尺度图像拼接,再进行下一轮卷积(图 16-10)。

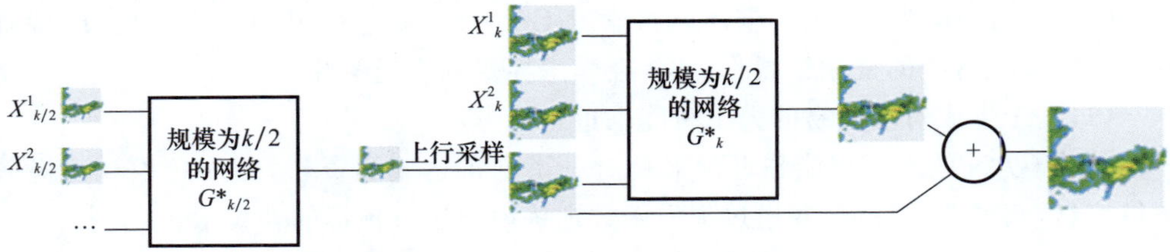

图 16-10　四级的图像金字塔卷积示意图

一个 GAN 方法框架,最少拥有两个组成部分,一个是生成器(G),一个是判别器(D)。本研究中,生成器为预报模型,通过学习真实图像分布让自身生成的图像更加逼真,以骗过判别器。判别器则需要对接收的图片进行真假判别。在训练过程中,会把生成器生成的样本信息和真实样本信息传递给判别器。判别器的目标是尽可能正确地识别出真实样本,和尽可能正确地剔除生成的假样本。

对金字塔卷积四个不同的尺度,需要设计四个不同的生成器与判别器,二者主要部分都是卷积层,主要参数设置如表 16-4 所示。

表 16-4　生成器与判别器卷积层参数设置

生成器	G1	G2	G3	G4
特征图片数	128,256,128	128,256,128	128,256,512,256,128	128,256,512,256,128
卷积层内核大小	3,3,3,3	5,3,3,5	5,3,3,3,5	7,5,5,5,5,7

续表

判别器	*D*1	*D*2	*D*3	*D*4
特征图片数	64	64,128,128	128,256,256	128,256,512,128
卷积层内核大小	3	3,3,3	5,5,5	7,7,5,5
全连接	512,256	1024,512	1024,512	1024,512

生成器除了最后一层激活函数使用双曲正切函数 Sigmoid($S(x)$)外，前面几层的激活函数都是纠正线性函数 ReLU，判别器的各个卷积层使用 ReLU 激活函数，且跟随有一个最大池化层，卷积层之后有两层全连接，第一层使用 ReLU，第二层使用双曲正切函 Sigmoid($S(x)$)，其中：

$$S(x)=\frac{1}{1+e^{-x}} \tag{16-1}$$

③ 模型的训练

a. 损失函数(loss)的计算

为解决预报模型的可用性问题，对构建的 GAN 模型采用两个损失函数进行协同优化训练。根据生成器、判别器的损失函数，对模型进行共同优化训练。

原始的 GAN 方法模型使用随机噪声作为输入初始值，完全依赖对抗损失函数进行模型优化，计算量很大。对于临近预报的雷达图像预测问题，需要输入预测时刻向前的多个时次、多个高度层的图像。这些输入的雷达图像也可以理解为一张图像的多个通道，对目标时刻的雷达回波，在获取了相应特征后进行预测，并采用公式(16-2)对抗损失函数对判别器进行优化：

$$L_{\mathrm{adv}}^{D}(X,Y)=\sum_{k=1}^{N_{\mathrm{scales}}}L_{\mathrm{bce}}(D_k(X_k,Y_k),1)+L_{\mathrm{bce}}(D_k(X_k,G_k(X)),0) \tag{16-2}$$

式中：X 和 Y 分别为输入图像序列和目标时刻真实雷达回波图像，对图像的多个尺度 k，分别得到生成结果 $G_k(X)$；L_{adv}^{D} 为对抗损失函数，由生成器和判别器的博弈目标组成；N_{scales} 为不同尺度；L_{bce} 为判别器对真实数据的损失；D 为判别器负责区分生成图像与真实图像。

对生成器，有公式(16-3)对抗损失函数：

$$L_{\mathrm{adv}}^{G}(X,Y)=\sum_{k=1}^{N_{\mathrm{scales}}}L_{\mathrm{bce}}(D_k(X_k,G_k(X_k)),1) \tag{16-3}$$

得到损失函数后，对模型进行迭代训练。

b. 模型训练

训练中，判别器的目标是尽可能正确地识别出真实样本(输出为“真”，或者 1)，并尽可能正确地剔除生成的假样本(输出为“假”，或者 0)。这两个目标分别对应目标函数公式(16-4)的第一和第二项。而生成器的目标则和判别器相反，即尽可能使其被判别器剔除的概率最小化。

$$\min_{G}\max_{D}V(D,G)=E_{x\sim p_{\text{data}}(x)}[\log D(x)]+E_{z\sim p_{(z)}}[\log(1-D(x))] \tag{16-4}$$

式中:等式右侧第一项为生成器对抗损失,第二项为判别器对生成样本的损失。

对于每一次迭代过程,判别器和生成器分别更新雷达回波图片特征信息。

对判别器,从真实图像数据集中获取雷达图像样本$\{x_1,x_2,x_3,\cdots,x_n\}$,再从真实图像数据集中获取历史雷达图像样本$\{z_1,z_2,z_3,\cdots,z_n\}$。对每个历史图像样本$z_k$,通过生成器得到预测回波图像$\widetilde{V}_k=G(z_k)$,根据公式(16-5)和公式(16-6)更新判别器的模型参数θ_{d}:

$$\widetilde{V}=\frac{1}{m}\sum_{i=1}^{m}\log D(x^i)+\frac{1}{m}\sum_{i=1}^{m}\log D(1-D(\widetilde{x}^i)) \tag{16-5}$$

$$\theta_{\mathrm{d}}\leftarrow\theta_{\mathrm{d}}+\eta\nabla\widetilde{V}(\theta_{\mathrm{d}}) \tag{16-6}$$

式中:$\widetilde{V}$为损失函数;$D(x^i)$为真实雷达图像的判别结果;$D(\widetilde{x}^i)$为判别器对生成器生成的图像(回波预报)的判别结果;$\nabla\widetilde{V}(\theta_{\mathrm{d}})$为梯度偏导数;$\theta_{\mathrm{d}}$为模型参数变量,模型每训练一次修正一次结果,并把训练结果反向传播给模型进行修正;η为学习率,训练时根据经验指定,初始值设为0.00004。

对于生成器的每一次迭代过程,从真实回波图像数据集中获取历史图像样本$\{z_1,z_2,z_3,\cdots,z_n\}$,根据公式(16-7)和公式(16-8)更新判别器的模型参数θ_{g}:

$$\widetilde{V}=\frac{1}{m}\sum_{i=1}^{m}\log D(1-D(G(z^i))) \tag{16-7}$$

$$\theta_{\mathrm{g}}\leftarrow\theta_{\mathrm{g}}+\eta\nabla\widetilde{V}(\theta_{\mathrm{g}}) \tag{16-8}$$

式中:$G(z^i)$为通过真实雷达图像和θ_{g}共同计算出来的结果;θ_{g}为模型参数变量,模型每训练一次修正一次结果,并把训练结果反向传播给模型进行修正。

第一代的生成器产生雷达回波,并把这些回波和真实的回波放在第一代的判别器中学习,让第一代的判别器能够真实地分辨出生成的图片和真实的图片。然后又有了第二代的生成器。第二代生成器产生的回波图像,能够骗过第一代的判别器。此时,再训练第二代的判别器,依次类推。

生成器和判别器就组成了一个最小—最大游戏,在训练过程中双方都不断优化自己,直到达到平衡——双方都无法变得更好,也就是假样本与真样本完全不可区分,然后用输出回波进行临近预报。

GAN方法本身没有明确的"预报"过程。在模型的训练过程中,使用历史序列雷达图片和1 h内预测目标的数据作为训练样本。这样模型在训练中学到的输出就是未来1 h的预报,然后进行临近预报。对抗学习模型见图16-11。

(2)预报个例试验

① 飑线天气过程

飑线自广东西北向东南移动,影响广东中东部地区。广东的12部雷达完整地记录了这次由高空槽、切变线和冷空气共同作用的飑线的演变过程。GAN人工智能

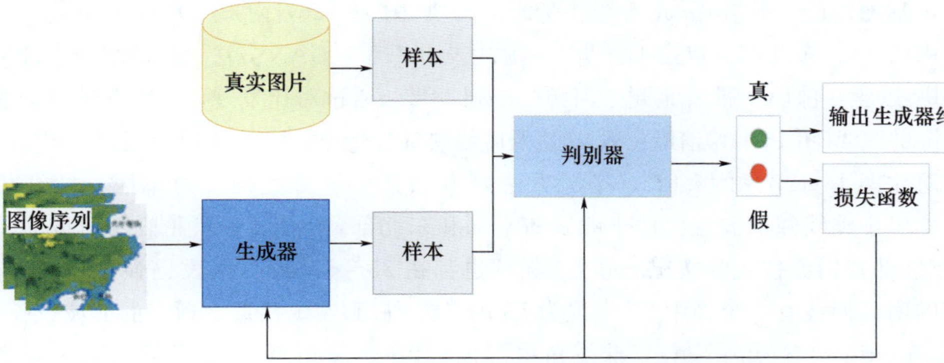

图 16-11　基于 GAN 方法的人工智能临近预报对抗学习模型

预报方法对本次飑线过程进行了 60 min 的临近预报，对这次飑线过程的形状、强度、速度等进行外推临近预报试验。

从图 16-12 中可以看出，60 min 实况中南部这段飑线前沿位于东莞中部—中山南部一带，预报的飑线前沿(图 16-12b)位于东莞中南部—中山南部一带，和实况较接近，东北部飑线预报位置也与实况比较一致，说明预报的飑线的移动速度和实况较一致。

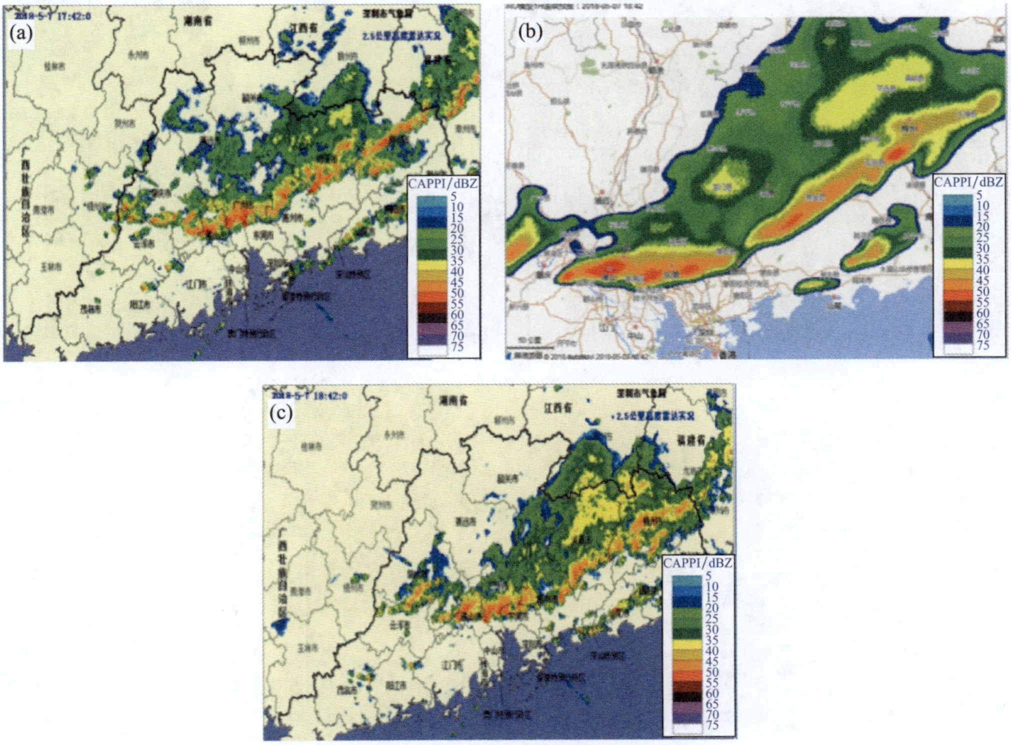

图 16-12　GAN 对飑线过程起报时间雷达实况(a)、GAN 人工智能方法预报 60 min 后回波(b)和 60 min 后回波实况(c)

60 min 后飑线已经分裂,形成南部和东北部两块(图 16-12c):南部一块位于东莞—中山—佛山一带,东北部一块位于惠州—河源—梅州一带。GAN 方法预报的飑线也分裂成两块:东莞—佛山一带及惠州—河源—梅州一带。通过对比发现,GAN 方法预报的 60 min 的飑线(图 16-12b)前沿位置、速度及飑线缺口与飑线实况(图 16-12c)比较一致。

对比图 16-12b、图 16-12c,GAN 方法基本预报出了飑线强反射率因子特征位置。实况中飑线强回波主要位于飑线的南部和东北部,南段强于东北段。预报的南段、东北部强回波位置和实况较接近,强度也都在 35～50 dBZ,南段也强于东北段。预报的南部回波有 3 个强中心,最强为 53 dBZ 左右,和实况接近。预报的回波较长,达到 150 km 左右,几乎覆盖了珠三角中部地区,和实况相当;东北段回波强中心和实况也大致相当。不过,预报的强回波范围比实况偏大。

② 季风低压降水天气过程

受季风低压影响,广东沿海出现持续强降水。不断北涌的西南季风在华南沿海辐合,造成从阳江到揭阳沿海一线出现大范围大暴雨到特大暴雨。

对回波进行 60 min 的临近预报试验(图 16-13)。对比这次季风降水过程雷达反射率因子 60 min 实况(图 16-13c)和 60 min 预报(图 16-13b),GAN 方法预报出了横

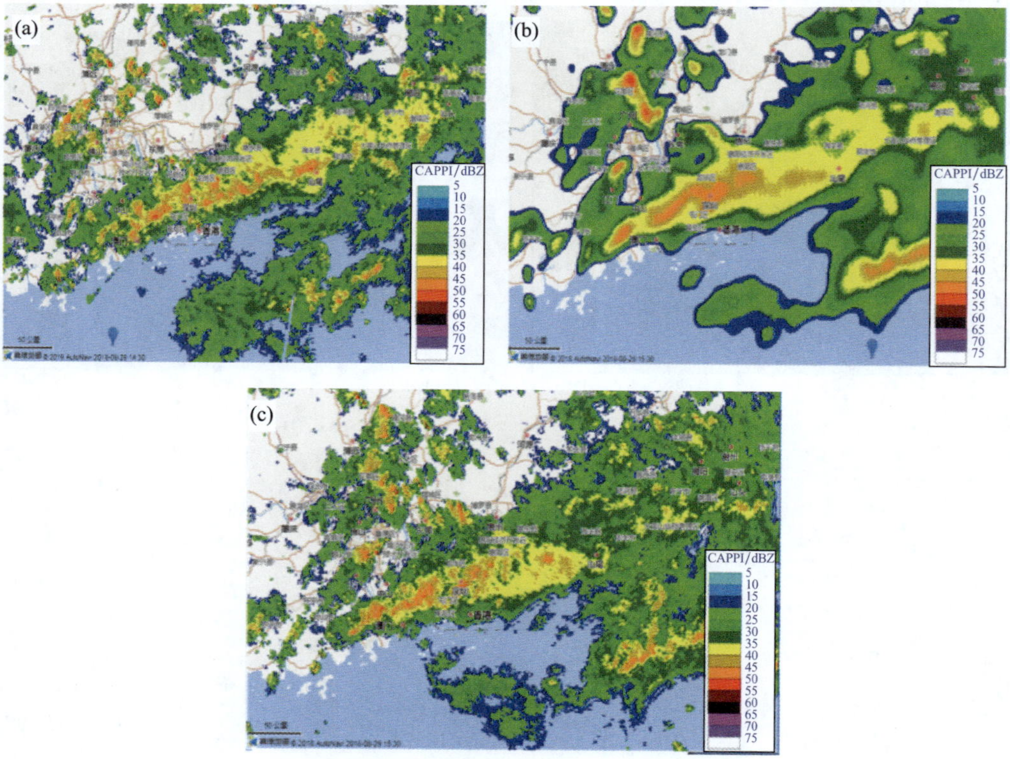

图 16-13　季风低槽降水雷达图起报时雷达实况(a)、GAN 方法预报 60 min 后回波(b)和 60 min 后雷达回波实况(c)

卧在华南沿海的东西向带状强降水回波。预报的强回波主要位于澳门西北部和广东中山、广州南部、深圳及惠州一带，和实况位置大致相当。强回波强度、形状也与实况比较接近。

③ 层状云降水过程

每年秋冬季节，受冷空气影响，华南地区经常出现由锋面系统带来的降水。这种降水常以层状云降水为主，雨量、雨强均不大，造成的灾害影响往往不如对流系统降水大，但常常造成路面湿滑，能见度较差，给市民生活造成一定影响。

受冷空气和底层弱切变线共同影响，广东中南部地区出现持续降水。期间广东省最大小时雨强均在 2 mm 以下，属于层状云降水。

图 16-14 为 GAN 方法对本次层状云降水过程反射率因子拼图外推试验。起报时间实况为图 16-14a，图 16-14b 为 60 min 预报。从回波分布上看，GAN 预报出了珠江口西侧回波，但和实况相比，回波位置、形状、强度都有比较大的差异，而东部惠州、河源预报的回波几乎减弱消失，实际上这一带仍有层状云降水回波。GAN 方法虽然预报出了珠江口西侧的回波，但和实况有明显差异，而东部回波预报基本失败。由此可知，GAN 方法对层状云的预报效果较差，可能和模型训练过程中以对流性降水样本为主有关。

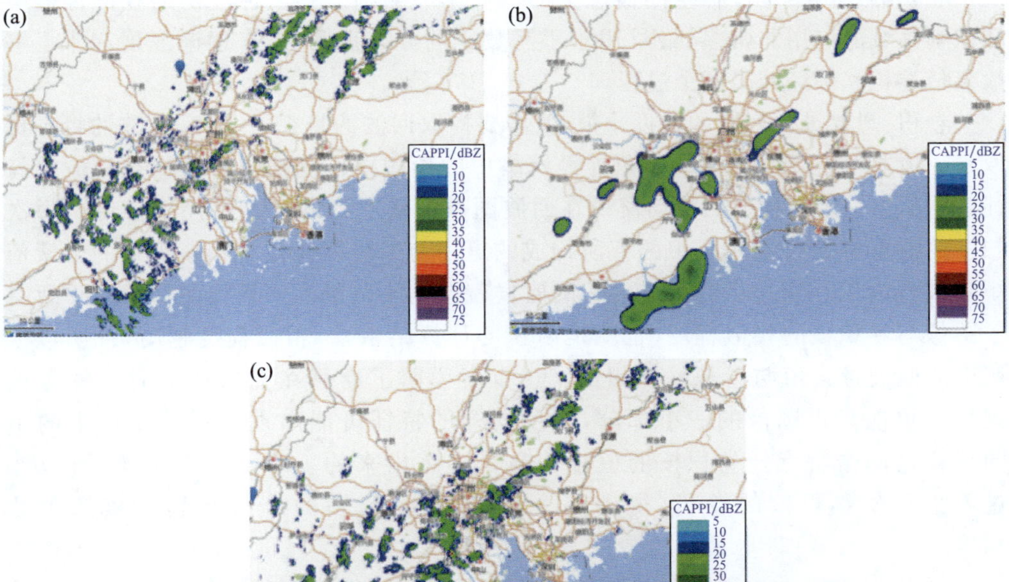

图 16-14　层状云降水雷达图起报时间雷达实况(a)、GAN 方法预报 60 min 后回波(b)和 60 min 后雷达回波实况(c)

从以上不同类型的天气过程的试验结果可以看出,GAN 智能临近预报方法对飑线、季风低压降水等过程预报效果较好,但对层状云降水的预报效果较差。

在实际应用中,模型难以训练是困扰很多研究人员的问题。GAN 只使用反向传播即可完成训练,且可以和大部分现有的生成网络法相结合使用。但 GAN 的网络自由度高,训练难度大,且两个模型是分开训练的,可能出现两个模型之间的不同步,如果一个模型训练过快,会影响另一个模型的训练,造成训练不稳定,梯度消失,模式崩溃。

4. 基于卷积门控循环单元神经网络的临近预报

虽然基于深度学习的临近预报在技术上取得了一定的成果,但总体来说,如何利用深度学习提高强对流天气临近预报的精准度仍需进行深入研究。目前,对对流天气临近预报的深度学习网络模型主要有三种:卷积神经网络、循环神经网络以及将这两种神经网络相结合的模型。

(1)卷积神经网络和循环神经网络简介

① 卷积神经网络

卷积神经网络是一种空间概念上的深度学习结构。卷积神经网络在图像分类和识别领域的应用非常多,最早用于手写数字的分类识别,后来逐渐发展起来。一般包括卷积和神经网络两个过程。

卷积:想要进行回波的临近预报,就需要提取回波的特征。因此,回波的特征提取是一项非常重要的工作。卷积神经网络中的卷积操作能够较好地抓住回波的特征。卷积由一个带权值的滑动窗口在回波图像上从左到右、从上到下地扫描,每次扫描的时候都会将卷积核中的值所构成的矩阵与回波图像被卷积核覆盖的像素值矩阵进行内积。当这个卷积核卷积的时候就会在小范围内计算出图像中几乎所有子图像与卷积核的相似程度(也就是内积的计算结果)。相似程度越高,说明该区域中的回波像素值与卷积核越相似。这也就说明了卷积在提取特征时能够考虑到特征可能只占图像的一小部分,以及同样的特征可能出现在不同图像中的不同位置这两个特点。卷积核的值很明显是训练出来的。对于一个图像,可以经过不止一个卷积核的卷积,得到多个特征图,特征图的个数与卷积核的个数相等。

池化:从上面的卷积层可以看到,我们的目的是对一个图像进行特征提取,最终得到一个 N 通道的图像,但是,如果卷积核的数量太多,得到的特征图数量也会非常多。这时就需要池化层来降低卷积层输出的特征维度,同时可以防止过拟合现象。通过池化层可以降低图像的维度。池化就是将输入图像进行缩小,减少像素信息,只保留重要信息。池化的操作也很简单,通常情况下,池化区域是 2 行×2 列的大小,并按一定规则转换成相应值,例如,最常用的有最大池化。最大池化保留了每一小块内的最大值，即相当于保留了这一块最佳的匹配结果。最大池化不仅缩小了图像的大小，减少后续卷积的计算量，而且保留了最佳的特征（如果回波图像是经过卷积后的特征图），也就相当于把图缩小了，但主要特征还在，这就考虑到了缩放回波图像的大小对回波的特征影响可能不大的特点。通常来说，卷积、池化可以多叠加几层，以便用来提取特征。

全连接网络：卷积与池化能够很好地提取图像中物体的特征，当提取好特征之后就可以开始使用全连接网络进行分类了。全连接网络的大致结构如图 16-15 所示。

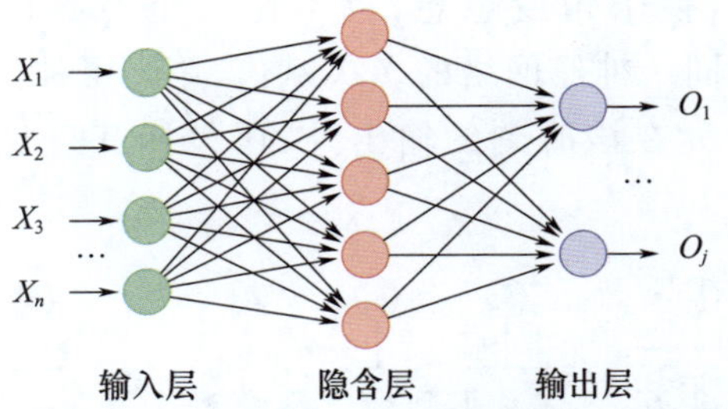

图 16-15　全连接网络结构图（图中 X 为进行扁平后的回波特征图，O 为输出的神经元）

其中，输入层通常指的是对回波图像进行卷积、池化等计算，并进行扁平后的特征图。隐含层中每个方块代表一个神经元，每一个神经元可以看成是一个很简单的线性分类器和激活函数的组合。输出层中神经元的数量一般为标签类别的数量。

参数学习：CNN 的神经网络，先经过前向传播，得到当前的预测值，再计算误差，将误差反向传播，更新全连接层的权值和卷积核的参数。与全连接神经网络相比，卷积神经网络的训练要复杂一些。但训练的原理是一样的：利用链式求导计算损失函数对每个权重的偏导数（梯度），然后根据梯度下降公式更新权重。

对于回波图像识别任务来说，卷积神经网络通过尽可能保留重要的参数，去掉大量不重要的参数，来达到更好的学习预报效果。

② 循环神经网络

循环神经网络和卷积神经网络是深度学习领域中常见的两种神经网络结构。虽然它们都是神经网络模型，但是它们的设计和应用场景有很大的不同。

循环神经网络是基于时间序列数据的处理，其网络结构是由一个或多个循环层组成的。每个循环层都会接收来自上一层的输出，并将其与当前时间步的输入一起进行处理，从而得到当前时间步的输出。

在现实生活中，例如对一个演讲进行语音识别，演讲者每讲一句话的时间几乎都不太相同，但识别演讲者的讲话内容还必须要按照讲话的顺序进行。这就需要一种能力更强的模型：该模型具有一定的记忆能力，能够按时序依次处理任意长度的信息。这个模型就是循环神经网络。

循环神经网络临近预报方法,神经元输出的回波可以在下一个时刻直接作为输入的回波信息(图 16-16)。

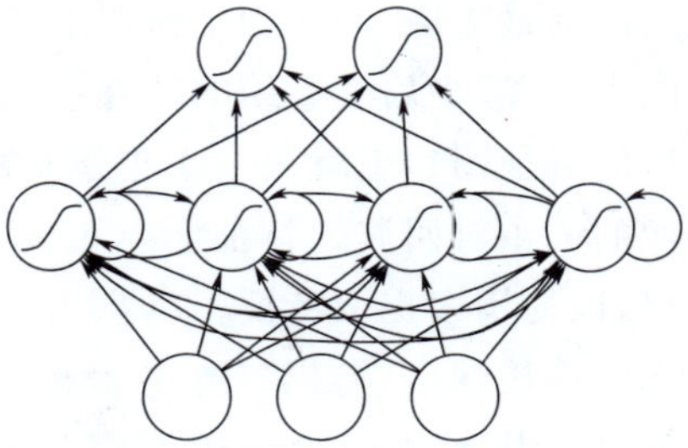

图 16-16 循环神经网络结构

从图 16-16 可以看出,RNN 相比经典的神经网络结构多了一个循环圈,这个圈就代表神经元输出的回波在下一个时刻还会返回来作为输入的一部分。这些循环让 RNN 看起来似乎很神秘。然而,换个角度想想,也不比一个经典的神经网络难于理解。RNN 可以被看作是对同一神经网络的多次赋值,第 i 层神经元在 t 时刻的回波输入,除了$(i-1)$层神经元在该时刻的输出外,还包括其自身在$(t-1)$时刻的输出(图 16-17)。

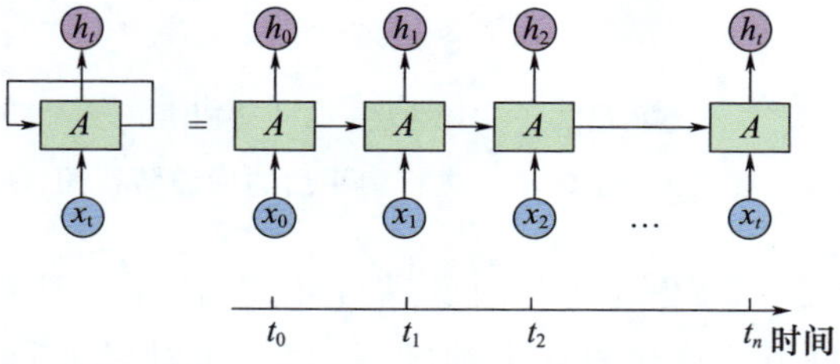

图 16-17 RNN 是对同一神经网络的多次赋值

(X 代表输入;A 代表神经网络单元,是 RNN 的核心特性;
h 代表隐藏状态,通过隐藏状态将前序信息传递到后续时间步,形成“记忆”)

在不同的时间点,RNN 的输入都与之前的时间回波状态有关,t_n 时刻网络的输出结果是该时刻的输入和所有历史共同作用的结果,这就达到了对时间序列建模和预报的目的。

不幸的是,随着间隔的不断增大,RNN 会出现“梯度消失”或“梯度爆炸”的现象,这就是 RNN 的长期依赖问题。例如,我们常常使用 sigmoid 作为神经元的激励函数,如对于幅度为 1 的信号,每向后传递一层,梯度就衰减为原来的 0.25,层数多时,梯度指数衰减到底层基本上接收不到有效的信号,这种情况就是“梯度消失”。因此,随着间隔的增大,RNN 会丧失学习连接远的信息的能力。

长短期记忆网络是一种 RNN 特殊的类型,可以学习长期依赖信息。

从图 16-18 可以看出,中间有一个 cell(细胞),这也是 LSTM 用于判断信息是否有用的“处理器”。同时,cell 旁边被放置了三扇门,分别是输入门(Input Gate)、遗忘门(Forget Gate)和输出门(Output Gate)。一个回波信息进入 LSTM 的网络当中,可以根据规则来判断该信息是否有用,只有符合要求的回波信息才会被留下,不符合的信息则会通过遗忘门被遗忘。

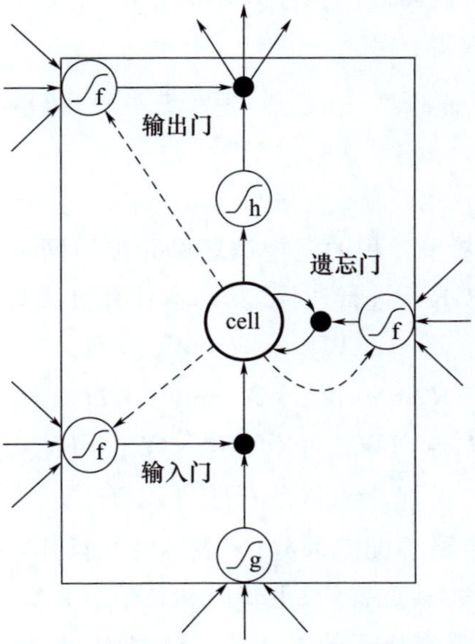

图 16-18　长短期记忆网络单元结构图

LSTM 巧妙地通过“门”的形式，利用开关实现时间上的记忆功能，是解决长期依赖问题的有效技术。

③ 卷积神经网络和循环神经网络相结合的模型

将卷积神经网络和循环神经网络这两种神经网络相结合的模型，可以同时学习到时间和空间的特征，更适合解决对流天气的临近预报问题。

(2)基于 ConvGRU 临近预报模型

① ConvGRU 模型

传统的循环神经网络在训练时产生梯度爆炸或者梯度消失，无法很好地处理长期依赖。门控循环单元(GRU)是在传统循环神经网络上进行改进的，它是 LSTM 的变体，简化了 LSTM 的结构，只有更新门(Update gate)和重置门(Reset gate)。GRU 模型虽然参数更少、模型简单，但能保持与 LSTM 相当的性能，训练收敛时间更快。它既继承了 RNN 探索序列数据内在依赖关系的能力，又能解决传统 RNN 因序列过长而导致的梯度消失、训练时间长和过拟合等问题，并提升了局部优化能力和网络泛化能力。

更新门的主要作用是控制前一时刻状态信息流入当前状态的量，其计算公式为：

$$z_t^j=\sigma(W_z x_t+U_z h_{t-1})^j \tag{16-9}$$

重置门的主要作用是控制遗忘前一时刻节点状态信息的程度，其计算公式为：

$$r_t^j=\sigma(W_r x_t+U_r h_{t-1})^j \tag{16-10}$$

式中：z_t^j 和 r_t^j 分别是更新门和重置门的结果，σ 为非线性激活函数，h_{t-1} 表示前一时刻的状态，x_t 为输入的雷达回波图像序列，W_z 、W_r 、U_z 和 U_r 为卷积核，j 为层数。则当前状态由以下公式获得：

$$h_t^j = (1 - z_t^j)h_{t-1}^j + z_t^j h_t^{j'} = (1 - z_t^j)h_{t-1}^j + z_t^j[\tanh(W_{x_t} + U(r_t \odot h_{t-1}))j] \tag{16-11}$$

式中：⊙ 表示元素相乘。

与 GRU 网络相比，基于卷积的门控循环单元神经网络具有更强的学习能力，因此使用基于卷积的 ConvGRU 进行建模，其基本计算公式如下：

$$Z_t = \sigma(W_{xz} * X_t + W_{hz} * H_{t-1}) \tag{16-12}$$

$$R_t = \sigma(W_{xr} * X_t + W_{hr} * H_{t-1}) \tag{16-13}$$

$$H'_t = f(W_{xh} * X_t + R_t \circ (W_{hh} * H_{t-1})) \tag{16-14}$$

$$H_t = (1 - Z_t) \circ H'_t + Z_t \circ H_{t-1} \tag{16-15}$$

式中：为了简化，公式中省略了偏差部分；$*$ 表示卷积操作；$\circ$ 表示哈达玛积；H_t、R_t、Z_t 和 H'_t 分别表示记忆状态、重置门、更新门和新信息；X_t 是输入张量；f 是激活函数，是负斜率为 0.2 的带泄露修正的 ReLU。H 和 W 是状态和输入张量的高和宽。每当新的输入到来时，重置门就会控制决定是否清除掉前一状态，更新门就会控制新信息进入状态的量。

② 多损失函数加权

损失函数的作用是测量预测值与真实值之间的差异，用于对训练过程进行指导。目前，常用的损失函数有交叉熵、均方根误差等，每种损失函数有其应用场景和特点。由于平均绝对误差(MAE)损失函数与均方误差(MSE)损失函数平均了整幅图的误差，在预测后期数值趋向于平均，视觉上图像分布与真实图片差异很大，为了预测图像更加符合真实分布，引入了图像梯度差损失函数(GDL)，该损失函数可以让训练更加注重图像整体结构而忽略局部噪声影响。图像梯度是考虑图像每个像素的某个邻域内的灰度变化，利用边缘邻近的一阶或二阶导数变化规律，对原始图像中像素某个邻域设置梯度算子，图像梯度差损失函数能够最小化两幅图像对应点的梯度大小的差异。综合应用多个损失函数可以更好地平衡各损失函数的特点，同时，由于雷达回波预测的准确度评估与其他图像预测有所区别，定义了多损失函数加权策略：

$$L = w_1 \times \text{MAE} + w_2 \times \text{MSE} + w_3 \times \text{GDL} \tag{16-16}$$

式中：由于雷达回波反射率数据的 MSE 损失函数值比较大，为了与另外两个损失函数具有可比性，取 $w_1 = 1, w_2 = 0.001, w_3 = 1$。

MAE 定义为：

$$\text{MAE}(y, y') = \frac{1}{H \times W}\sum_{i,j} |y_{i,j} - y'_{i,j}| \tag{16-17}$$

MSE 定义为：

$$\mathrm{MSE}(y,y')=\frac{1}{H\times W}\sum_{i,j}(y_{i,j}-y'_{i,j})^2 \tag{16-18}$$

GDL 定义为：

$$\mathrm{GDL}(y,y')=\sum_{i,j}[(|y_{i,j}-y_{i-1,j}|-|y'_{i,j}-y'_{i-1,j}|)^{\alpha}+(|y_{i,j-1}-y_{i,j}|-|y'_{i,j-1}-y'_{i,j}|)^{\alpha}] \tag{16-19}$$

式中：y 和 y' 为实际回波图像和预测回波图像，H 和 W 为图像的高和宽，i 和 j 为像素坐标，α 为大于或等于 1 的整数。

③ 预报模型的建立

利用过去 1 h 逐 6 min 的覆盖广东省范围的雷达回波反射率因子拼图(CAPPI)数据(连续 10 帧)，基于 ConvGRU 框架搭建三层的自编码模型(Encoder-Decoder)进行训练，建立雷达回波预测模型，预测未来 2 h 逐 6 min、连续 20 帧雷达回波图。如图 16-19 所示，假设当前 n 时刻，模型依次输入 10 帧连续的雷达回波图像(In－9，In－8，…，In)，通过编码模块由低纬度至高纬度学习的图像特征，即经过卷积下采样缩小图像特征尺寸和 ConvGRU 单元学习图像序列特征后，得到中间向量，然后将中间向量输入至解码模块，通过转置卷积上采样增大图像特征尺寸和 ConvGRU 单元学习图像序列特征，输出未来预测雷达回波图像，在时间上展开运行 20 次即可输出未来 20 帧预测雷达回波图像(In＋1，In＋2，…，In＋20)，并且在训练过程中不断更新损失函数，使损失函数值不断降低。训练完成后，模型就可以根据某一时刻输入过去 10 帧的雷达回波图像，给出未来 20 帧雷达回波预测图像。

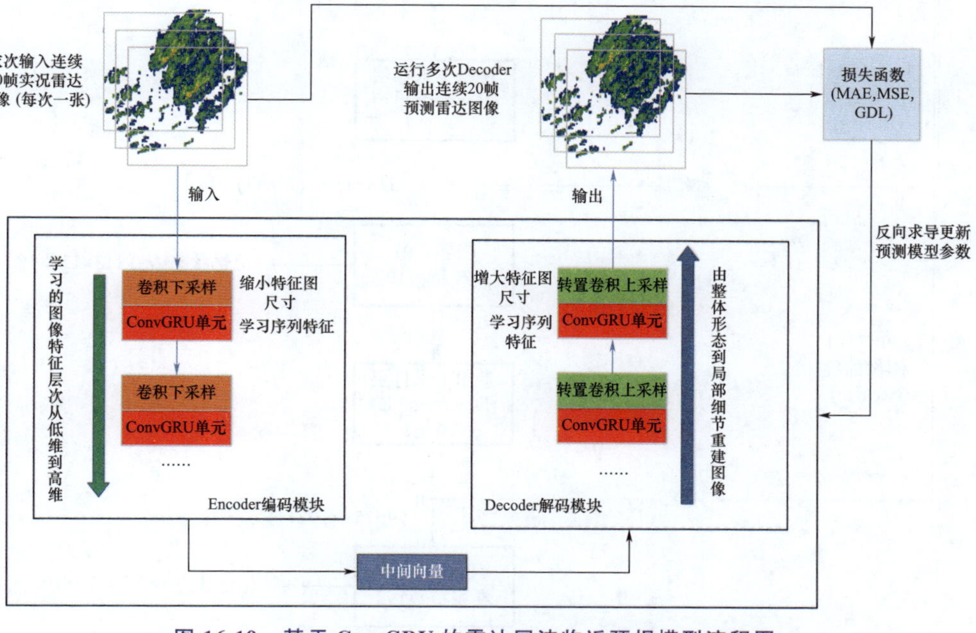

图 16-19　基于 ConvGRU 的雷达回波临近预报模型流程图

自编码模型包括编码模块(Encoder)和解码模块(Decoder)。图 16-20 为编码模块,首先对原始雷达回波图像进行预处理,通过图像填补、缩放,对图像边界信息进行补齐,使得输入图片尺寸一致;其次通过卷积下采样层,从雷达回波图像中提取特征,输入编码模块的第一层 ConvGRU 后,更新第一层 ConvGRU 的状态并且产生输出,传递给下一层 ConvGRU,而新的状态会被保留下来并用于下一个时间步,当输入时间序列按照时间步先后顺序依次输入编码模块后,编码模块中的三层 ConvGRU 为最终状态,编码模块的最终状态会传递给解码模块作为 Decoder 中三层 ConvGRU 的初始状态。

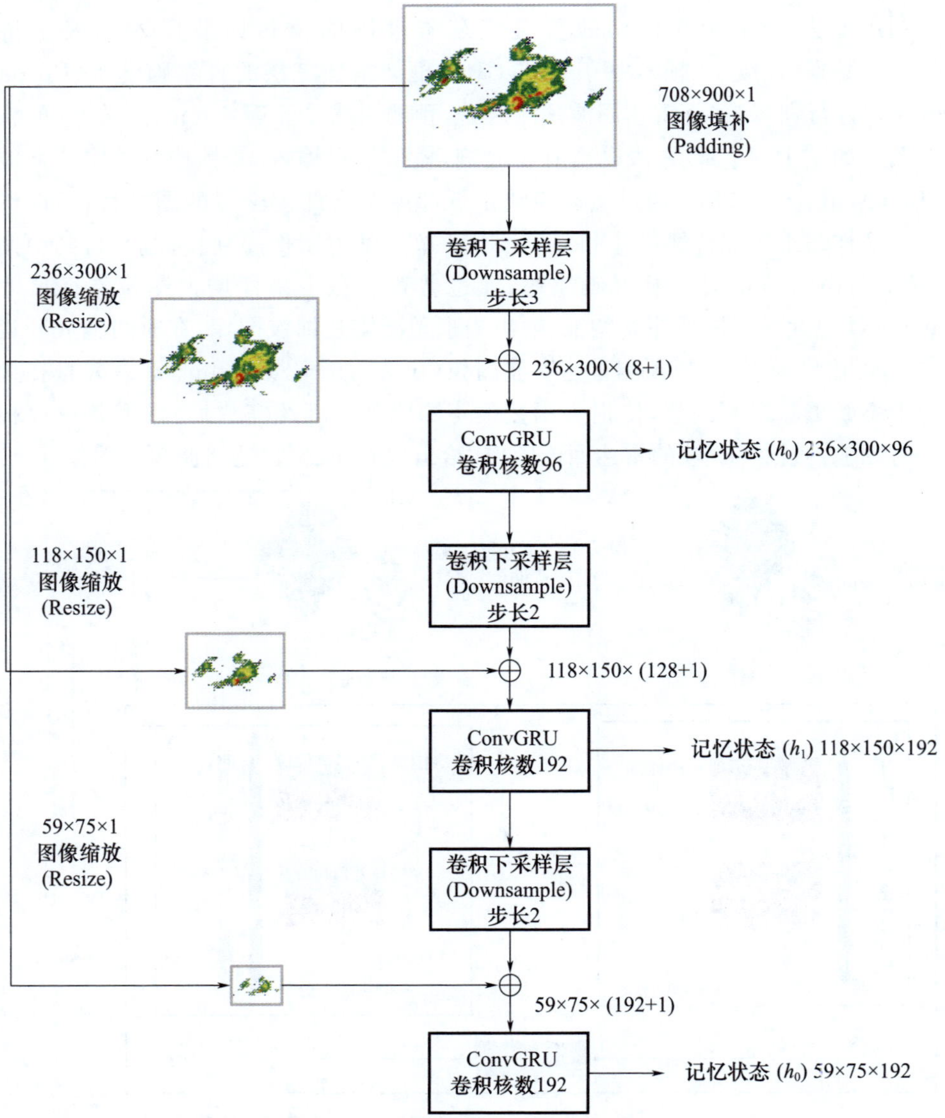

图 16-20 编码模块

解码模块是编码的逆过程(图略),Decoder 中 ConvGRU 的初始输入均为 0,在每一个时间步 Decoder 中的 ConvGRU 接受来自上层 ConvGRU 的输出,作为输入并不断更新自身记忆单元中的状态,每一个时间步 Decoder 最后一层 ConvGRU 的输出在经过处理后,得到未来预测的雷达回波图像。

训练过程的参数细节如下:初始学习率 10^{-4},学习率惩罚因子 0.5,批量大小设为 2,最终训练迭代为 30 万次。训练过程使用三层 ConvGRU 组成的 Encoder-Decoder 网络,GRU 卷积核数量分别为 96、192、192,卷积核尺寸分别对应为 5×5、3×3、3×3,编码模块下采样层和解码模块上采样层卷积数量分别为 8、128、192,卷积步长分别为 3、2、2,卷积核尺寸分别为 7×7、5×5、3×3,变量个数为 32 个,变量参数为 12085757。

(3)数据说明

用于 ConvGRU 模型的训练数据集和验证数据集为覆盖广东范围的 2015—2018 年共 4 年雷达资料 11 部新一代 S 波段多普勒雷达反射率因子拼图数据。将 2015—2017 年的数据作为训练集进行模型训练,2018 年数据作为交叉验证集,优化模型参数,没有任何人工特征选取的过程,直接使用逐 6 min 的雷达回波拼图数据;最后从 2019 年前汛期的 4 月 11 日至 5 月 11 日连续进行 1 个月的临近预报试验。2019 年数据没有参与模型训练和调参,可以客观地验证模型学习能力及临近预报效果。

(4)结果分析

① 西南季风天气过程

受西南季风和高空槽影响,广东北部、东部出现了大雨到暴雨,局部特大暴雨的降水,广东日平均雨量 42.1 mm,也是在业务试验期间内出现的最大日平均雨量。从图 16-21a 观测实况中可以看出,实况在珠江三角洲及粤东沿海地区有三个较强降水回波带,其中中部位于惠州沿海到河源南部一带降水雷达回波最强,35 dBZ 以上较强降水回波覆盖范围最广,整体上降水系统向东南方向移动且雷达回波强度有所减弱;在 1 h 后位于中部的较强降水回波带移到汕尾及南部海面上,35 dBZ 雷达回波覆盖区域明显减小(图 16-21b)。ConvGRU 方法(图 16-21c)预报的 1 h 降水雷达回波向东南方向移动的趋势,与实况较为一致,并且较强降水回波位置与实况也比较接近。但与实况相比,ConvGRU 方法预报的雷达回波图中,雷达回波的边缘轮廓较为模糊,丢失了一些细节,如对深圳—东莞一带的较强降水回波,几个位置相近的不同雷达回波单体,ConvGRU 方法预报图中融合为一个更大的回波,产生了虚报的问题。

② 飑线天气过程

飑线自广西进入广东西北部后,自西北向东南移动,影响了广东中东部地区,带来了短时强降水和雷暴大风。广东多普勒雷达网完整记录了这次由切变线和高空槽共同作用的飑线演变和移动过程。

图 16-22a 和图 16-22b 给出了起报时刻及 1 h 后的雷达回波实况,从图 16-22a

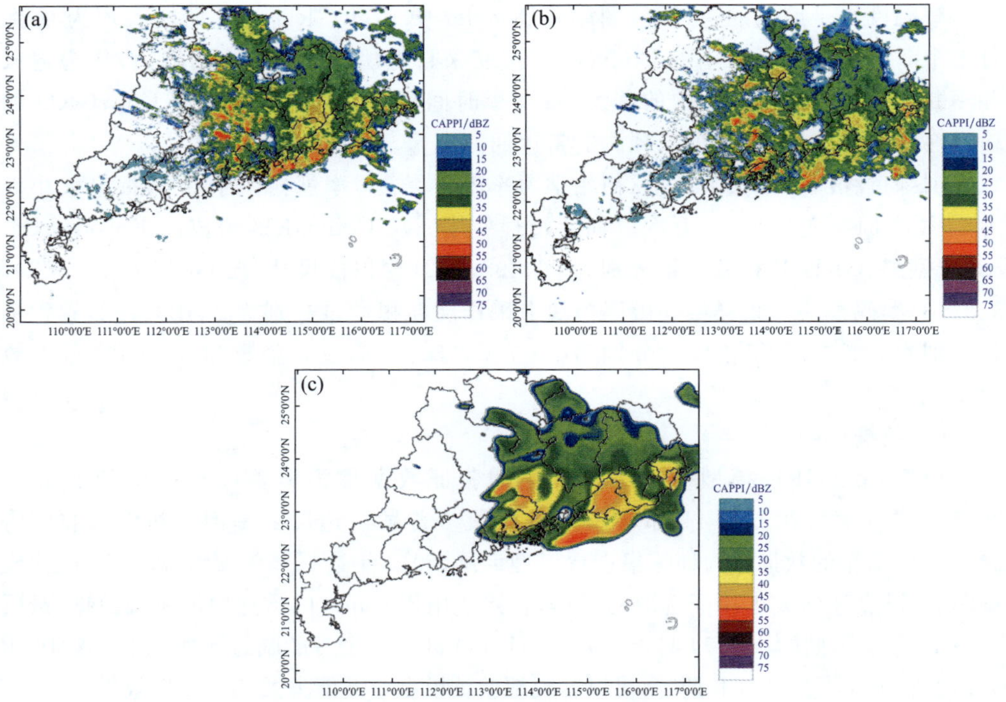

图 16-21 西南季风降水雷达实况和预报对比

(a)起报时间雷达实况;(b)1 h 后雷达实况;(c)ConvGRU 法预报 1 h 后回波

中可以看出,此时东北—西南走向的飑线强降水回波主要影响东莞西部—中山到江门北部一带,飑线西南端呈弓形,飑线后部在广州—佛山地区有 35～45 dBZ 的较强降雨云团。1 h 后飑线向东南方向移动,强降水回波移到东莞东部—深圳中部到珠海—江门南部一带,飑线南端降水回波强度有所减弱,整体呈东北—西南线状,飑线后部的降雨云团范围扩大,覆盖广州大部分地区。对比 1 h 后临近预报雷达回波图可以看出,ConvGRU(图 16-22c)较准确预报出飑线的位置和强回波影响区域,飑线呈东北—西南的线状分布,与实况也更加吻合,且预报出了飑线后部强降雨云团范围扩大的趋势。

③ 层状云降水过程

受高空弱波动和低层南风辐合的影响,广东出现了一次以层状云降雨为主的降水过程,总体雨势平缓,但持续时间长。从起报时刻(图 16-23a)回波和 1 h 后(图 16-23b)的雷达回波实况图上可以看出,降水回波主要覆盖粤北和粤东地区,大部分地区雷达回波强度在 15～35 dBZ,雨强较弱,且雷达回波整体上处于减弱的过程中。对比各方法预报 1 h 后的结果,ConvGRU 方法(图 16-23c)预报虽然 20 dBZ 回波覆盖范围与实况较为一致,但强度偏强,且对 20 dBZ 以下的弱回波预报与实况有较大差异,由此可见,ConvGRU 方法对层状云的预报效果较差,这可能与模型训练过程

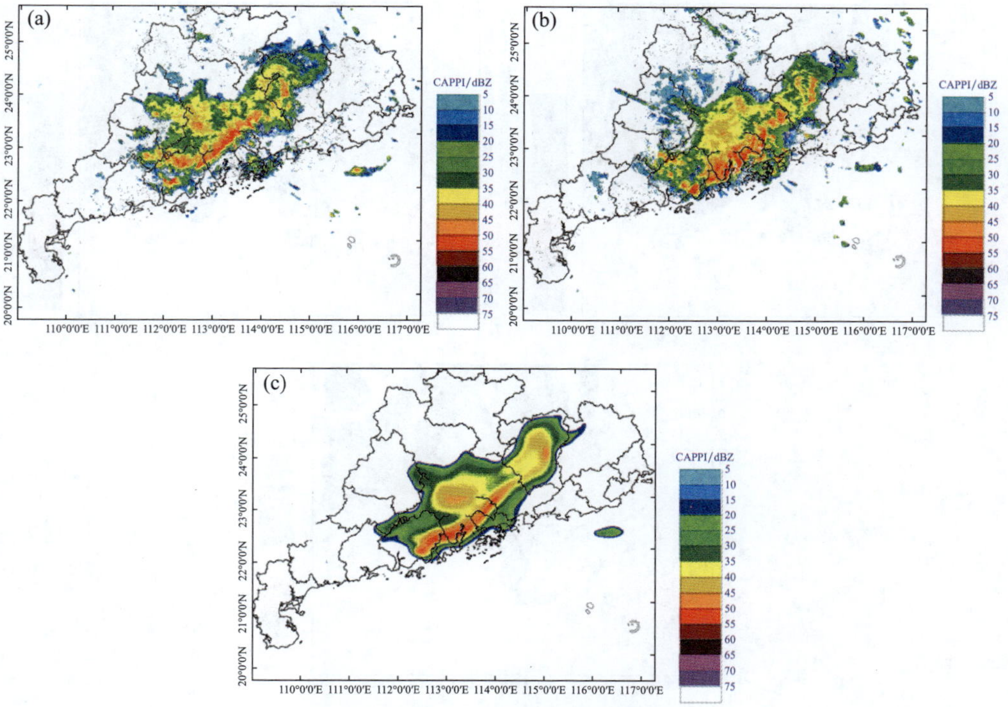

图 16-22　飑线降水雷达实况和预报对比

(a)起报时刻雷达实况；(b)1 h 后雷达实况；(c)ConvGRU 法预报 1 h 后回波

中以对流性强降水的样本为主有关。

从上述试验检验结果可以看出，ConvGRU 方法对雷达回波的临近预报具有较好的业务应用价值。但是 ConvGRU 方法也存在不足，对 20 dBZ 以下弱降水回波预测能力不足，且预测雷达回波图像的空间细节信息缺失比较严重，不同强度的雷达回波的边缘轮廓较为模糊，这与深度学习方法建模中应用样本数据集，以及训练过程中的下采样和上采样过程有关。因此，如何在保持较高准确度的前提下，改进雷达回波样本数据集，提高深度学习方法预测结果的空间细节信息，是未来重点研究的方向。

5. AI 气象大模型

有关人工智能在气象领域取得进展的新闻报道引发了业内外热烈讨论。有人为 AI 在气象领域的应用突破而兴奋，但也有人对有关技术的可靠性表示质疑。这一讨论，随着多个 AI 气象大模型的相继亮相而进入高潮。

所谓"AI 气象大模型"，简单来说，是基于 AI 的天气预报模型，其核心是基于数据驱动的深度学习算法。

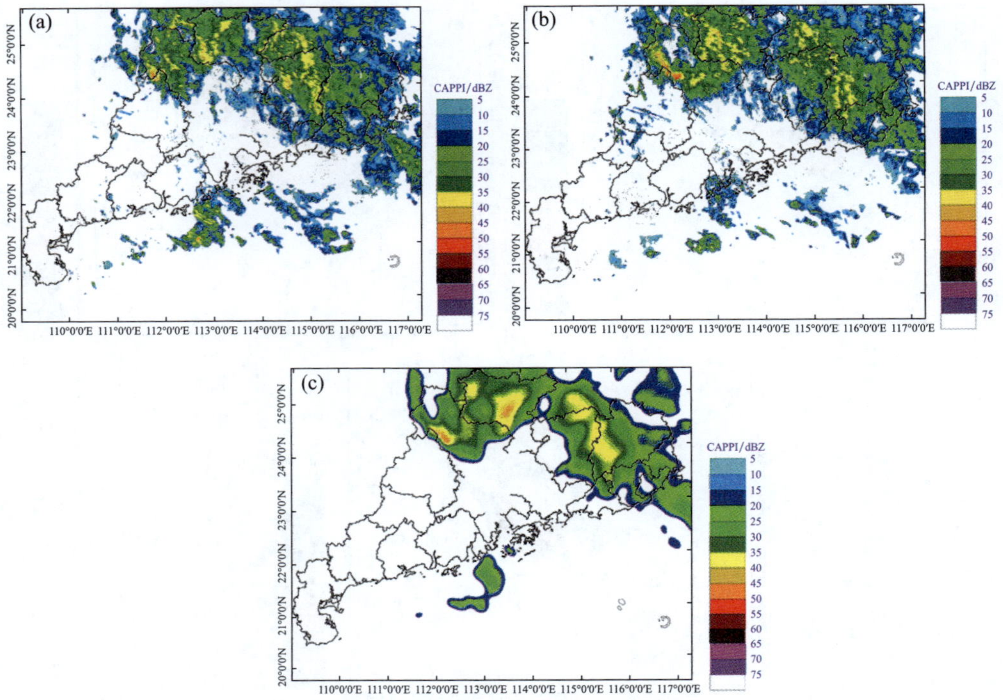

图 16-23　层状云降水雷达实况和预报对比

(a)起报时刻雷达实况;(b)1 h 后雷达实况;(c)ConvGRU 法预报 1 h 后回波

事实上,ECMWF 在 2021 年就发布了机器学习未来 10 年路线图,概述了在天气预报中使用机器学习的计划,提出到 2031 年,机器学习将完全融入数值天气预报和气候服务中,并在工作流程的许多领域改进预测及其释用。近 2 年,一些企业、机构相继发布 AI 气象大模型,并初步得到实践检验。

(1)盘古气象大模型

2023 年,华为提出了一种基于人工智能的高分辨率全球气象预报系统——盘古气象大模型(Pangu-Weather)。基于其对天气预报技术的创新,盘古气象大模型入选 2023 年中国十大科学进展。

盘古气象大模型是首个精度超过传统数值预报方法的 AI 方法,1 h～7 d 预测精度均高于传统数值预报方法 ECMWF 的 IFS,预测变量包括位势高度、湿度、风速、温度、海平面气压等。盘古气象大模型的水平空间分辨率达到 0.25°×0.25°,时间分辨率为 1 h,覆盖 13 层垂直高度。

① 模型架构

盘古认为,AI 气象预报模型的精度不足,主要有两个原因。第一,现有的 AI 气象预报模型都是基于 2D 神经网络,无法很好地处理不均匀的 3D 气象数据。第二,AI 方法缺少数学物理机理约束,因此在迭代的过程中会不断积累迭代误差。

为此，使用了 3D Earth-Specific Transformer(3DEST)来处理复杂的不均匀 3D 气象数据，并且使用层次化时域聚合策略来减少预报迭代次数，从而减少迭代误差。

可以看出，其主要思想是使用一个变换器(Transformer)的 3D 变种，来处理复杂的、不均匀的气象要素。由于气象数据分辨率很大，因此相比于常见的 Vision Transformer 方法，研究人员将网络的 Encoder 和 Decoder 减少到 2 级(8 个 block(模块))，同时采用 Swin Transformer(滑窗 Transformer)的滑窗注意力机制，以减少网络的计算量(图 16-24)。需要注意的是，即使采用了这些方法，当前网络的总体 Flops(每秒浮点运算次数)依然超过 3000 GB。在算力充足的条件下，可以使用更大的网络，以进一步提升预报精度。

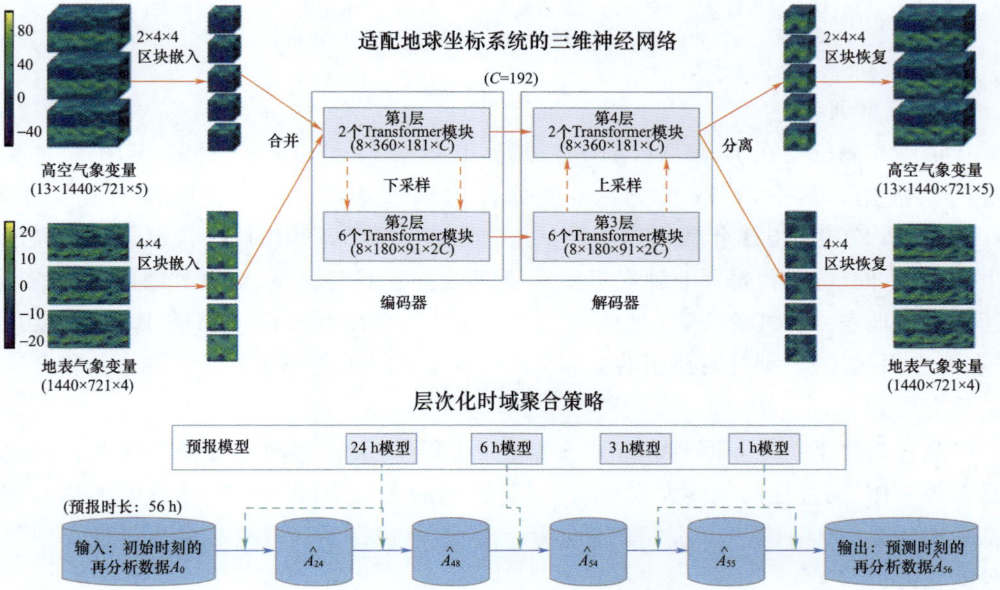

图 16-24　盘古气象大模型的三维神经网络结构

在每一个网络 block 里，最重要的改进是引入了 Earth-Specific(地球特征)位置编码。这是在对气象数据性质进行仔细分析后所做出的改进。气象预报数据和普通图像数据最大的区别在于，特征图上的每个像素都对应于地球上的一个绝对位置，而图像上的像素往往只包含相对位置信息。同时，如图 16-25 所示，气象要素数据对应的经纬度网格是不均匀的，而不同的要素在不同纬度、高度的分布也是不均匀的。对这些不均匀性的建模，有利于学习气象数据背后潜藏着的复杂物理规律，如科里奥利力等。为此，在每一个 Transformer 模块中引入和纬度、高度相关的绝对位置编码来学习每一次空间运算的不规则分量。这样改动后的 Transformer 模块，被称为 3D Earth-Specific Transformer。

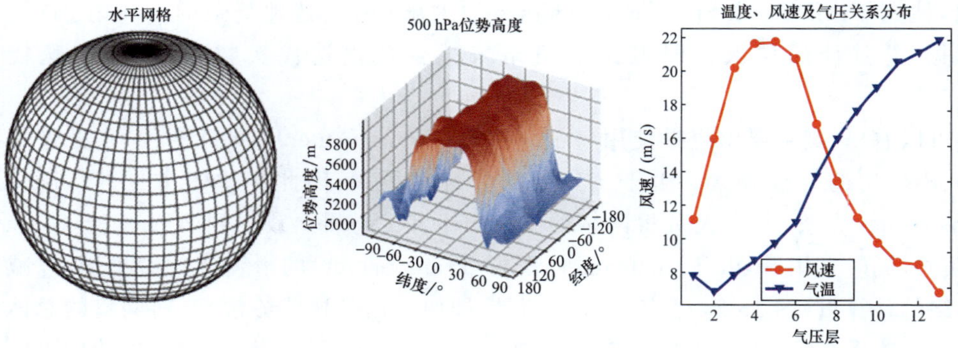

(a) (b) (c)

图 16-25　不同气象要素随地球位置偏差示意图

(a)对应于非均匀空间分布的地球表面水平地图;(b)位势高度与纬度密切相关;
(c)平均风速和温度均与高度(用气压表示)密切相关

② 模型训练

训练和测试均在 ECMWF ERA5 进行,其包括 43 年(1979—2021 年)的全球实况气象数据。其中,1979—2017 年数据作为训练集,2019 年数据作为验证集,2018 年、2020 年、2021 年数据作为测试集。盘古大模型使用的数据,包括垂直高度上 13 个不同气压层,每层 5 种气象要素(温度、湿度、位势高度、经度和纬度方向的风速),以及地表 4 种气象要素(地面以上 2 m 温度、经度和纬度方向的 10 m 高度风速、海平面气压)。训练时使用的并非 ERA5 数据的全部变量,垂直层数也并非全部的垂直层数。

盘古构建了一个 3DTransformer 结构,让海洋、大气和陆地的复杂交互物理过程融为一体,而过往的气候大模型,比如英伟达的 FourCastNet(四重预测网络),则都采用的是 2D 结构——每个等压面为 1 层,显然,2D 平面没有办法更好地反映气象变化的过程。

盘古气象大模型是首个精度超过传统数值预报方法的 AI 模型,其速度相比传统数值预报提高 1 万倍以上,能够提供全球气象秒级预报,其气象预测结果包括位势高度、湿度、风速、温度、海平面气压等。盘古气象大模型让人们重新审视气象预报模型的未来,模型的开放将推动该领域的发展。

(2)谷歌气象大模型

谷歌 DeepMind 实验室(谷歌深度思维公司)2023 年推出了天气预测大模型 GraphCast(谷歌气象大模型)。GraphCast 不使用物理方程,预测全靠数据分析。

GraphCast 使用机器学习方式和神经网络(图 16-26),其中包括编码器和解码器各 1 层,以及中间层 16 层,参数量为 3670 万。它仅通过学习已有气象数据实现预测,不依赖人类建立的物理方程。GraphCast 将 0.25°网格的气象数据进行编码映射到神经网络,经过传递计算后的结果再由解码器还原为气象数据。

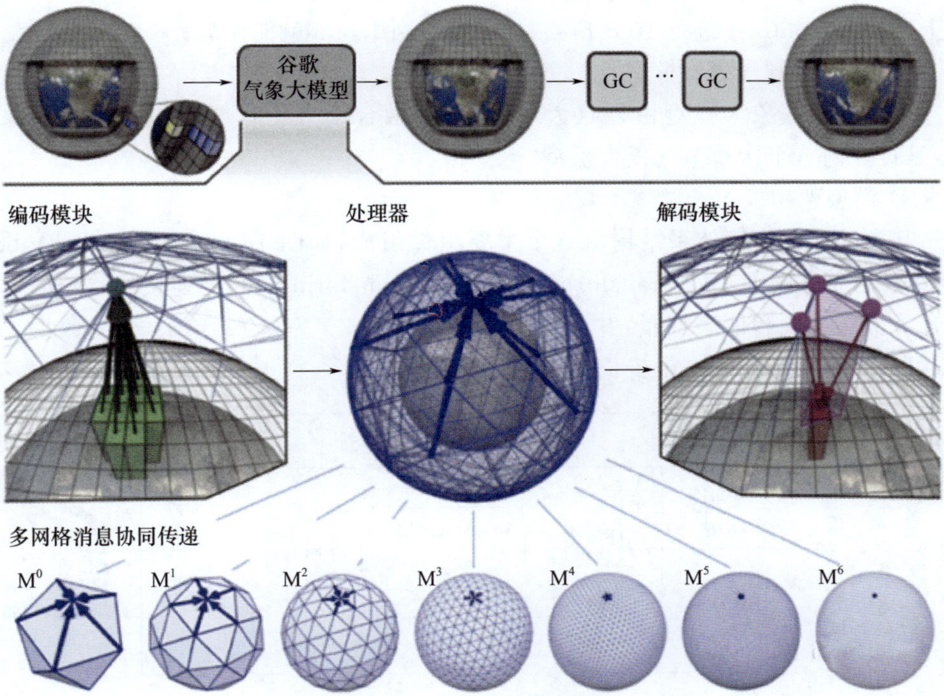

图 16-26　GraphCast 原理图

(M(Mesh)代表多层处理中的不同网格层次,在多网格消息协同传递中,多个 M 可能表示不同层级的网格在进行信息交换,从而捕获不同尺度的气象模式;GC(GraphCast)是 Google 开发的用于气象预测的图神经网络模型,利用图结构处理气象数据中的空间关系)

训练时,GraphCast 使用的是来自 ERA5 数据集中的 1979—2017 年天气的再分析数据,包括卫星图像、雷达和气象站测结果。

ERA5 是基于 4Dvar(四维变分同化)方法和同化观测生成的全球最优重构资料,涵盖时间从 20 世纪 40 年代至今,空间则覆盖全球。

模型输入从 6 h 前开始到当前的气象数据,预测未来 6 h 的天气(图 16-27)。预测出的数据作为新的"当前"态,继续往后迭代预测,最长可以预测到 10 d 后的天气状况。

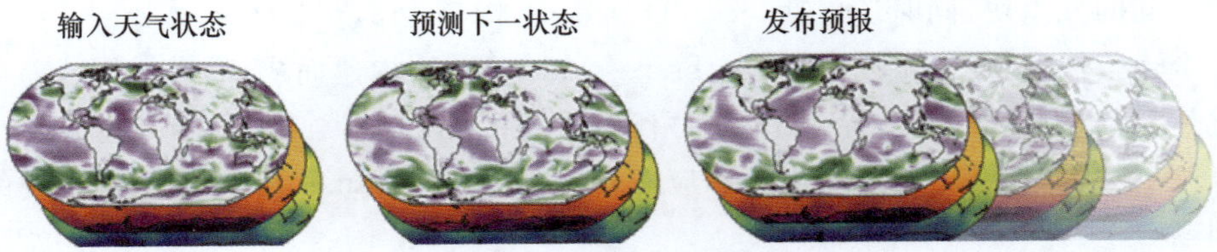

图 16-27　GraphCast 工作流程

相比之下,GraphCast 准确度高,预测速度也非常快。在一台 Google TPU v4 机器上使用 GraphCast 进行 10 d 预测,只需要不到 1 min 就能完成。

(3)伏羲气候气象大模型

伏羲气候气象大模型由复旦大学研发,它融合了人工智能技术与气候气象科学,是行业内首个次季节气候大模型。

① 模型架构

基本的伏羲模型体系结构由三个主要组件组成,如图 16-28 所示:CubeEmbedding(数据立方嵌入)、U-Transformer(U 结构 Transformer)和全连接层。输入数据结合了上层空气和地表变量,并创建了一个维度为 2×70×721×1440 的数据立方体,以两个时间步作为一个步长。

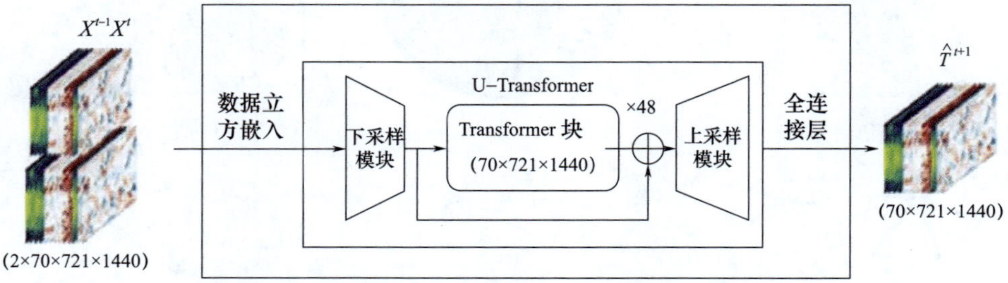

图 16-28 伏羲气候气象大模型整体架构

a. Cube Embedding

为了减少输入数据的空间和时间维度,并加快训练过程,应用了 Cube Embedding 方法。在空时立方体嵌入采用了一个三维(3D)卷积层,卷积核和步幅分别为 2×4×4(相当于 $T/2\times H/2\times W/2$),输出通道数为 C。在空时立方体嵌入之后,采用了层归一化(LayerNorm)来提高训练的稳定性。最终得到的数据立方体的维度是 $C\times180\times360$。

b. U-Transformer

U-Transformer 还包括 U-Net(U 型网络)模型的下采样和上采样块。下采样块在图 16-28 中称为 Down Block,将数据维度减少为 $C\times90\times180$,从而最小化自注意力计算的计算和内存需求。上采样块在图 16-28 中称为 Up Block,它与 Down Block 使用相同的残差块,同时还包括一个 2D 反卷积,内核为 2,步长为 2。

全连接层由 48 个重复的 Swin Transformer V2 块构建而成,通过使用残差后归一化代替前归一化,缩放余弦注意力代替原始点积自注意力,Swin Transformer V2 解决了诸如训练不稳定等训练和应用大规模 Swin Transformer 模型会出现的几个问题。

② 模型训练

伏羲模型的训练过程同样是走预训练加微调的线路,与 GraphCast 类似。

a. 单步预训练

通过下一个时间步的监督信息来优化经度加权的损失函数 L_1：

$$L_1 = \frac{1}{C \times H \times W} \sum_{c=1}^{C} \sum_{i=1}^{H} \sum_{i=1}^{W} a_i \left| \hat{X}_{c,i,j}^{t+1} - X_{c,i,j}^{t+1} \right| \tag{16-20}$$

式中：C、H、W 分别表示通道数、纬度方向上的网格点数、经度方向上的网格点数；c、i、j 分别是变量、纬度坐标的索引、经度坐标的索引；a_i 表示在纬度 i 处的权重，随着纬度增加，a_i 的值逐渐减小。最终对某个变量和位置（纬度和经度坐标）的绝对误差进行求和。

b. 微调级联模型

在预训练后，首先对基础伏羲模型进行微调，以实现 0～5 d(0～20 个时间步)的每 6 h 预报的最佳性能。这个微调过程使用自回归策略，产生 20 个时间步，微调后的模型被称为伏羲-Short。

使用伏羲-Short 的权重来初始化伏羲-Medium 模型，对其进行微调，以实现 5～10 d(21～40 个时间步)的最佳预报性能。其中，伏羲-Short 模型在第 20 个时间步(第 5 天)的输出是伏羲-Medium 模型的输入，直接实时进行伏羲-Short 模型的在线推理会导致显著的内存消耗并且降低微调速度。伏羲-Long 应用同样的过程，三者被级联在一起，形成完整的 15 d 预报。

次季节尺度伏羲大模型通过借鉴变分自编码生成流依赖扰动构建集合预报，相对 ECMWF 次季节尺度模型预测的累积降水、对外长波辐射、极端降水等有明显提升，并将 MJO(季节内振荡)的有效预报时长从 30 d 拓展至 36 d。

伏羲气象大模型，500 hPa 位势高度有效预报时长从 9.25 d 延长到 10.5 d，2 m 温度有效预报时长从 10 d 延长到 14.5 d；次季节尺度伏羲大模型通过借鉴变分自编码生成流依赖扰动构建集合预报，相对 ECMWF 次季节尺度模型预测的累积降水、对外长波辐射、极端降水等有明显提升，并将 MJO 的有效预报时长从 30 d 拓展至 36 d。

(4)风乌大模型

风乌大模型(GHR)是上海人工智能实验室协同中国科学技术大学等研发的全球中期天气预报大模型，是基于多模态、多任务的深度学习方法，用于构建 AI 天气预报模型，从而实现对全球中期天气进行快速、准确预报。

在 AI 模型的设计和训练过程中，研究团队发现，大气数据具有高分辨率、高维度、大体量的特征，导致模型多步天气预测结果难以直接被优化。

“风乌”采用多模态神经网络和多任务自动均衡权重来解决多种大气变量表征和相互影响的问题。其针对的大气变量包括：位势高度、湿度、纬向风速、经向风速、温度以及地表等。“风乌”将这些大气变量看作多模态信息，使用多模态网络结构可以更好地处理这些信息。

在传统物理模式驱动下，需要消耗大量计算资源才能获得气象预报分辨率的提升，为日常运行带来极大负担。为应对这一现状，风乌研究团队创新性提出“空间一致性映射”和“解耦组合迁移学习”技术。“空间一致性映射”技术保证了低分辨率气象预报模型泛化性的同时，降低了高分辨率气象预报大模型训练复杂度。在此基础上，进一步利用“解耦组合迁移学习”技术，利用少量高分辨率数据进行微调，使新模型学习高分辨率数据中蕴含的小尺度天气现象。结合使用上述两项原创新技术，使风乌获得了 10 km 级分辨率的精细化气象预报能力。通过继承低分辨率再分析数据上预训练模型的先验知识，并结合少量的高分辨率实时运行分析数据，增加对区域大气活动的二次建模，缓解了高分辨模型训练代价昂贵的现状（图 16-29）。

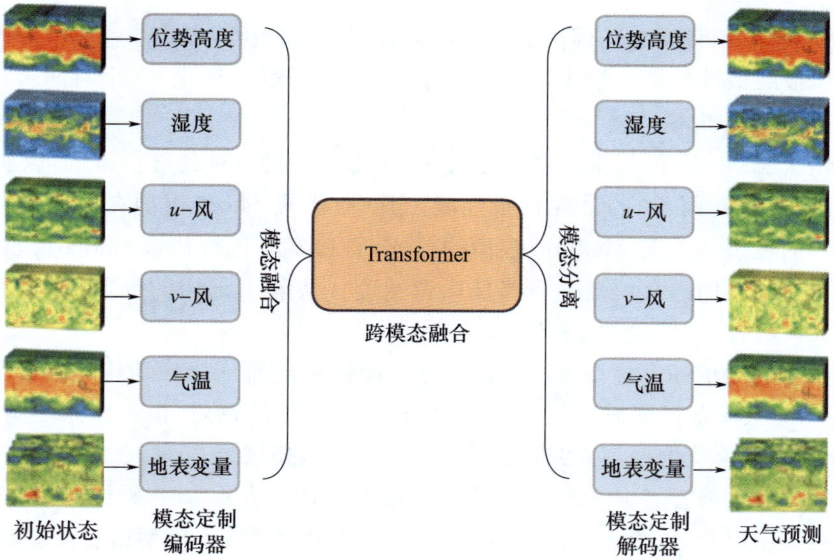

图 16-29　风乌技术框架图

在预报时长方面，研究人员持续精进，通过多模态、多任务的深度学习方法和数据再分析，风乌将有效预报时间提前至 11.25 d，打破了此前自身创造的 10.75 d 记录。

风乌大模型仅需 30 s 即可生成未来 10 d 全球高精度预报结果，在效率上大幅优于传统模型。风乌提供了一个强大有效的全球中期天气预报的 AI 框架，其领先性体现在预报精度、预报时效和资源效率三方面。

(5)“风清”“风雷”“风顺”人工智能气象大模型系统

中国气象局发布人工智能全球中短期预报系统“风清”（以下简称“风清”大模型）、人工智能临近预报系统“风雷”（以下简称“风雷”大模型）和人工智能全球次季节—季节预测系统“风顺”（以下简称“风顺”大模型）。

中国气象局联合清华大学组建攻关团队，在大模型预报核心技术、预报精准程度上寻求突破，构建了“风清”大模型。该模型具有大气强物理融入和可解释性，在实现高效计算的同时，可为预测结果提供物理可解释性依据，自动挖掘包括天气系统内在的物理演变。该模型的训练过程紧密结合物理守恒特性，可有效提升长时效预报结果的活跃度。模型采用可扩展的多时效优化策略，综合考虑未来多天预报的效果，有效延长预报时效。检验结果表明，该模型全球可用预报天数达到 10.5 d，超过欧美主流气象预报大模型，尤其是在较长预报时效中，具有更为明显的优势。

聚焦临近预报中的核心难题，中国气象局与清华大学联合攻关团队构建"风雷"大模型。该模型将数据驱动与物理驱动两大科学范式紧密结合，显著提高了千米尺度下 0～3 h 雷达回波的预报能力，并实现深度学习与物理规律的无缝隙融合。同时，"风雷"大模型将物理模型的中尺度预报和人工智能的对流尺度预报有机融合，在预报准确性和细节丰富性上实现突破。同时，构建了一套"数据—算力—平台"全流程短时临近预报系统，能够在 3 min 内生成 0～3 h 逐 6 min 的雷达回波外推产品，实现强回波预报技巧提升 25%。

面对 15 d 以上更大不确定性的气候预测难题，中国气象局联合复旦大学和上海科学智能研究院基于人工智能方法构建了"风顺"大模型。"风顺"大模型创新地引入基于流依赖的集合扰动智能生成技术，从而更加合理地抓住了未来气候系统演变的不确定性。同时，"风顺"还纳入了海气相互作用关键过程，进而提升了对热带大气 MJO 的预测技巧。该系统在中国气象局智算平台上完成了业务部署，逐日滚动开展 100 个集合成员的大样本预测，形成了面向未来 60 d 全球基本要素和极端事件的确定性和概率预报测试产品，对全球降水的预测技巧展示出一定的优势。

值得一提的是，"风清""风雷""风顺"三个大模型，完成了基于国产的中国全球大气再分析数据集（CRA-40）、雷达观测资料、风云卫星遥感资料的训练和检验评估，有效降低了目前主流气象预报大模型对国际再分析资料的依赖度。

目前面世的 AI 气象大模型具备超高参数量、超大样本集、超长训练轮次等特点。这些模型"惊人的预报技巧"可归功于以下三点：一是规避了使用循环神经网络构建 AI 模型会累积大量迭代误差的常规方法，采用"自回归"的方式进行预测，即利用输入历史资料中潜在的时空特征，随即直接推断下一步或者后一时间序列的发展。由于这种方式无须约束输入数据与预测结果之间的时序连贯性，可灵活调整时间间隔，极大提升了超长时效的预报技巧。二是近 10 年来深度学习模型架构的探索与发展。AI 模型可以跟进深度学习社区最先进、最前沿的研究，利用最先进的组件、模块、架构，甚至调参经验，尽可能地提升气象预报技巧。三是越来越多的 AI 专家投身气象领域并积极开展深入的交叉合作。

数值天气预报通过对海量多源观测资料的处理和资料同化，形成高精度格点分析场，在此基础上利用数值模式对未来天气的演变进行预报。经过近百年发展，已形成一套完整的工作流。目前发布的 AI 气象大模型，其输入的是数值预报提供的格点再分析情况，输出的是相同格点、相同要素的预报情况，本质上是"在数值天气预报建立的数据空间下的机器学习"，因此，在预报上存在一些局限性。同时，目前的AI气象大模型都缺乏长期验证和应用,结果高度依赖再分析数据,而非基于真实物理过程,也未涉及关键的资料同化过程,存在对极端天气估计偏弱等问题。因此,目前的气象大模型还不能取代数值预报的全部工作流。此外,地球系统因其非线性特征而极其复杂,初值信息远超目前气象大模型学习的0.25°分辨率格点资料,目前的AI气象大模型,还不能满足如此海量的观测数据进入气象预报。但同时,AI提供了相比传统数值模式更高效、更智能化的工作流:从多源观测资料的处理,到资料同化算法的改进,再到对非线性复杂问题的处理和极端事件的预报,都显示出巨大潜力。未来,AI气象预报方法和传统数值天气预报有机结合,形成两者充分融合的预报系统,仍是短期内数值预报取得突破最有可能的方向。

一方面,AI气象大模型可以弥补现在预报的一些短板。例如,AI气象大模型生成未来天气预报的计算效率非常高,可大大缩短天气预报制作的时间。另一方面,AI可以用来求解描述大气运动的偏微分方程,或在一定的物理约束条件下,利用AI来更好地拟合这种物理关系,这样基于数学和物理基础推导出的结果,会更为合理,预报员用起来也会更有“底气”。

第 17 章 冰雹的识别研究

1. 冰雹对低空飞行的影响

冰雹作为一种极端天气现象，对低空飞行的影响尤为显著。当冰雹出现时，会给低空飞行带来一系列严峻的挑战和潜在的危险。

冰雹是由强烈的对流云发展而成，其核心是坚硬的冰球。这些冰球的大小和形状各异，从豌豆大小到鸡蛋大小，甚至更大。当飞机在低空遭遇冰雹时，首先面临的是物理冲击。冰雹以极高的速度撞击飞机的机身、机翼等部位，可能导致飞机结构的损坏。机翼是飞机产生升力的关键部位，冰雹的撞击可能会使机翼表面出现凹痕、裂缝甚至破损，从而影响机翼的气动性能，降低升力产生效率，增加飞行阻力。飞机的机身也容易受到冰雹的打击。

除了对飞机硬件的直接损害外，冰雹还会对飞行的操控性产生影响。飞机在飞行过程中依靠各种舵面来控制姿态和方向，冰雹的撞击可能会导致舵面受损，影响其操控性能，使飞机在俯仰和偏航方向上的控制变得困难，增加飞行操作难度和飞行风险。

在低空飞行时，面对突如其来的冰雹袭击，可能来不及做出有效的应对措施。此外，冰雹通常伴随着强烈的气流和不稳定的风场，这会进一步加剧飞行的不稳定性。飞机可能会遭遇强烈的颠簸、风切变等现象，导致飞行高度和速度的突然变化，给操控带来极大的挑战。

冰雹对飞机的电子设备和导航系统也可能造成干扰和损坏。雷达天线、通信设备、传感器等部件容易受到冰雹的冲击，影响其正常工作。电子设备的故障可能会导致飞行员失去准确的气象信息、导航指引和与地面的通信联络，使飞行处于更加危险的境地。

冰雹对低空飞行的影响是多方面且严重的。它不仅可能对飞机的结构和设备造成直接的物理损害，还会影响飞行的操控性、稳定性和导航通信。为了保障低空飞行的安全，需要气象部门等各方共同努力，加强监测预报、做好预防措施、提高应急处理能力，以最大程度地减少冰雹带来的潜在风险。只有这样，才能确保每一次低空飞行都能安全、平稳地抵达目的地。

为了应对冰雹对低空飞行的影响，气象部门加强对冰雹等恶劣天气的监测和预报，提前提供准确的气象信息，调整飞行计划或选择备降机场。一旦发现可能遭遇冰雹，应根据相关规定和操作手册采取避让措施，如改变飞行高度、航线或尽快降落。

随着科技的不断进步，对冰雹等恶劣天气的预报精度将不断提高，飞机的抗灾能力也将不断增强。但无论如何，我们都不能忽视冰雹对低空飞行的威胁，始终将飞行安全放在首位，不断完善和优化应对措施，为航空事业的发展保驾护航。

2. 冰雹研究概述

冰雹多由生命史短、空间范围小、移动速度快的中小尺度对流系统产生，局地性明显，预报有很大难度。各国对冰雹的定义有所区别，根据《冰雹等级》(GB/T 27957—2011)，我国将固态降水物最大直径≥5 mm 的定义为冰雹，其中最大直径≥20 mm 为大冰雹，最大直径≥50 mm 则属于特大冰雹，而直径<5 mm 为霰。冰雹作为一种具有较强致灾性的强对流天气，国内外许多专家学者进行了大量的研究。产生冰雹的对流风暴类型一般有超级单体风暴、多单体风暴和脉冲风暴等。与冰雹相联系的对流风暴发展主要取决于环境场条件。不同地区冰雹对流风暴形成的环境条件有差别，强的上升运动是支撑冰雹胚胎发展为冰雹的必要条件，而较强的深层垂直风切变和对流有效位能(CAPE)有利于冰雹对流风暴的发展。环境大气的热力垂直分布直接影响大气稳定度，如果对流层中层有干冷空气卷入，使大气层结表现为中上层干冷、下层较暖湿的“上干冷下暖湿”的“喇叭口”收缩结构特征，850 hPa 与 500 hPa 的露点差 ΔT_{85} 达 31.7 ℃以上，更易造成对流(位势)不稳定。中高层干层的存在使环境大气有较大的温度直减率，从而具有更大的 CAPE，能产生更强的风暴上升速度，有利于强的上升气流。中国冰雹 CAPE 平均值在 1500 J/kg 左右，但不同区域冰雹 CAPE 值有所不同。雹胚粒子在适宜增长的环境中滞留时间的长短决定了雹胚能否发展为冰雹。为了保证雹胚粒子的形成和发展，除了合适的 0 ℃层高度(干层 0 ℃层高度)外，还必须保证有足够的过冷水滴区供雹胚粒子运动和增长。一般来讲，−20 ℃层的高度在 500～400 hPa 时最有利于冰雹的形成。而−30～−10 ℃层是冰雹的有效增长层，在雹胚相同的情况下，该层上升气流越强，则出现大冰雹的概率越大。45 dBZ 或 50 dBZ 的回波垂直扩展到−20 ℃等温线对应的高度上是冰雹的主要指标之一。对广东地区而言，−20 ℃层以上最大反射率因子在 54 dBZ 以上更有利于大冰雹。地面降雹尺寸与冰雹云发展高度、冰雹云内雹粒大小、中高空干冷平流强弱等诸多因素有关，适宜的冰雹实际融化层高度(湿球 0 ℃层)使冰雹在下落过程中更不容易融化。这些研究成果加深了对冰雹形成机理、演变规律的认识，为冰雹短时临近预报预警业务打下基础。

广东虽不是冰雹的多发区，但是冰雹一旦发生，常会造成破坏性后果。目前，冰雹这种中小尺度灾害性天气的预报仍然是难点，业务中以冰雹实时监测为主，而冰雹自动识别则是重点。

3. 模糊逻辑法识别冰雹

(1)模糊逻辑法

传统多普勒天气雷达能够获得的回波信息包括基本反射率、平均径向速度以及速度谱宽等,主要用于对大气风场、气流垂直速度分布和湍流情况的反演。随着双偏振雷达的出现,对气象信息的探测变得更加广泛。双偏振雷达通过在水平和垂直方向发射 2 个不同偏振方向的电磁波,获取更多的雷达偏振参数。这些参数的出现,大大提高了传统雷达在降雨估计、水凝物相态识别等方面的能力。

国内外对降水粒子的分类进行了大量的研究工作。使用布尔决策树的方法对降水粒子进行分类,决策树算法的数据泛化能力较差,对于观测变量中存在的噪声,以及观测变量间相关性的容忍度较低,很难获得一个真实数据的正确分类。为解决这类模糊分类的问题,美国学者 Zrnié 等(1999)提出一种基于模糊逻辑的降水粒子相态识别算法。模糊逻辑法最早由 Zadeh(1968)提出,传统的模糊逻辑法包括四个过程:模糊化、规则推断、集成和退模糊。模糊逻辑算法的优越性在于其克服了布尔决策树非黑即白的判断标准,采用映射的方法,将每个雷达变量对于降水粒子的判断隶属度转化为 0～1 的某个值。模糊逻辑算法在降水粒子分类算法(包括冰雹识别)中优势明显。

(2)双偏振雷达回波参量

双偏振雷达可以获得水平反射率因子 Z_{H}、差分反射率因子 Z_{DR}、差传播相移 K_{DP}、零滞后互相关系数(水平垂直互相关系数) ρ_{HV}。

① 水平和垂直反射率因子

水平极化反射率定义为:

$$Z_{\mathrm{HH}}=10^{6}\frac{\lambda^{4}}{\pi^{5}}\left|\frac{m^{2}-1}{m^{2}+2}\right|\int\sigma_{\mathrm{HH}}N(D)\,\mathrm{d}D \tag{17-1}$$

垂直极化反射率定义为:

$$Z_{\mathrm{VV}}=10^{6}\frac{\lambda^{4}}{\pi^{5}}\left|\frac{m^{2}-1}{m^{2}+2}\right|\int\sigma_{\mathrm{VV}}N(D)\,\mathrm{d}D \tag{17-2}$$

式中:λ 为雷达发射电磁波的波长,m 为降水粒子的复折射系数,$N(D)$ 为降水粒子的谱分布函数,σ_{HH} 为降水粒子对水平偏振波的后向散射截面积,σ_{VV} 为降水粒子对垂直偏振波的后向散射截面积。

测量到的水平反射率因子 Z_{H},是对雷达照射体积内所有降水粒子的水平反射率 Z_{HH} 的求和:

$$Z_{\mathrm{H}}=10\lg(Z_{\mathrm{HH1}}+Z_{\mathrm{HH2}}+Z_{\mathrm{HH3}}+\cdots) \tag{17-3}$$

测量到的垂直反射率因子 Z_{V},是对雷达照射体积内所有降水粒子的垂直反射率 Z_{VV} 的求和:

$$Z_V = 10\lg(Z_{VV1} + Z_{VV2} + Z_{VV3} + \cdots) \tag{17-4}$$

② 差分反射率因子

由水平和垂直反射率因子可以得到双极化雷达的差分反射率：

$$Z_{DR} = 10\lg\left(\frac{Z_H}{Z_V}\right) \tag{17-5}$$

差分反射率因子与粒子的形状、大小、取向及浓度等密切相关，同时受雷达系统定标准确性的影响较小，因此能更好地反映降水粒子本身的微物理特性，是降水粒子识别中极其重要的一个参数。

③ 差分相移率

雷达回波的数据中并不能直接得到差分相移率，但能够根据其与差分相移的关系转化而来：

$$K_{DP} = \frac{1}{2} \times \frac{\phi_{DP}(r_m) - \phi_{DP}(r_n)}{r_m - r_n} \tag{17-6}$$

式中：$\phi_{DP}(r_m)$ 和 $\phi_{DP}(r_n)$ 分别为从第 m 个距离单元和第 n 个距离单元获得的双程差分传播相移，r_m 和 r_n 分别为 2 个距离单元到雷达中心的距离。

④ 水平垂直互相关系数

ρ_{HV} 能够反映双偏振雷达水平通道和垂直通道的回波相关性，对于地杂波鉴别和非规则的气象粒子的判断起重要作用，其定义为：

$$\rho_{HV} = \frac{|C_{HV}|}{\sqrt{P_H P_V}} \tag{17-7}$$

式中：C_{HV} 为水平回波和垂直回波互相关函数的期望值，P_H 和 P_V 分别为水平回波和垂直回波的功率。

相关系数反映了两种极化波同时入射到目标时，产生的回波在一个脉冲重复周期间隔内的相关性。相关系数的大小取决于雷达照射波束内粒子的径向速度、形状、取向等分布随时间的变化。对于不规则性形状、复合形态的降水粒子，其相关系数变化明显；非纯净型降水粒子的相关系数值比任何纯净型都小；湿粒子或形状不规则的大粒子，会引起明显的退相关现象。

⑤ 反射率标准差和差分相位标准差

利用雷达回波数据中的水平反射率和差分相位，可以构造 2 个重要的极化参量：反射率标准差 $SD(Z_H)$ 和差分相位标准差 $SD(\phi_{DP})$ 。

$$SD(Z_H) = \sqrt{\frac{\sum[Z_H - M(Z_H)]}{n_Z}} \tag{17-8}$$

式中：$M(Z_H)$ 为所取 n_Z 个距离单元反射率 Z_H 的均值。

$$SD(\phi_{DP}) = \sqrt{\frac{\sum[\phi_{DP} - M(\phi_{DP})]}{n_\phi}} \tag{17-9}$$

式中：$M(\phi_{DP})$ 为所取 n_{ϕ} 个距离单元的差分相位 ϕ_{DP} 的均值。

(3)模糊逻辑法算法模型

由雷达目标回波参量的取值范围和降水粒子类型的关系，可以得到不同粒子的雷达回波参量判断存在交叉部分。模糊逻辑算法对这种数据进行明确划分，将雷达探测变量隶属度化(罗泽虎 等，2023)，并赋予不同变量相应的权重，建立简单的规则进行分类。该算法中，将小到中雨、大雨、大滴、干雪、湿雪、冰晶、霰、雨雹、大雹共 9 类气象回波和 1 类地物回波进行识别。

模糊逻辑法最大的特点是不追求具体的降水粒子类型的量值，而是将回波信号分为各种等级，根据宽松的分级原则，可以求得较为合适的结果，具有较强的扩充性和兼容性。这种方法不受统计公式的影响，识别结果是不同类型的降水粒子相态。模糊逻辑法包括四个过程：模糊化、规则推断、集成和退模糊。

① 模糊化

模糊化是模糊逻辑算法的第一步，其作用是将输入的雷达变量通过隶属度函数映射到降水粒子分类可能性的取值，且取值范围在 0～1。常见的隶属度函数有很多，如不对称的 T 型函数、高斯型函数、β 函数等。构建的模糊逻辑系统使用 β 函数作为隶属度函数，其数学表达式为：

$$\beta(x)=\frac{1}{1+\left(\frac{x-m}{a}\right)^{2b}} \tag{17-10}$$

式中：a、b、m 为 β 函数的形状参数，分别表示曲线的宽度、斜率、中心位置。

② 规则推断

规则推断的具体过程可以通过逻辑语言描述：

IF(X_1 is $\beta_{j,1}(X_1)$ and X_2 is $\beta_{j,2}(X_2)$ and X_3 $\beta_{j,3}(X_3)$ … and X_N is $\beta_{j,N}(X_N)$)

THEN the output is j

该语句表示当输入变量同时为 j 类粒子的模糊基时，则将该组输入判定为第 j 类粒子。对不同模糊基，加权求和得到一个模糊集合 A_j：

$$A_j=\sum_{i=1}^{6}W_{j,i}\beta(X_i) \tag{17-11}$$

式中：$W_{j,i}$ 是输入的雷达回波参量对应的某个分类粒子的权重系数，由式(17-10)求解 β 函数使用的水凝物样本数据进行统计分析，得到对于某种粒子的样本数随雷达变量分布占比，以此作为雷达变量权重分配的参考。

③ 集成

集成的作用是将 10 种待识别的降水粒子对应的 A_j ($j=1,2,\cdots,10$)，按照最大集成法确定模糊集合中的最大 A_j 值，并将最大的 A_j 值作为集成输出的结果 C_j：

$$C_j=\max(A_j) \tag{17-12}$$

④ 退模糊

退模糊的作用是将 C_j 的结果转换为识别的降水粒子类型，即将最大的 A_j 值对应的索引值作为水凝物相态识别结果，如果索引值为 9，降水粒子分类则为雨雹，如果索引值为 10，降水粒子分类则为大雹。

由算法步骤可知，如果 6 个雷达变量所对应隶属度函数的参数的 a 、b 、m 取值发生变化，会直接影响待识别粒子的模糊集中 A_j 值的大小，导致输出结果 C_j 发生改变，从而引起降水粒子类型的误判。因此，模糊函数参数选取以及各雷达变量权重分配对最终的分类结果有很大的影响。

业务表明，利用模糊逻辑法识别冰雹结果基本合理，基本能揭示天气系统的发展过程，反映降水粒子的相态结构。

4. 朴素贝叶斯分类法冰雹自动识别算法

(1)人工智能在冰雹识别中的应用

人工智能在图像识别、数据挖掘中的应用越来越广泛，尤其是 2016 年 AlphaGo(阿尔法围棋)在比赛中战胜职业围棋选手，进一步引发了人们对人工智能的关注。AI 在天气预报领域中的可用性也引起了更为广泛的思考。事实上，早在 20 世纪 80 年代，一些早期的人工智能技术就已经在天气预报领域中得到了初步应用，但限于当时的 AI 水平，应用主要限于不同种类资料的协同综合，或在资料时空密度不足时利用模糊逻辑进行推断等工作。随后，基于人工神经网络和支撑向量机的 AI 方法也被用于天气预报，这些研究虽然从新的视角为天气预报提供了思路，但在实际业务工作中的应用却相对有限，尤其是对于冰雹这样高度非线性的突发性强天气过程，暂时未能体现出令人信服的预报能力。本节在汲取当前人工智能的发展成果的基础上，利用机器学习方法找出珠江三角洲地区冰雹云的内在规律、特征，建立智能化的冰雹识别预报机器人。

(2)技术路线

将冰雹的自动识别归结为计算机视觉机器学习问题，所需要解决的问题就是利用三维雷达数据在指定的区域内找出冰雹将要发生的区域——在水平方向上识别出冰雹可能出现的区域，即菜豆型的雷达回波，在垂直方向识别出冰雹的悬垂结构，综合二者形成可自动识别出冰雹区域的 AI 机器人。研究所采用的技术路线如图 17-1 所示，其总体思路如下：①将雷达回波资料分为正样本(即样本时次之后 2 h 以内有冰雹观测报告)与负样本(即样本时次之后 2 h 以内无冰雹观测报告)；②确定回波在水平方向上的取样范围，对于正样本为包含冰雹云回波的边长为 50 km 的矩形范围，对于负样本为包含反射率最大值周边的 50 km 的矩形范围；③将取样范围内不同高度上的回波水平切片数据输入 AI 分类器，同时告诉分类器每个数据所对应的是正样本还是负样本；④将取样范围内不同方位的回波剖面垂直切片数据输入 AI

分类器，同时告诉分类器每个数据所对应的是正样本还是负样本；⑤分类器根据不同样本的两类数据（回波水平切片和垂直切片）进行机器学习，寻找正样本区别于负样本的内在特征规律，最终形成可以自动识别冰雹云的 AI 机器人。在形成 AI 机器人之后，进行对照检验，确定 AI 方法的可靠性及其相对于传统概念模型法的优点。

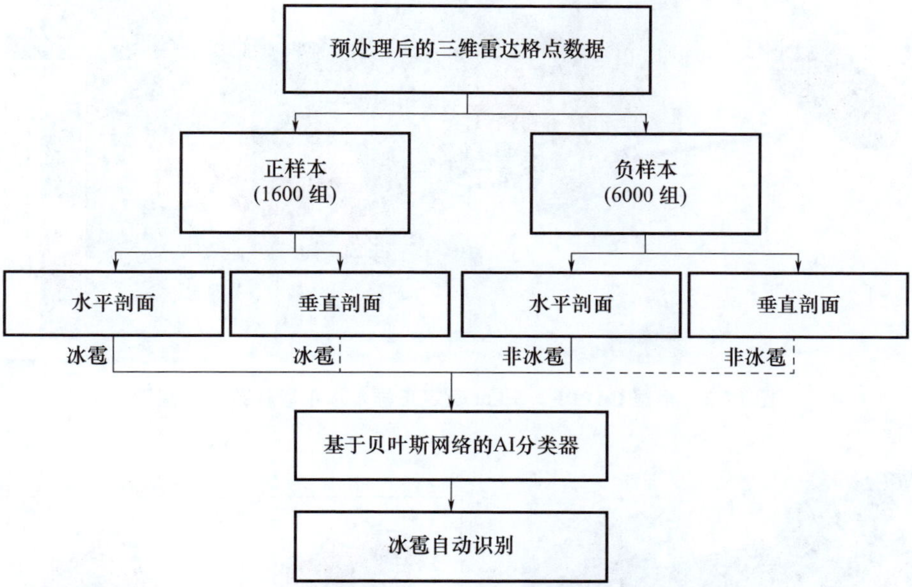

图 17-1　建立冰雹自动识别人工智能的技术路线

（3）正样本提取方法

对于所有接到冰雹报告的三维雷达回波网格数据集，提取 CAPPI-2.5 km 的拼图进行图像识别，将冰雹云中的典型“豆状”回波或者钩状回波识别出来，取“豆状”回波图像质心周围边长为 50 km 的区域内的数据，作为正样本取样的水平范围，如图 17-2 所示。针对所有正样本，按照公式(17-13)计算该样本对应的强对流指数 G，一般认为 $G>40$ 的格点，是对流旺盛的区域，当一张图上存在连续 4 个相邻的 $G>40$ 格点时，这组格点群被标记为一个冰雹角点。然后按照如图 17-3 所示的方法，以冰雹角点为轴，截取三维雷达回波网格数据集的垂直切片，每旋转 1°取一个切片，每个冰雹角点可获得 360 个垂直切片，形成一组正样本。训练时段的 7 年中，共提取了 80 次冰雹过程的数据，从每次过程的雷达回波网格数据中提取 20 组样本，训练集共有 1600 组正样本。

$$G(x,y)=\mathrm{VIL}(x,y)+\mathrm{CAPPI}(x,y,5\ \mathrm{km})+\mathrm{ET}(x,y)\times 3 \qquad (17\text{-}13)$$

（4）负样本提取方法

如图 17-1 所示，负样本是小时雨量达到 20 mm 以上强度的强降水样本（但确认未收到冰雹报告）。之所以选择 20 mm 以上的强降水，是因为这类降水引发的回波

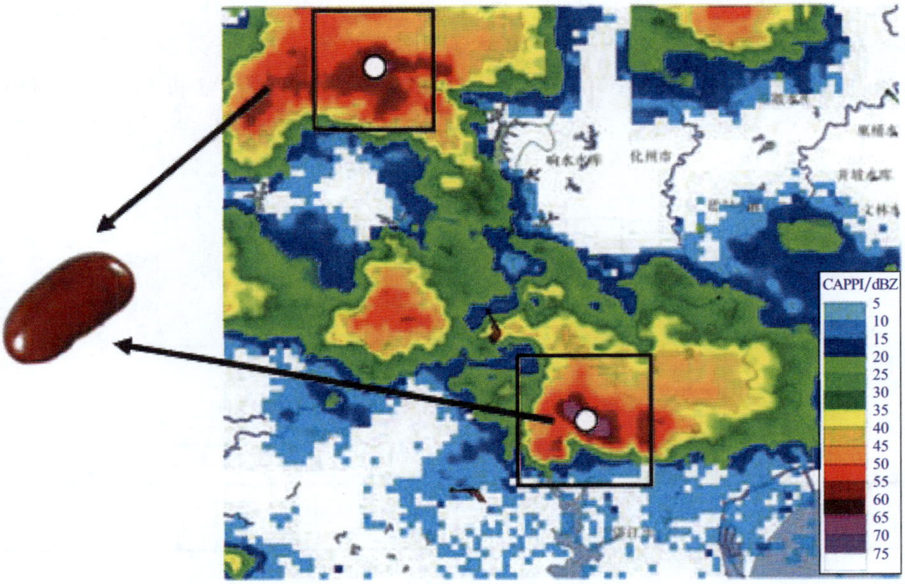

图 17-2　根据 CAPPI-2.5 km 确定正样本水平取样范围示意图

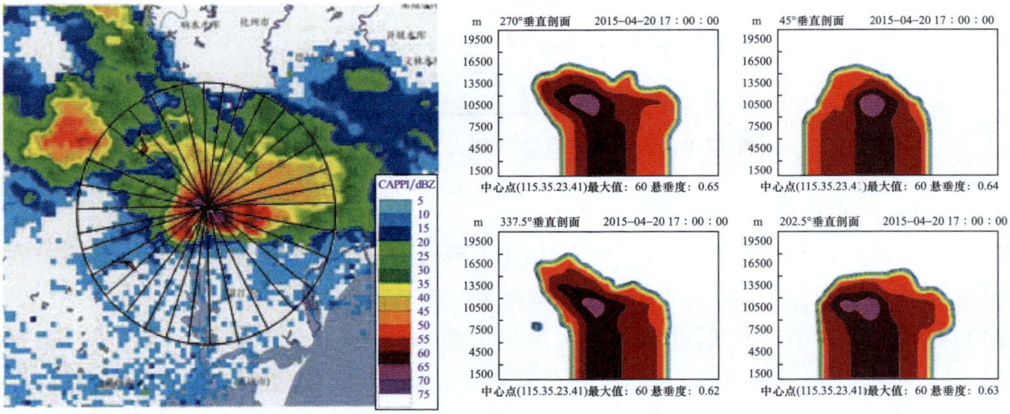

图 17-3　提取正样本垂直切片示意图

足够强，与冰雹云的强回波有一定可比性，由于没有冰雹云特有的悬垂结构，其对于机器学习中总结结构特征有帮助。对负样本求出区域内 G 的最大值，以其为中心选取周边 50 km 为负样本的水平范围，截取该范围内的雷达回波水平切片和以 G 最大值为轴的 360 个垂直切片为负样本，共有 6000 组负样本。

（5）机器学习过程

机器学习过程即分类模型训练阶段，其核心任务是利用分类器根据输入数据产生冰雹判别的 AI，但在这一过程中并不提供任何客观指标给分类器。这一过程恰如教会一个并不知道什么是老虎的人认识老虎：给其 10000 张照片，其中有 1000 张是老虎的照片，另外 9000 张是其他随机动物的照片，在每张老虎照片上标识出“这是老虎”，但并不给出老虎的具体身长、体重、斑纹颜色等客观指标，其会自动根据所获取的 1000 张老虎照片的视觉信息，总结形成对老虎的视觉判识标准，然后便可以判识任意图片上的动物是不是老虎。对于本阶段的研究工作而言，实际任务是计算冰雹云与非冰雹云在训练样本中的出现频率，以及每个冰雹案例的特征属性划分对出现冰雹和不出现冰雹的条件概率估计，并存储结果。这一阶段要处理海量数据，因此需要在高性能计算机上并行迭代处理。

本节所使用的分类器是正态贝叶斯分类器(NBC)，NBC 方法假设所有的特征向量之间相互独立，这个特点对冰雹的特征属性是适合的，比如垂直切片的形状与水平面上回波强度并没有必然关联。实践表明，NBC 方法在适合的场景能获得惊人的表现。具体而言，冰雹单体由具有一组特征属性的雷达回波立体网格数据组成，每个冰雹单体用一个 n 维特征向量来描述，包括取样范围内的 10 层水平切片和 360 个垂直切片(故 $n=370$)，这个 n 维特征向量实际上隐含了很多冰雹特征信息，如不同高度的回波强度、液态水含量、回波顶高、水平切片形态、垂直切片形态等。将输入样本分别记为冰雹类 C_1 和非冰雹类 C_2(如需更精细还可以分为小尺寸冰雹、中尺寸冰雹、大尺寸冰雹和非冰雹，原理相同)，分类器可根据输入的样本类型，统计出 n 维特征向量任意分量是冰雹云的先验概率，记为 $P(X_1|C_1)$，$P(X_2|C_1)$，…，$P(X_n|C_1)$，总体记为 $P(X|C_1)$，这些先验概率在自动识别未知回波是否是冰雹云时将起到关键作用。由此可见，人工智能经过训练获得的知识并非像概念模型那样指标阈值固定的分类标准，而是 n 维特征向量中任意分量为冰雹云的先验概率，在判别新输入的某未知三维雷达数据时，人工智能将利用这些先验概率知识去计算它是否是冰雹的后验概率。

上述人工智能算法的实现采用了 OpenCV(开源计算机视觉库)，它是一个开源的计算机视觉库，为图像处理、模式识别、三维重建、物体跟踪、机器学习提供各种基础算法。本研究基于雷达回波的冰雹识别综合运用了这几方面的知识和算法，包括上文所述的 NBC，即为 OpenCV ML 中的一种算法。具体处理流程为：①将事先准备的雷达数据集转换为 NBC 训练函数支持的数据格式；②调用 train 函数进行训练(训练过程需要很大计算量，持续时间较长)；③训练结束后，调用 save 函数将训练模型存储为 XML 或者 YAML；④模型检验或实际运行阶段，调用 load 函数装入 XML 或者 YAML 格式的训练模型，随后将雷达测试数据集或实时数据集转换为预测函数特定格式，调用 predict 函数进行冰雹识别输出。

(6)AI 识别流程

经过训练获得 $P(C_1|X)$ 先验概率的分类器，在获得一个新的未知三维回波网格数据时，将采用如图 17-4 所示的步骤进行识别。其中，前三步跟机器学习阶段类似，需要根据 CAPPI-2.5 km 的水平分布寻找高回波区，然后进行水平切片和垂直切

片，再输入 AI 分类器中进行判断。

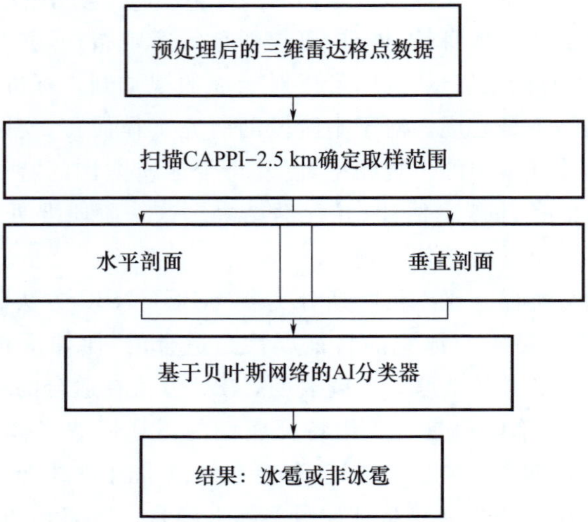

图 17-4　对未知回波数据的分类流程

分类器会根据输入的 n 维变量（记为 $X=\{X_1,X_2,\cdots,X_n\}$），判断是冰雹和非冰雹的概率，即 $P(C_1|X)$ 和 $P(C_2|X)$。贝叶斯定理如公式(17-14)所示，它意味着要计算后验概率 $P(C_1|X)$，可转化为计算最大化先验概率 $P((X_1,X_2,\cdots,X_n)|C_1)\times P(C_1)$，而先验概率 $P(X_1|C_1)$，$P(X_2|C_1)$，…，$P(X_n|C_1)$ 已从训练数据集先期计算得到。

$$P(C_1|X)=\frac{P((X_1,X_2,\cdots,X_n)|C_1)\times P(C_1)}{P(X_1,X_2,\cdots,X_n)} \tag{17-14}$$

不难看出，这种根据 n 维特征向量计算后验概率的方式，比单纯依靠概念模型进行武断识别的方法要好得多。这是因为，AI 分类器会综合考虑 n 维特征向量的先验概率，并且在计算 $P(C_1|X)$ 时会不断根据优先级较高的特征分量（例如，先计算水平切片是冰雹云的概率），调整低优先级特征分量是冰雹云的概率，这可以很好地解决模棱两可的冰雹类型问题（图 17-5）。

（7）结果验证

在对比验证基于 AI 的冰雹自动识别机器人时，共选取了约 120 个样本，分别利用机器学习法和概念模型法进行冰雹识别定位。利用击中率（POD）、空报率（FAR）、临界成功指数（CSI）来评价识别效果。将冰雹识别结果的位置提取出来，结合冰雹报告的位置、冰雹大小进行评分检验。由于冰雹落区通过媒体获取，定位描述有一定偏差，规定如果某位置上预报出现冰雹，而实际观测或报告也出现冰雹，位置偏差在 10 km 以内，则判断为该点成功；如果某位置上没有冰雹，实况出现冰雹，判断该点漏报；如果某位置识别出现冰雹，实况没有出现冰雹，判断该点空报。击中率、空报率和临界成功指数的计算方法如公式(17-15)至公式(17-17)所示：

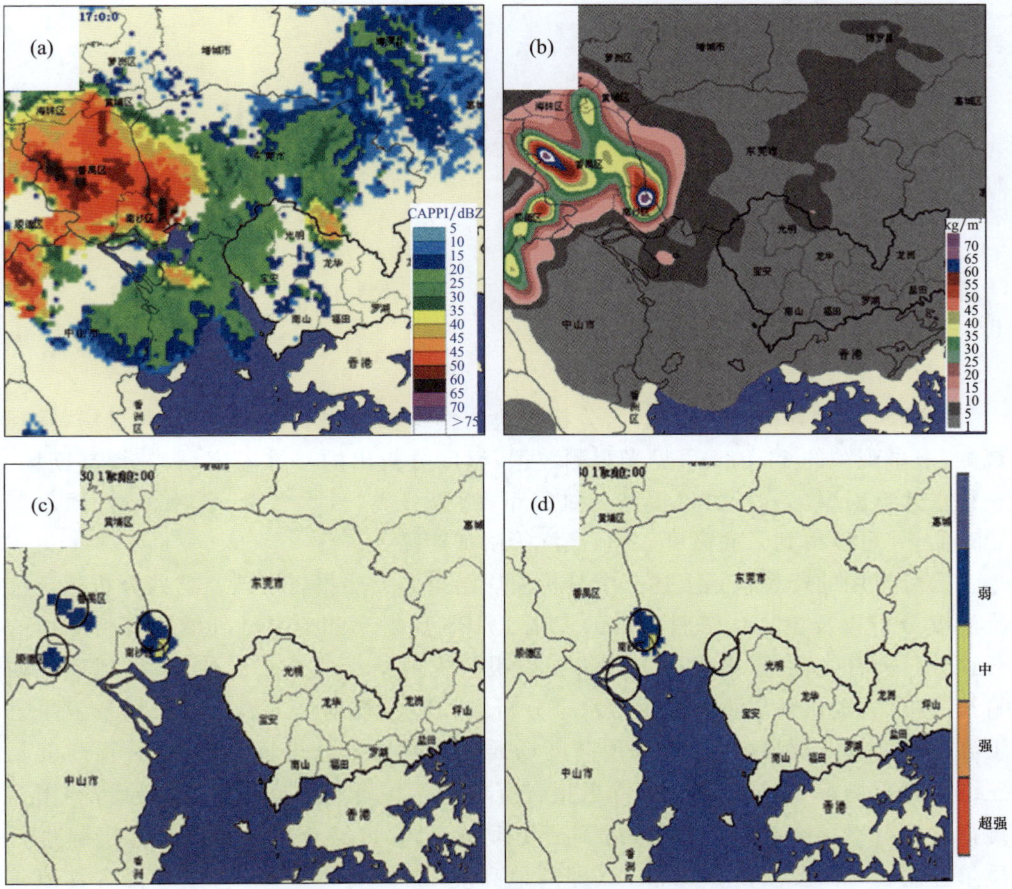

图 17-5　识别效果对比(○ 标注处为冰雹出现的位置)

(a)2.5 km 高度 CAPPI;(b)液态水含量;(c)机器学习法;(d)模糊逻辑法

$$\mathrm{POD}=\frac{n_{\text{成功}}}{n_{\text{成功}}+n_{\text{漏报}}} \tag{17-15}$$

$$\mathrm{FAR}=\frac{n_{\text{虚警}}}{n_{\text{成功}}+n_{\text{空报}}} \tag{17-16}$$

$$\mathrm{CSI}=\frac{n_{\text{成功}}}{n_{\text{成功}}+n_{\text{漏报}}+n_{\text{空报}}} \tag{17-17}$$

结果表明,AI 对于冰雹自动识别的 POD 为 86%,而模糊逻辑法 POD 仅为 77%,AI 的 POD 较传统模糊逻辑法提高了 9%左右;与此同时,AI 的 FAR 降低了 9%,而 CSI 提升了 14%。对比分析表明,AI 在冰雹自动识别上展示出较好的结果。

第18章　其他要素预报

1. 云分析预报产品生成功能

LAPS(局地分析预报系统)云分析模块的输入数据主要包括:模式背景场、常规观测,卫星观测的11 μm、可见光观测数据,温度分析出的三维温度场、三维高度场、三维雷达反射率。分析可以得到三维云量场、云分类、云水含量、云冰含量、雨水等云产品,并可以得到云底高度、云顶高度等附加产品。

云分析用的资料包括上述3个分析模块结果与云层报告资料。这些分析包括三维温度分析以及由雷达资料导出的三维LAPS反射率和卫星红外波段资料导出的云顶分析。首先,在水平方向上分析云层报告资料给出的垂直云信息,得到三维初猜云分析场,提供云层垂直及近似水平分析场;其次,根据三维温度分析场及卫星云顶温度场计算云顶高度场,将云顶高度场插值到初猜云分析场,以确定云顶高度及三维云分析场,利用统计方法消除云报告资料与卫星资料之间的差异;最后,利用三维雷达反射率场修正云分析场,得到云物理量。同时,云分析模块对雷达资料进行质量控制。若回波顶在2000AGL(即离地高度2000英尺①)以下,或者没有其他云基(基于IR卫星和其他资料),则舍弃雷达回波。若卫星资料能清楚显示云,则可见光卫星资料与雷达资料均可用。若可见光卫星资料显示无云,且没有雷达回波或回波强度小于30 dBZ,则舍弃回波。若雷达回波很强,则消除可见光信息,保留云最小值。

2. 能见度分析预报产品生成功能

利用数值预报产品中各垂直层次上的高度、温度、相对湿度、风速、2 m温度、2 m湿度、10 m风等变量,以及地形高度值,通过计算液态水含量和临界湍流交换系数,制作能见度分级预报产品。

(1)能见度因子筛选

① 使用地面气象站观测数据,进行低能见度天气个例的挑选,空间范围为指定区域。

① 1英尺≈0.3048 m,下同。

② 根据自动气象站数据挑选的个例，计算低能见度发生对应时间段的低能见度诊断参数。

③ 使用 sklearn（scikit 学习库）中因子挑选工具，挑选对低能见度诊断预报效果较好的因子。

（2）能见度诊断分析预报

低能见度的预报是一个很复杂的难题。由于当前的模式中在云参数化方案中更多的是注重对中高层云和降水物理过程的描述，对发生于贴地层的低能见度的物理机制的描述并不深入，许多重要的低能见度的物理过程并没有被考虑进去。并且当前模式的分辨率还不够细，低能见度是一种局地性较强的天气现象，受到局地地形、小尺度抬升的影响很大，而这种局地抬升因素在网格分辨率不够细的模式中无法体现出来。因此，本章将从低能见度的生成机制出发，重点考虑水汽、凝结以及湍流强度三个主要因素，通过计算液态水含量和临界湍流交换系数，判断低能见度的生成、维持以及消散。具体技术途径如下。

① 输入数值预报产品中各垂直层次上的高度、温度、相对湿度、风速、2 m 温度、2 m 湿度、10 m 风等变量，以及地形高度值；

② 利用云底高诊断产品云顶、云底条件，判断是否为晴空或者低云；

③ 晴空条件下，根据当前环境温度，给出相对湿度临界阈值，用于判断是否满足饱和条件；根据阈值，从下层向上查找得到饱和层厚度；

④ 如果饱和层厚度大于 0，则分别计算由于降温和暖湿平流造成的水汽增长率，得到雾水总增长率，如果水汽有所增长，则进一步判断是否满足湍流条件，即一定程度的湍流，在水汽条件充沛的条件下，有利于雾的维持，因此，如果湍流系数超过临界湍流阈值，则判断液态水总量是否超过成雾临界阈值，超过则成雾，否则不成雾；

⑤ 如果饱和层厚度小于 0，则不成雾；

⑥ 根据液态水总量设定不同阈值，诊断能见度。

3. 低空积冰预报产品生成功能

① 低空积冰因子筛选

低空积冰因子筛选的具体流程如下。

结合探空资料、数值预报产品，进行低空积冰个例的挑选，空间范围为涵盖目标区域；

根据挑选的个例，计算低空积冰发生对应时间段的低空积冰诊断参数；

使用 sklearn 中因子挑选工具，挑选对低空积冰诊断预报效果较好的因子。

② 低空积冰诊断预报

基于获取的探空资料、数值预报产品，建立低空积冰与云区、云层、云相态及云滴谱、云水含量、温度、湿度等要素场的关系模型，计算基于模式分析预报场的多种低空积冰指数，实现低空积冰区域和强度的综合判识。

③ 低空积冰区域潜势计算

根据获取的探空资料和数值预报产品,通过物理统计分析方法,建立低空积冰与云区、云层、云相态、云滴谱、云水含量、温度、湿度等要素场的关系模型,计算基于模式分析预报场的多种低空积冰指数,实现低空积冰区域的综合判识。主要步骤如下:相关数据集的收集和格点匹配;利用多源数据确定出云的三维结构;建立相关参数与积冰潜势的相关关系;判断积冰的物理特征;计算初始的积冰潜势;计算最终的积冰潜势。

基于云物理规则、低空积冰试验的经验参数和低空报告统计分析得到:低空云中相关参数与积冰潜势之间的相关关系。具体计算时,针对每个格点每个高度层获取云中温度(T)、云顶温度(CTT)、相对湿度(RH)、垂直速度(VV)和过冷水含量(SLW),把参数对应的相关关系指数带入积冰潜势计算方程中,从而获得积冰监测结果。

温度与积冰潜势的相关关系用来指示过冷水导致积冰的可能性。低空观测和基本的物理观点认为过冷水通常存在于冰点以下,随着温度的变化,过冷水存在的可能性逐渐减小。除深层对流外,在温度低于−25 ℃时,过冷水很少出现。积冰主要发生在温度−15～−3 ℃;当云顶温度高于−12 ℃时,这样的暖云主要由液态水组成,并且液态水随着云顶温度的下降而逐渐降低。积冰频率的峰值位于−12 ℃附近;积冰发生频率高时,其相对湿度也很高;垂直速度与积冰潜势的相关关系用来调整潜势的估计。当有云存在时,垂直向上速度能够促进液态水含量的升高,向下速度就意味着液态水的消失。

初始积冰潜势计算方程如下:

$$\mathrm{CIP_{ini}} = T_{\mathrm{map}} \times \mathrm{CTT_{map}} \times \mathrm{RH_{map}} \tag{18-1}$$

式中:$\mathrm{CIP_{ini}}$ 为初始积冰潜势,T_{map} 为温度相关关系,$\mathrm{CTT_{map}}$ 为云顶温度相关关系,$\mathrm{RH_{map}}$ 为相对湿度相关关系。

当模式中有垂直速度和过冷水结果时,利用这两个量来调整初始积冰潜势,生成最终积冰潜势。其中,当垂直速度结果为 0 或上升速度时,最终积冰潜势计算方程为式(18-2);当垂直速度结果为下降速度时,最终积冰潜势计算方程为式(18-3):

$$\mathrm{CIP_{fin}} = \mathrm{CIP_{ini}} + (1 - \mathrm{CIP_{ini}}) \times (0.6\mathrm{SLW_{map}} + 0.4\mathrm{VV_{map}}) \tag{18-2}$$

$$\mathrm{CIP_{fin}} = \mathrm{CIP_{ini}} + [(1 - \mathrm{CIP_{ini}}) \times 0.6\mathrm{SLW_{map}} + (\mathrm{CIP_{ini}} \times 0.4\mathrm{VV_{map}})] \tag{18-3}$$

式中:$\mathrm{CIP_{fin}}$ 为最终积冰潜势,$\mathrm{SLW_{map}}$ 为过冷水相关关系,$\mathrm{VV_{map}}$ 为垂直速度相关关系。根据积冰潜势,最终制作积冰区域监测产品。

④ 低空积冰强度计算

根据探空资料和数值预报产品,建立低空积冰与云区、云层、云相态、云滴谱、云水含量、温度、湿度等要素场的关系模型,根据积冰区域监测结果,计算基于模式分析预报场的多种低空积冰指数,实现低空积冰强度的综合判识。

a. I_c 算法

研究表明,当在低空−14～0 ℃区间飞行、遇有较大过冷水滴时,最易积冰,强积冰区通常发生在−9～−5 ℃。根据容易积冰的温度、湿度范围，国际民航组织推荐如下构建的低空积冰指数 I_c：

$$I_c = 2(\mathrm{RH} - 50) \times \left(T\,\frac{T + 14}{-49}\right) \tag{18-4}$$

式中：RH 为相对湿度(%)，T 为温度(℃)。公式中，前半部分用相对湿度线性拟合水滴的数量、大小的增长过程，RH 越接近 100，I_c 取值越接近最大值 100；后半部分用温度的二次方来拟合水滴的增长率，当 $t=-7$ ℃时 I_c 为最大值 1，$t=-14$ ℃和 0 ℃时 I_c 取最小值 0。RH 低于 50%或者 t 超过 0～14 ℃范围时，水滴增长率判断为 0，认为无积冰发生。

因此，积冰指数 I_c 输出范围为 0～100，数值越大，表示积冰越强；RH＝100%和 $t=-7$ ℃时，积冰指数取得最大值 100。具体积冰强度判据为：$0 \leqslant I_c < 50$，预报有轻度积冰；$50 \leqslant I_c < 80$，预报有中度积冰；$I_c \geqslant 80$，预报有严重积冰。按照这样的分类依据，在图形化显示中，预报结果分为 4 个等级：无积冰、轻度积冰、中度积冰、严重积冰。

b. RAP 算法

RAP(快速更新结冰)算法由美国国家大气研究中心开发。包含 4 种积冰类型，分别是一般条件积冰、不稳定条件积冰、冻雨型积冰和层状型积冰。具体定义如下。

一般条件积冰：-16 ℃$\leqslant t \leqslant 0$ ℃，RH≥63%。

不稳定条件积冰：-20 ℃$\leqslant t \leqslant 0$ ℃，RH≥56%，且低层不稳定层 $\mathrm{RH}_{max} \geqslant 65\%$。

冻雨型积冰：$t \leqslant 0$ ℃，RH≥80%，且高层 $t > 0$ ℃，RH≥80%。

层状型积冰：-12 ℃$\leqslant t \leqslant 0$ ℃，RH≥85%，且高层 $t < -12$ ℃，RH<85%。

RAP 算法提供的 4 种积冰类型，主要是由积冰形成的物理过程和气象条件而定义的。该算法提供了一种积冰的可能性，区别不出强度等级。

c. RAOB 算法

RAOB(无线电探空观测积冰)算法根据每个探空层上的温度(t)、露点(t_d)及温度递减率(γ)，区分积冰强度和积冰类型(表 18-1)。积冰层的上下限根据积冰判据由温度、露点在高度上的差值得到。积冰类型分为 8 个等级，在图形化显示中预报结果按照 8 个等级显示：无积冰、微量毛冰、轻度混合冰、轻度毛冰、轻度明冰、中度混合冰、中度毛冰、中度明冰。

表 18-1　RAOB 积冰分类方案

t/℃	$0 \geqslant t > -8$				$-8 \geqslant t > -16$				$-16 \geqslant t > -22$
$(t-t_d)$/℃	$t-t_d \leqslant 1$		$1 < t-t_d \leqslant 3$		$t-t_d \leqslant 1$		$1 < t-t_d \leqslant 3$		$t-t_d \leqslant 4$
γ/(℃/304800 mm)	$2 \leqslant \gamma$	$\gamma > 2$	$2 \leqslant \gamma$	$\gamma > 2$	$2 \leqslant \gamma$	$\gamma > 2$	$2 \leqslant \gamma$	$\gamma > 2$	
积冰类型	轻度毛冰	中度明冰	微量毛冰	轻度明冰	中度毛冰	中度混合冰	轻度毛冰	轻度混合冰	轻度毛冰

d. 低空积冰短期集成预报

设有 n 种解释应用方法得出的结论为$\{Y_i\}$，每种预报方法的权重为 $\omega_i \geqslant 0(i=1,2,\cdots,n)$，则经加权平均法综合后的预报结论为：

$$Y=\sum_{i=1}^{n}\omega_i Y_i \tag{18-5}$$

式中：当各 ω_i 均相等时，$\sum_{i=1}^{n}\omega_i=1$ 就成为算术平均法。加权平均法的关键是各预报方法权重 ω_i 的确定，采用经验拟合、预报评分等因子确定相应权重。

4. 低空结冰结霜产品生成功能

利用数值预报产品与深圳低空区域霜冻天气过程对照作为分析依据，建立低空范围内结冰结霜天气过程的概念模型，结合预报指标、相关因子普查，用多元回归方法建立低空逐日最低温度预报方程及霜冻等级预报，以实现低空区域 0～24 h 逐小时结霜等级预报产品的生成。

(1)结冰结霜天气过程概念模型

低空区域结霜天气的出现与冷空气影响 500 hPa 环流形势演变有密切关系，利用常规数值预报产品资料，对出现大范围结冰结霜的地面气压场、850 hPa 温度场及 500 hPa 高度场的环流形势进行合成分析，得到低空大范围结霜天气的平均环流形势图(图略)。

(2)大范围结霜预报指标

为做好低空大范围结霜过程开始日和结束日的预报，利用处理后的常规数值预报产品作为样本，对其进行深加工，形成地面冷高压强度指数、面积指数及 850 hPa 0 ℃线面积指数、强度指数、500 hPa 高度场关键区域的径向度指数、东西高度差指数等共 43 个基本能反映冷空气活动特征的因子，对冷空气影响时有无大范围结霜的 43 个因子进行对比分析，得出结霜过程开始日和结束日的预报指标和临界值。

(3)结霜和日最低气温

根据霜的形成原理，霜的形成与日最低气温关系非常密切。因此，在做好大范围霜的环流形势预报的基础上，判断低空是否会出现霜冻情况，这对日最低气温预报显得尤为重要。通过建立日最低气温预报方程进行日最低气温预报。

选取常规数值预报产品 0～24 h 地面冷高压强度指数、面积指数及 850 hPa 0 ℃线面积指数、强度指数、500 hPa 高度场关键区域的径向度指数、东西高度差指数等共 43 个基本能反映冷空气活动特征的因子，作为待选因子，预报低空区域日最低气温。

(4)结霜等级预报

在实际预报业务使用中，为了使得数值预报场更接近于实况场，对预报场进行预报误差订正后，再根据不同的因子组合预报是否有大范围的结霜，如果没有大范围结霜，则通过温度预报方程算出日最低气温值，并输出温度预报值；如果有大范围结霜，则根据温度预报结果做区域结霜等级预报。预报等级如下。

① $2\ ℃ < T_{min} \leqslant 5.5\ ℃$，轻霜；② $0\ ℃ < T_{min} \leqslant 2\ ℃$，有霜；③ $T_{min} \leqslant 0\ ℃$，重霜。

最后，输出结霜和温度预报值，处理流程如图 18-1 所示。

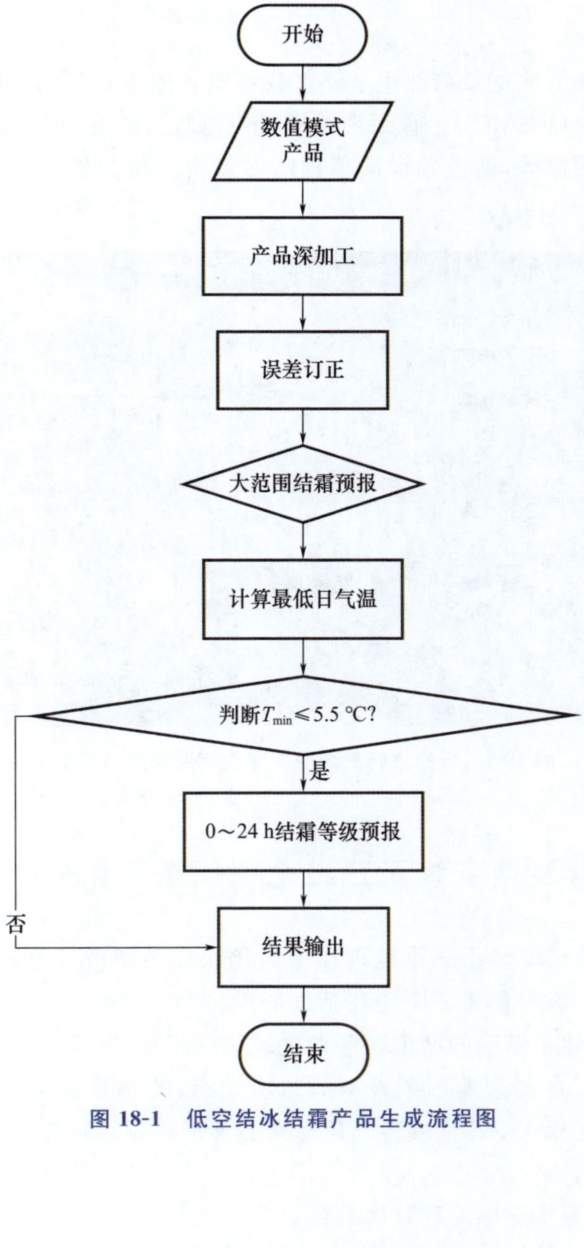

图 18-1　低空结冰结霜产品生成流程图

第 19 章　低空飞行气象数字孪生辅助系统

为进一步加强低空气象精细化全要素数字服务能力，深圳开展了低空飞行气象数字孪生辅助系统(FLATS)。该系统能实时快速监测影响低空飞行的气象因素，包括风切变、降雨、湿度等，通过预设阈值判断对低空飞行的影响，实现风险预警并分析形成建议航道(图 19-1)。

图 19-1　低空飞行气象数字孪生辅助系统页面展示

1. 城市全地形及楼宇修正三维地理模型同化分析服务

城市全地形及楼宇修正三维地理模型同化服务为城市气象预警系统提供了关键的基础数据层。该服务通过使用高精度的地理信息系统(GIS)技术、遥感数据和现场测量数据，创建了精确的城市地形和建筑物三维模型。这一模型能够有效地模拟和分析城市地区在复杂地形条件下的风场动态，特别是在台风等极端天气条件下。模型的高精度和三维特性使得气象专家能够准确预测风险点，为城市管理部门提供科学的决策支持。

(1)全球商业卫星遥感地理数据融合

全球商业卫星遥感地理数据融合作为获取高精度地理信息的关键步骤，通过利用全球范围内的商业卫星，收集地形、地貌、建筑物、植被等多种类型的遥感数据。这些数据经过数据清洗、数据对齐、数据分类和数据融合等处理流程，生成高精度的地理信息数据，为城市全地形及楼宇修正地理三维模型提供基础数据，同时为气象预报和模拟服务提供关键的输入。

(2)同簇锚点自动定位单体建筑

利用先进的计算机视觉技术，对城市的单体建筑进行自动定位和识别，这些定位和识别的结果，可以作为三维模型的重要输入。定位和识别算法具有高精度和高鲁棒性，能在复杂的城市环境中准确地识别和定位单体建筑。此外，算法还具有自我学习和自我优化的能力，通过不断地学习和优化，提高定位和识别的精度和效率。

(3)大规模城市级别扫描和锚点定位

利用遥感技术和地理信息系统，对大规模的城市进行扫描和锚点定位，为三维模型提供详尽的地理信息。扫描和定位系统具有高精度和高效率，能在短时间内完成大规模城市的扫描和定位任务。系统还具有强大的数据处理能力，能对收集到的大量数据进行快速处理和分析，生成高质量的地理信息数据。

(4)锚点数据清洗及人工复查

对收集到的锚点数据进行清洗，包括去除无效数据、纠正错误数据、填充缺失数据等步骤。清洗后的数据，进行人工复查，以确保数据的准确性和可靠性。数据清洗和复查流程严谨而高效，能有效地保证数据质量，为后续的模型构建和分析提供高质量的数据支持。

(5)可见光遥感数据锚点建模

可见光遥感数据锚点建模是一种利用可见光遥感数据，对城市的地理特征进行建模的方法。通过对可见光遥感数据的分析和处理，可以提取出地面的各种特征，如建筑物、道路、植被等。这些特征数据被用于构建地理信息模型，为城市全地形及楼宇修正地理三维模型提供关键的输入。这种建模方法能够有效地提取出城市地面的细节信息，提高模型的精度和真实性。

(6)高光谱遥感数据锚点建模

高光谱遥感数据锚点建模是一种利用高光谱遥感数据，对城市的地理特征进行更为详细的建模的方法。高光谱遥感数据能够提供更为丰富的光谱信息，可以用于识别和区分不同的地面特征，如不同类型的建筑物、不同类型的植被等。这些特征数据被用于构建更为详细和精细的地理信息模型，为城市全地形及楼宇修正地理三维模型提供更为丰富的输入。这种建模方法能够有效地提取出城市地面的细节信息，提高模型的精度和真实性。

(7)人工筛查三维楼宇数据

人工筛查三维楼宇数据是一种通过人工检查和筛选，确保三维楼宇数据的准确性和可靠性的方法。在模型构建的过程中，可能会出现各种错误和问题，如数据缺失、数据错误、模型错误等。通过人工筛查，可以发现并修正这些错误和问题，确保模型的准确性和可靠性。这种方法虽然耗时耗力,但是能够有效地保证模型的质量,提高模型的可用性。

(8)三维模型后期分类服务

三维模型后期分类服务是一种对生成的三维模型进行后期分类,以便于对不同类型的建筑和地形进行不同的分析和模拟的服务。通过对三维模型的分类,可以更为方便地进行各种分析和模拟,如风场模拟、洪水模拟、热岛效应模拟等。这种服务能够提高模型的可用性,提高分析和模拟的效率。

(9)缺失楼宇和GIS信息补充

缺失楼宇和GIS信息补充是一种对缺失的楼宇和GIS信息进行补充,以确保三维模型的完整性和准确性的方法。在模型构建的过程中,可能会出现楼宇信息缺失、GIS信息缺失等问题。通过补充这些缺失的信息,可以完善模型,提高模型的完整性和准确性。这种方法能够有效地保证模型的质量,提高模型的可用性。

2. 城市气象流体力学模拟在线分析服务

城市气象流体力学模拟在线分析服务平台利用上述三维模型进行更进一步的气象分析。该服务通过动态模拟城市中的风场和气流分布,对不同建筑物和地形的影响进行详细分析,从而预测可能的风险区域和风速。这些信息通过在线分析平台实时提供,确保了信息的时效性和准确性,大大提高应对低空突发气象事件的能力。

气象流体力学模型构建是一个复杂的过程,涉及对大气流体运动的物理规律进行数学描述。这些规律包括动量守恒、质量守恒、能量守恒等基本物理定律。模型的构建需要考虑大气的稳定性、湍流、湿度、温度等因素,以及地形、地面条件等地理因素的影响。构建的模型需要经过验证和校正,才能用于后续的气象流体力学模拟和分析。

在模型构建中考虑地形、地面条件等地理因素的影响。这些因素对大气流体运动有重要影响,需要在模型中进行详细描述。这个模块对整个系统非常重要,因为它确保了模型的全面性和准确性。考虑这些因素,可以使模型更好地反映实际的大气流动情况。

对构建的气象流体力学模型进行验证和校正。验证是通过与实际观测数据进行比较,检验模型的正确性。校正是根据验证结果,对模型进行修正。这个模块对整个系统非常重要,因为它直接影响到模型的预测精度和可靠性。通过模型的验证和校正,可以提高模型的准确性,使模型能够更好地反映实际的气象流动情况。

模型离散化处理是指将连续的气象流体力学模型转化为离散的数学模型,以便于计算机进行数值计算。这一过程通常包括空间离散化和时间离散化两个部分。空间离散化是将模型的空间域划分为一系列的网格或元素;时间离散化是将模型的时间域划分为一系列的时间步长。离散化处理需要考虑模型的稳定性和精度,以保证模拟结果的可靠性。

(1)空间离散化处理

空间离散化处理是将连续的气象流体力学模型的空间域转化为离散的数学模型,这是通过将模型的空间域划分为一系列的网格或元素来实现的。这一步骤是整个模型处理中必不可少的部分,因为它为后续的计算提供了基础,同时也大大降低了计算的复杂性并提高了计算的效率。在具体的操作流程中,我们首先需要根据模型的特性和计算资源的限制,选择合适的离散化方法,如有限差分法、有限元法、有限体积法等;然后根据所选的离散化方法,将模型的空间域划分为一系列的网格或元素;最后将连续的偏微分方程转化为离散的代数方程、积分方程或守恒方程。空间离散化处理在整个系统中与其他模块的协同作用非常重要,它为时间离散化处理、数据处理以及模型优化等提供了基础。

(2)时间离散化处理

时间离散化处理是将连续的气象流体力学模型的时间域转化为离散的数学模型,这是通过将模型的时间域划分为一系列的时间步长来实现的。这一步骤同样是整个模型处理中必不可少的部分,因为它为后续的计算提供了基础,同时也大大降低了计算的复杂性并提高了计算的效率。在具体的操作流程中,我们首先需要根据模型的特性和计算资源的限制,选择合适的离散化方法,如显式方法和隐式方法;然后根据所选的离散化方法,将模型的时间域划分为一系列的时间步长;最后根据当前时刻的状态计算下一时刻的状态。时间离散化处理在整个系统中与其他模块的协同作用非常重要,它与空间离散化处理协同工作,并为数据处理以及模型优化等提供了基础。

(3)模型稳定性和精度控制

模型稳定性和精度控制是确保模型计算结果的可靠性的重要步骤。这一步骤在整个模型处理中是必不可少的,因为它可以有效地防止计算过程中的误差累积,提高模型的预测精度。在具体的操作流程中,我们首先需要根据模型的特性和计算资源的限制,选择合适的稳定性和精度控制方法;然后根据所选的方法,对模型进行稳定性和精度的检验和调整;最后根据检验和调整的结果,对模型进行优化。模型稳定性和精度控制在整个系统中与其他模块的协同作用非常重要,它需要在空间离散化和时间离散化的基础上进行,并为数据处理以及模型优化等提供了基础。

(4)跨高度模拟预处理

跨高度模拟预处理是指在进行气象流体力学模拟之前,对模型进行预处理,以考虑模型在不同高度上的变化。这一过程包括对模型的垂直层次结构进行设定,以及对模型在不同高度上的初始条件和边界条件进行设定。预处理的目标是确保模型能够准确地模拟大气在不同高度上的流动情况。

低空大风风险仿真数值运算是指利用气象流体力学模型,对城市边界层大风风险进行仿真和计算。这一过程包括对风场的模拟,以及对风速、风向等风险因素的计算。通过仿真计算,可以预测城市下垫面的大风风险,为城市的风险防控提供科学依据。

风险因素计算是城市边界层大风风险仿真数值运算的重要部分,这一步骤的目的是通过对风速、风向等风险因素的计算,评估城市边界层大风风险。在这一过程中,需要考虑风速的大小、风向的变化、风的持续时间等因素。这些因素对大风风险的评估有着直接的影响。首先通过风场模拟的结果,得到风速的空间分布。然后通过对风速的统计分析,可以计算出风速的最大值、平均值、标准差等参数。这些参数可以反映风速的强度和变化性,是评估大风风险的重要依据。通过风场模拟的结果,可以得到风向的空间分布。最后通过对风向的统计分析,可以计算出风向的主导方向、变化范围等参数。这些参数可以反映风向的稳定性和变化性,是评估大风风险的重要依据。风险因素计算是一个需要综合考虑风速、风向等风险因素的复杂过程。这一步骤的目标是通过计算,准确地评估城市边界层大风风险,为城市的风险防控提供科学依据。

风险预测与防控是城市边界层大风风险仿真数值运算的最后部分,这一步骤的目的是通过对风险因素的预测,为城市的风险防控提供科学依据。在这一过程中,需要将风险因素的计算结果与历史风险数据进行对比,以预测未来的风险情况。首先通过风险因素的计算结果,可以得到当前的风险等级。然后通过对历史风险数据的分析,可以得到风险的历史变化趋势。最后通过将当前的风险等级与历史变化趋势进行对比,可以预测未来的风险情况。

根据风险的预测结果,可以制定相应的防控措施。例如,如果预测结果显示未来的风险等级较高,可以提前发布风险预警,采取相应的防控措施。如果预测结果显示未来的风险等级较低,可以适当降低防控措施的强度,以减少防控成本。风险预测与防控是一个需要综合考虑风险因素、历史风险数据和防控措施的复杂过程。这一步骤的目标是通过预测,为城市的风险防控提供科学依据,以实现风险的有效防控。

(5)滚动式比对修正模型

滚动式比对修正模型是指在模拟过程中,不断地将模拟结果与实际观测数据进行比对,然后根据比对结果对模型进行修正。这一过程可以提高模型的预测精度,使模型能够更好地反映实际的气象流动情况。滚动式比对修正模型是气象流体力学模拟的重要环节,对提高模拟结果的可靠性具有重要意义。

滚动式比对修正模型的核心是一个持续的比对和修正过程。在模拟开始之前,首先,需要设定模型的初始条件,这些初始条件通常基于实际的气象观测数据。然后,模型开始进行模拟计算,生成模拟结果。在模拟过程中,模型会不断地将模拟结果与实际的气象观测数据进行比对。这种比对是滚动式进行的,即每次比对都是基于最新的模拟结果和最新的观测数据。

比对过程的目的是检查模型的模拟结果是否准确,是否能够反映实际的气象流动情况。比对结果可以用来评估模型的预测精度，也可以用来发现模型的潜在问题。例如，如果模型的模拟结果与实际观测数据存在较大的偏差，可能说明模型的某些参数设定不合理，或者模型的某些物理过程没有被准确地描述。

(6)模型自修正

模型自修正是滚动式比对修正模型的另一个关键环节。模型自修正是基于比对结果进行的，目的是改进模型的预测性能，使模型能够更准确地模拟气象流动情况。

模型自修正通常包括两个方面：一是参数修正，二是物理过程修正。参数修正是指根据比对结果，调整模型的参数值，例如垂直扩散系数、湍流模型参数等。物理过程修正是指根据比对结果，改进模型的物理过程描述，例如对流过程、辐射过程等。

模型自修正是一个迭代的过程，需要反复进行比对和修正，直到模型的预测精度达到满意的水平。在这个过程中，可能需要反复调整模型的参数值，或者反复改进模型的物理过程描述。这个过程可能会比较耗时，但是通过这种方式，可以显著提高模型的预测精度，使模型能够更好地反映实际的气象流动情况。

3. 城市大风三维数值模拟验证及优化迭代

该模块旨在通过连续迭代和优化确保三维数值模拟的精确性和实用性。首先，通过与实际气象数据对比，验证模拟系统的初始效果，识别任何显著的偏差和不一致性。然后，利用高级算法调整模型参数，优化模拟过程中的风速、风向和风压计算。该过程不断迭代，直至模拟结果与实测数据高度一致，确保模型能在实际应用中提供可靠的数据支持。最后，该模块还将使用人工智能技术来预测和模拟极端气象条件下的城市风场，为城市规划和灾害预防提供科学依据。

(1)验证数据自获取

该模块具有自动从气象数据源提取关键信息的能力，这些信息包括风速、风向、风压等关键参数。这些数据将被用于验证模拟系统的准确性，以确保模拟结果与实际气象情况高度一致。自动化获取数据的功能不仅提高了数据收集的效率，也保证了数据的实时性和完整性，为模拟系统提供了强有力的支持。

(2)系统压力测试

系统压力测试模块的主要目标是保证三维数值模拟系统在面对各种极端气象条件时能够稳定运行。通过模拟极端的大风天气情况，如台风、龙卷等，该模块能够对系统的稳定性和可靠性进行全面测试。通过这种方式，可以发现并提前处理系统在面对极限压力时可能存在的问题，从而确保其在实际应用中的稳定性。

(3)风险历史评估预处理

风险历史评估预处理模块对获取的历史数据进行一系列的预处理工作，包括数据清洗、格式转换、异常值处理等，以确保数据的质量和准确性。这个模块的工作为后续的风险历史评估提供了准确、高质量的数据支持。

(4)风险历史评估

风险历史评估模块通过对过去的气象数据进行深入分析和研究，评估不同风速、风向和风压对城市的影响，研究它们与城市结构、城市功能区布局等因素之间的关系。通过这种方式，可以更好地理解大风对城市的影响，为优化模型提供了重要的参考依据。

(5)优化迭代数据获取

优化迭代数据获取模块在每次优化迭代过程中，自动获取新的数据，以验证模型的改进效果。该模块收集各种气象数据，包括但不限于风速、风向、风压等，这些数据将被用于检验模型是否已经达到预期的优化效果。

(6)模型自优化迭代

模型自优化迭代模块是核心部分。在每次迭代过程中，根据验证数据和压力测试的结果，对模型进行调整和优化。对模型的参数进行微调，算法进行优化，以提高模拟结果的准确性。这个模块的存在，使模型能够不断进步，不断提高其预测和模拟的准确性。

4. 立体空间气象数据算法模型搭建及验证优化服务

本模块专注于开发和完善用于处理和分析立体空间气象数据的算法模型。算法模型将能够处理来自多个数据源的复杂数据，如地面气象站、气象卫星和风廓线雷达等，实现数据的三维可视化。通过构建精细的城市三维模型，算法能够展示不同高度层上的风速和风向变化，为城市管理提供动态的、实时的气象信息。此外，模型将集成机器学习技术，自动从历史数据中学习并优化算法参数，提高预测的准确性和效率。通过持续的验证和优化，该服务旨在成为城市气象预测和灾害响应的重要工具。

(1)立体空间气象数据处理与分析

立体空间气象数据处理与分析是此模块的重要职责之一，主要负责处理和分析来自多个数据源的复杂数据，如地面气象站、气象卫星和风廓线雷达等。通过精细的数据处理和深入的数据分析，能够实现数据的三维可视化，展示不同高度层上的风速和风向变化。数据的统计分析将对数据进行描述性统计和推断性统计。描述性统计可以提供数据的基本特征，如平均值、标准差和分布形状等。推断性统计可以提供数据的推断结果，如相关性、显著性和预测误差等。

数据的三维可视化是指将数据在三维空间中进行可视化，以直观地展示数据的空间分布和变化。三维可视化可以使用各种可视化技术，如体渲染、等值面和流线等。三维可视化可以帮助我们更好地理解和解释数据，为风险防控提供直观的参考。

(2)立体空间气象数据算法模型搭建

立体空间气象数据算法模型搭建是此模块的核心工作，主要负责构建用于处理和分析立体空间气象数据的算法模型。通过构建精细的城市三维模型，算法能够更好地处理和分析立体空间气象数据，为城市管理提供动态的、实时的气象信息。

① 立体空间气象数据的算法模型构建

立体空间气象数据的算法模型构建是一个复杂的过程，需要综合考虑数据的特性、任务的需求和计算资源的限制。算法模型的构建主要包括模型的选择、参数的设定和模型的训练等步骤。

模型的选择是算法模型构建的第一步。模型的选择需要根据数据的特性和任务的需求来进行。例如，如果数据具有明显的时空相关性，可以选择基于时空自相关的模型，如自回归移动平均模型(ARMA)和卡尔曼滤波模型等。如果任务需要预测未来的气象情况，可以选择基于时间序列的预测模型，如自回归积分滑动平均模型(ARIMA)和长短期记忆网络等。

参数的设定是算法模型构建的第二步。参数的设定需要根据数据的特性和模型的特性来进行。例如，对于自回归模型，需要设定自回归项的个数，这个参数可以通过自相关函数(ACF)和偏自相关函数(PACF)来确定。对于神经网络模型，需要设定网络的结构(如层数和节点数)和训练参数(如学习率和批大小)，这些参数可以通过交叉验证和网格搜索等方法来确定。

模型的训练是算法模型构建的第三步。模型的训练需要根据模型的特性和计算资源的限制来进行。例如，对于线性模型，可以使用最小二乘法进行训练，这种方法的计算复杂度较低，适合于大规模数据。对于神经网络模型，可以使用反向传播算法进行训练，这种方法的计算复杂度较高，需要使用高性能计算设备。

② 立体空间气象数据的算法模型应用

立体空间气象数据的算法模型应用主要包括模型的验证、模型的预测和模型的优化等步骤。

模型的验证是算法模型应用的第一步。模型的验证需要根据模型的预测结果和实际观测数据来进行。例如，可以计算模型的预测误差，如均方误差和平均绝对误差等。可以计算模型的预测准确率，如准确率(ACC)和召回率(REC)等。通过模型的验证，可以评估模型的预测性能，发现模型的潜在问题。

模型的预测是算法模型应用的第二步。模型的预测需要根据模型的参数和输入数据来进行。例如，对于自回归模型，可以使用历史数据作为输入，通过模型的参数计算出未来的预测值。对于神经网络模型，可以使用当前的数据作为输入，通过模型的参数计算出未来的预测值。通过模型的预测，可以得到未来的气象情况，为城市管理提供实时的气象信息。

模型的优化是算法模型应用的第三步。模型的优化需要根据模型的验证结果和预测结果来进行。例如，如果模型的验证结果不满意，可以通过调整模型的参数或改变模型的结构来提高模型的预测性能。如果模型的预测结果不准确,可以通过引入更多的数据或改进模型的训练方法来提高模型的预测精度。

总体来说,立体空间气象数据算法模型搭建是一个涉及模型选择、参数设定、模型训练、模型验证、模型预测和模型优化等多个步骤的复杂过程。通过这个过程,可以构建出能够处理和分析立体空间气象数据的算法模型,为城市管理提供动态的、实时的气象信息。

(3)机器学习技术集成

机器学习技术集成是此模块的重要环节,主要负责将机器学习技术集成到算法模型中。自动从历史数据中学习并优化算法参数,能够提高预测的准确性和效率。

① 机器学习技术的选择与应用

机器学习技术的选择与应用是集成的首要步骤。在众多的机器学习技术中,选择适合的算法对于解决特定的问题至关重要。选择的过程需要根据数据的特性和预测任务的需求来决定。例如,对于具有线性关系的数据,可以选择线性回归或支持向量机等线性模型。线性模型假设数据之间存在线性关系,可以通过找到最佳拟合线来进行预测。这种模型简单易懂,计算效率高,对小规模的线性数据可以取得很好的效果。

然而,现实中的数据往往是非线性和高维的,这就需要更复杂的模型来处理。例如,决策树、随机森林或深度学习等非线性模型。决策树通过构建一棵树来进行决策,每个节点代表一个特征,每个分支代表一个决策规则,每个叶子节点代表一个预测结果。随机森林是决策树的集成,通过构建多棵决策树并取其平均结果来进行预测,既可以处理非线性数据,又可以防止过拟合。深度学习则是一种基于神经网络的算法,可以处理高维和复杂的数据,对于图像、语音和文本等数据有很好的处理能力。

选择合适的模型后,需要使用训练数据来训练模型。训练的过程就是学习的过程,模型通过优化算法(如梯度下降)来不断调整参数,使得预测结果与实际结果的差距最小化。这个过程需要大量的计算资源和时间,但随着硬件技术的发展和优化算法的改进,这个过程的效率正在不断提高。通过训练,模型能够从历史数据中学习到有用的信息,并用于预测未来的气象情况。

② 机器学习技术的集成

机器学习技术的集成是提高模型预测性能的有效手段。集成方法的基本思想是构建多个模型,并结合它们的预测结果,以达到比单一模型更好的预测效果。集成方法主要包括 Bagging(自举汇聚法)、Boosting(提升法)和 Stacking(堆叠法)等。

Bagging 方法是一种并行的集成方法,构建多个独立且分布均匀的基学习器,然后通过投票或平均的方式来进行预测。Bagging 方法的优点是可以提高预测的稳定性和准确性,减少过拟合的风险。随机森林就是一种典型的 Bagging 方法。

Boosting 方法是一种串行的集成方法,通过构建多个依赖的基学习器,每个学习器都在尝试修正前一个学习器的错误，从而提高预测的准确性。Boosting方法的优点是可以处理各种类型的数据，对于噪声数据和异常数据有很好的鲁棒性。梯度提升树(GBT)就是一种典型的Boosting方法。

Stacking方法是一种多层的集成方法，构建多层的学习器，以上一层学习器的输出作为下一层学习器的输入，通过这种方式提高预测的准确性。Stacking方法的优点是可以结合多种不同的模型，充分利用各个模型的优点。在实际应用中，Stacking方法需要注意过拟合的风险。

③ 机器学习技术的优化与调整

机器学习技术的优化与调整是一个持续的过程，主要包括参数调优和模型选择等。

参数调优是提高模型预测性能的重要手段。每个模型都有一些参数，这些参数决定了模型的复杂度和灵活性。例如，神经网络的层数和节点数，决策树的深度和叶子节点数等。参数的设定需要根据数据的特性和任务的需求来进行，既不能过大导致过拟合，也不能过小导致欠拟合。参数调优通常需要通过交叉验证等技术来进行，以确保模型的泛化性能。

模型选择则是通过比较不同模型的预测性能，选择最优的模型。模型选择的过程也需要通过交叉验证等技术来进行，以防止过拟合的风险。在模型选择的过程中，需要考虑模型的复杂度、训练时间、预测精度和解释性等因素。机器学习技术集成是一个涉及模型选择、模型训练、模型集成和模型优化等多个步骤的过程。这个过程需要大量的计算资源和专业知识，但通过这个过程，可以大大提高立体空间气象数据算法模型的预测准确性和效率，从而为城市管理提供更准确、更及时的气象信息。

(4)算法模型验证与优化

算法模型验证与优化是此模块的关键步骤，主要负责对搭建的算法模型进行持续的验证和优化。通过持续的验证和优化，能够确保算法模型的性能和稳定性，使其成为城市气象预测和灾害响应的重要工具。

① 算法模型的验证

算法模型的验证是评估模型性能的重要步骤，主要包括训练集验证和测试集验证两部分。

训练集验证是在模型训练过程中进行的，主要用于监控模型的学习过程，检测是否存在过拟合或欠拟合的问题。通过观察模型在训练集上的误差变化，可以了解模型是否能够有效地从数据中学习，以及是否需要调整学习策略或优化算法。此外，训练集验证还可以用于模型的早期停止，即当模型在训练集上的性能达到一定阈值或不再提高时，停止训练，以防止过拟合。

测试集验证是在模型训练完成后进行的，主要用于评估模型的泛化性能，即模型对未知数据的预测能力。通过计算模型在测试集上的误差，可以了解模型在实际应用中的预测性能，以及是否需要进行模型选择或参数调优。此外，测试集验证还可以用于模型的比较，即通过比较不同模型在测试集上的性能，选择最优的模型。

② 算法模型的优化

算法模型的优化是提高模型性能的关键步骤，主要包括参数优化和结构优化两部分。

参数优化调整模型的参数，使模型在训练集上的误差最小化。参数优化的方法有很多，如梯度下降、牛顿法、遗传算法等。其中，梯度下降是最常用的方法，它通过计算误差函数的梯度，沿着梯度的反方向更新参数，逐步减小误差。然而，梯度下降可能会陷入局部最优解，因此还需要其他的优化策略，如动量、学习率衰减、早期停止等。

结构优化调整模型的结构，使模型在测试集上的误差最小化。结构优化的方法有很多，如特征选择、模型选择、集成学习等。其中，特征选择是最常用的方法，它通过选择最有用的特征，减少模型的复杂度，提高模型的泛化性能。模型选择是通过比较不同模型的性能，选择最优的模型。集成学习则是通过结合多个模型的预测结果，提高模型的稳定性和准确性。

算法模型验证与优化是一个持续的过程，需要根据模型的验证结果和实际需求，不断地调整模型的参数和结构，以提高模型的性能和稳定性。这个过程可以使算法模型成为城市气象预测和灾害响应的重要工具。

5. 高分辨率区域模式建设模块

模块概述：1 km×1 km 高分辨率区域模式建设模块是低空气象人工智能+模型预报服务的重要组成部分，也是加强精准化预报预警及基础服务能力建设的重要中心技术环节。1 km×1 km 高分辨率区域模式建设子模块通过采用数值模式嵌套技术，生成区域 1 km×1 km 高分辨率模式产品，以高分辨率的模式预报产品，有效提高预报预警的准确率，为低空气象人工智能+模型预报服务提供高分辨率数值模式预报产品支撑。

6. 高分辨率数值模式智能解释应用模块

(1)模块概述

针对雷暴、降水(雨、雪和雨夹雪)、低云大雾、颠簸、风切变等危险天气的分析经验，实现不同等压面、等高面常规产品的智能自动生成，低空单站时间剖面产品、空间剖面分析产品的本地智能自动生成，以及 K 指数、综合廓线等相关诊断产品的智能自动生成等功能，以满足预报人员高效诊断分析需求，支撑 AI 智能预报、智能最优产品输出计算分析。

(2)模块组成

高分辨率数值模式智能解释应用模块组成如图 19-2 所示。

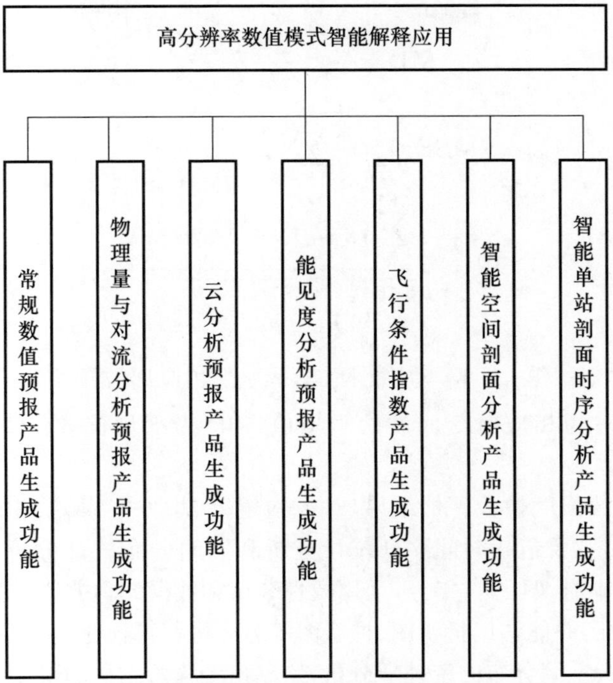

图 19-2　高分辨率数值模式智能解释应用模块组成图

(3)常规数值预报产品生成功能

实现常规数值预报产品(包括不同等压面上的高度、温度、湿度、风场),场面气压、降水量、云水含量、雨水含量等分析场和预报场产品的生成,不同飞行高度层的温度、湿度、风场、低空颠簸等航空气象要素分析场和预报场产品的生成功能。

(4)物理量与对流分析预报产品生成功能

根据生成的主流数值模式产品数据中的常规数值预报产品,实现对物理量产品和大气对流参数产品的诊断计算,以生成标准等压面和飞行高度层的物理量诊断分析产品和大气对流参数产品。

(5)智能空间剖面分析产品生成功能

实现对外推模式回波要素分析、高层风剖面分析,并制作输出空间剖面分析产品。具体算法如下。

① 外推模式回波要素分析

主要实现对外推模式雷达回波强度的一致性分析,获取同距离库上同一个空间位置的回波数据,确定雷达站相同观测区域,利用回波平均偏差、均方根误差及相关系数等指标,实现对外推回波差异的分析。

雷达回波强度的一致性检验指标主要包括:平均偏差、均方根误差和相关系数,其公式原理如下。

$$\mathrm{MD}=\frac{\sum_{i}^{n}\left|r_{i,j}-\bar{r}_{i}\right|}{n} \tag{19-1}$$

$$\mathrm{RMSE}=\sqrt{\frac{1}{n}\sum_{j}^{n}\left|g_{i,j}-r_{i,j}\right|^{2}} \tag{19-2}$$

$$\mathrm{COR}=\frac{\sum_{j}^{n}(g_{i,j}-\bar{g}_{i})(r_{i,j}-\bar{r}_{i})}{\sqrt{\sum_{j}^{n}(g_{i,j}-\bar{g}_{i})^{2}(r_{i,j}-\bar{r}_{i})^{2}}} \tag{19-3}$$

式中:$g_{i,j}$ 为 i 时刻的第 j 个格点实测回波,$r_{i,j}$ 为相应回波预报,$\bar{g}_i$ 为 i 时刻全部有效回波平均值,$\bar{r}_i$ 为相应时刻回波的平均值,MD 为平均偏差,RMSE 为均方根误差,COR 为相关系数。

根据雷达回波强度检验评估结果,对平均偏差、均方根误差、相关系数等评估指标进行统计分析,主要包括时间序列统计分析和空间分布统计分析。时间序列分析统计尺度涵盖逐小时、日、月、年等,运用数理统计和数据处理方法,统计各评估指标误差的时间变化特征,并能够以折线图、柱状图等方式进行可视化展示与分析。通过对得到的评估结果进行空间分布的统计学分析,绘制出各检验结果的误差空间分布图。

② 高层风剖面分析

高层风的剖面分析是指基于获取的数值模式高空风预报数据,实现对单站高空风垂直剖面对比分析、风速随高度变化分析及垂直风切变随高度变化分析等功能。同时,基于预先定制好的产品模板,实现高空风剖面分析产品的制作。

③ 高空风剖面分析

获取模式高空风预报数据(含风向、风速),主要实现对高空风垂直剖面分析、垂直风切变随高度变化分析以及高空风风速随高度变化分析等。

a. 高空风垂直剖面分析

通过获取模式高空风风向、风速数据,分析出垂直风速从近地面到高空呈现的是递增或递减趋势,以及垂直风向角度从地面到高空呈递增或递减趋势变化等。

b. 高空风风速随高度变化分析

通过获取高空风风速预报数据,分析高空风风速随高度变化的规律。随着高度的增加,风向一般呈顺时针旋转,这是受地转偏向力和地表摩擦力的共同作用造成的。随着高度的增加,地表摩擦力对风向的影响越来越小,因此风速增加也变小。

c. 垂直风切变随高度变化分析

通过获取高空风风速预报数据,利用垂直风切变计算公式,实现对垂直风切变的计算,得到垂直风切变计算结果,实现垂直风切变随高度变化规律的对比分析。

④ 模板制作

针对服务产品的不同类别，定制对应的产品模板，模板包括日常服务产品模板、专题服务产品模板及决策服务产品模板等，模板包括各类产品的内容主题和板式。制作产品时可调用预先定义的数据、文本、图形等，基于模板制作统一风格的产品。

默认定制的日常服务产品模板，通过在模板中使用关键词，并经过系统自动替换，生成对应的产品。模板定义遵循服务产品的属性特征及应用领域，可进行灵活配置，实现产品的标准化、流程化、自动化制作。

⑤ 高层风剖面分析产品制作生成

基于输出的高空风垂直剖面分析、高空风风速随高度变化分析及垂直风切变随高度变化分析等结果，利用预先定制的产品模板，高层风剖面分析产品制作前可调用预先定义的数据、文本及图形，基于模板制作统一风格的产品。

通过启动高层风剖面分析产品制作任务，实现各剖面分析产品的标准化、流程化、自动化制作功能。处理流程如图19-3所示。

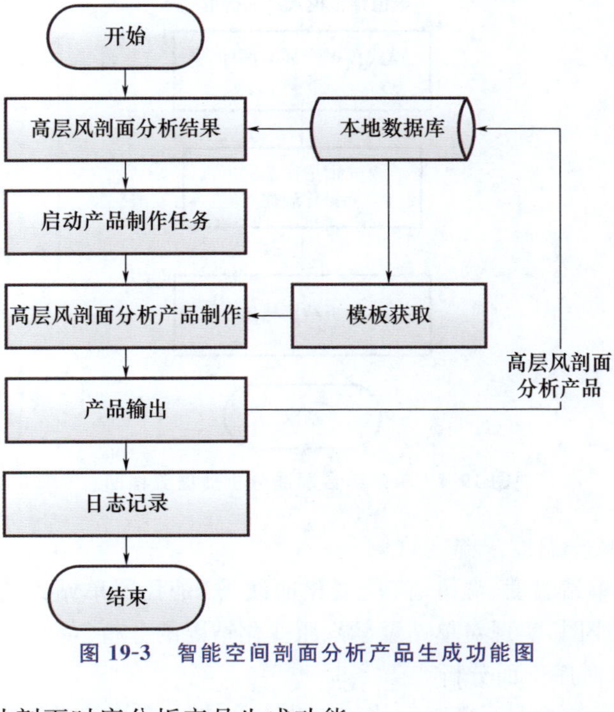

图19-3 智能空间剖面分析产品生成功能图

(6)智能单站剖面时序分析产品生成功能

实现单站综合廓线、三线图(风+温度+湿度)、云水云冰时序剖面分析、云量时序剖面分析、相态(雨、雪、冻雨、湿雪、雨夹雪、冰粒)综合分析、散度和廓线剖面分析、模式探空曲线分析等组合要素剖面分析。具体算法如下。

① 单站综合廓线

利用数据访问接口等技术手段，获取数值预报模式产品，以对用户任意点的经纬度单站进行时间序列分析。时间序列分析是一种动态的数据处理方法,通过对时间点先后顺序排列,且随时间变化的预报信号进行分析,了解各数值模式预报值的变化特性。

建立相应的时序模型,以探究预报信号随时间变化的规律,及其前后预报信号之间的相关性,准确地预测未来行为。处理流程如图 19-4 所示。

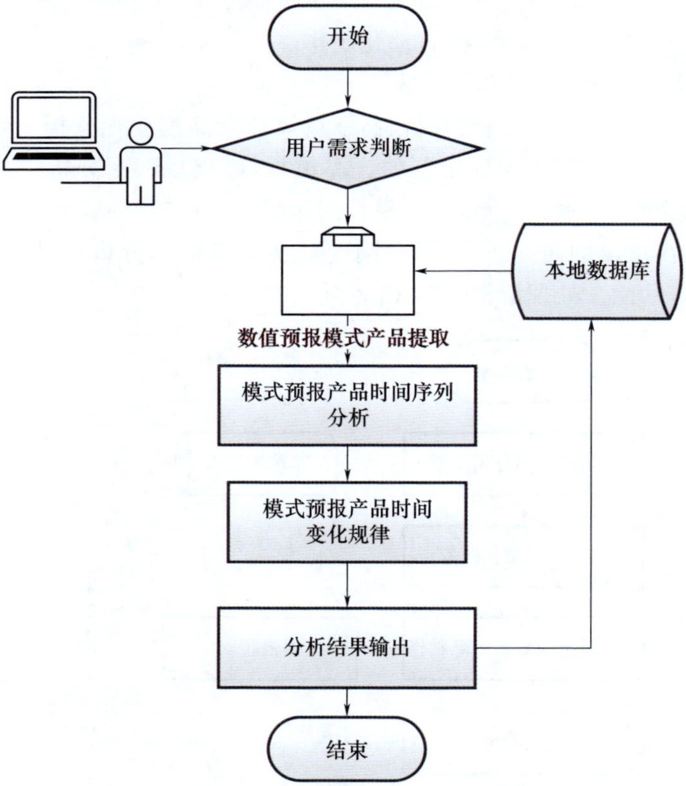

图 19-4　单站综合廓线分析处理流程图

② 三线图(风＋温度＋湿度)

三线图是指单站温度、湿度、气压变化曲线图,是我国单站天气预报工具之一。通过绘制得到三线图,实现对单站温、湿、压变化情况的分析。

③ 云水云冰时序剖面分析

云水含量和云冰含量是衡量云中液态水和固态水多少的常用指标,需分析出云水含量和云冰含量的分布情况,并分析相应的均方差分布。结合大气垂直运动,分析不同纬度带的云水和云冰的垂直分布,分析低空不同区域的云水、云冰分布的区域性差异,分析云水、云冰的时空演变。

④ 云量时序剖面分析

采用趋势分析方法,对不同云量的时间序列进行趋势分析。先对云资料序列 T

(t)用线性函数 $T=at+b$ 来拟合$(t=1,2,\cdots,n)$，按最小二乘法可求得系数 a 和常数 b，其中系数 a 是趋势项：

$$a=\frac{n\sum tT-\sum t\sum T}{n\sum t^2-(\sum t)^2} \tag{19-4}$$

a 值的正负表示该云量序列随时间变化的方向，正值表示云量随时间变化的趋势增加，负值则表示云量趋于减少。a 的绝对值大小表示变化的快慢程度。

⑤ 相态（雨、雪、冻雨、湿雪、雨夹雪、冰粒）综合分析

降水相态的主要影响因素为温度，但不同相态的转变不仅与近地面温度有关，而且还与整层大气温度的垂直结构有直接关系。在建立深圳低空降水相态预报指标时，需要考虑不同高度层的温度与近地面的温度，用来对比分析不同天气形势下不同降水相态对应的温度要素差异。

常规的 08 时和 20 时探空资料所得的温度只是不同标准高度层上的温度，不能用来识别两层或整层大气的温度状况。根据大气静力学方程，气压层之间的厚度与两层间的平均温度成正比，平均温度越高，对应两层间的厚度也就越大。位势厚度也常被用来建立降水相态预报指标，即通过分析比较这些厚度，为降水类型的阈值提供不同相态降水的信息。

⑥ 散度和廓线剖面分析

散度和廓线要素在垂直面上的分布图，以水平距离为横坐标，以高度或气压的对数尺度为纵坐标。绘制得到散度和廓线剖面图，实现对散度和廓线剖面的分析。

⑦ 模式探空曲线分析

用户点击任意经纬度的单点，系统自动调用数据，根据干绝热线、等饱和比湿线和湿绝热线的公式进行求算，以实现对此处单点 T-ln$p$ 图的绘制及分析。T-ln$p$ 分析图是一种预报对流性天气（如雷暴、冰雹等）的重要工具，这是由于强对流天气是由水汽条件、不稳定层结条件和动力抬升条件三方面条件综合作用造成的。由于 T-ln$p$ 图及其计算的一些指标反映了大气不稳定层结情况和稳定度临界值，因此对强对流性天气的预报有明显的指导意义。通过绘制 T-ln$p$ 图，对大气层潜在不稳定层结的变化、不稳定能量变化、不稳定层厚度变化等方面进行分析，以得出未来发生强对流天气的可能性。处理流程如图 19-5 所示。

⑧ 单站剖面分析产品制作生成

基于输出的单站综合廓线分析、三线图分析、云水云冰时序剖面分析、云量时序剖面分析、相态综合分析、散度和廓线剖面分析、模式探空曲线分析等组合要素分析结果，利用预先定制的产品模板，单站剖面时序分析产品制作前可调用预先定义的数据、文本及图形，基于模板制作统一风格的产品。

通过启动单站剖面时序分析产品制作任务，实现各时序剖面分析产品的标准化、流程化、自动化制作功能。处理流程如图 19-6 所示。

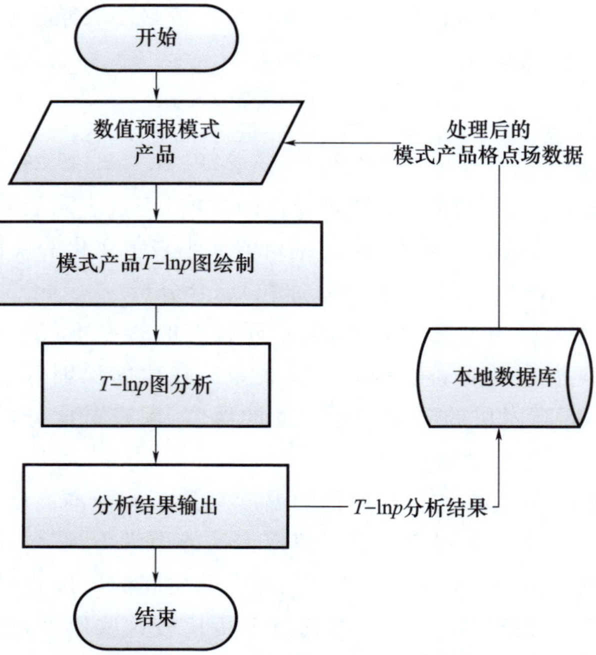

图 19-5　模式探空曲线分析处理流程图

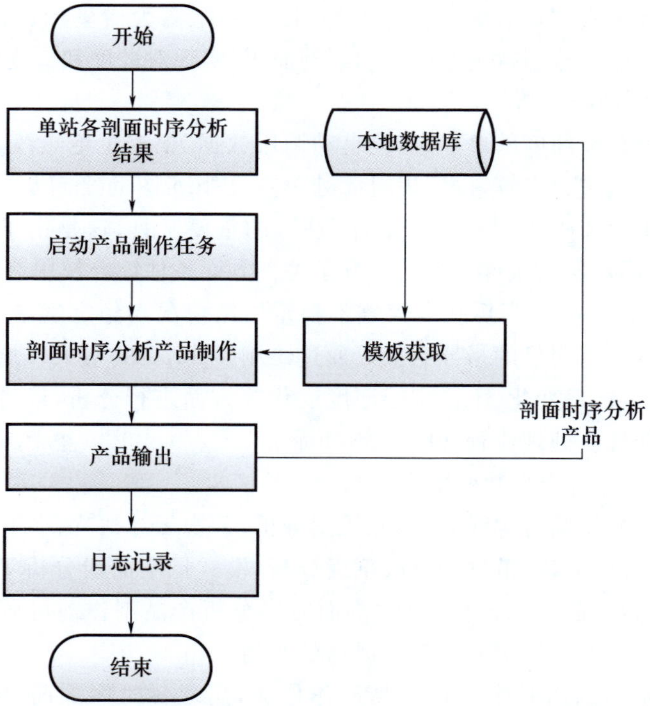

图 19-6　单站剖面时序分析产品生成功能处理流程图

7. 高影响天气识别模块

（1）模块概述

基于天气雷达探测资料、地面站观测资料、风廓线雷达资料、激光雷达资料，将传统识别算法与深度学习方法结合，实现风切变、颠簸、积冰、强降水、大风、冰雹、雷暴等高影响天气的识别。

（2）模块组成

高影响天气识别模块组成如图 19-7 所示。

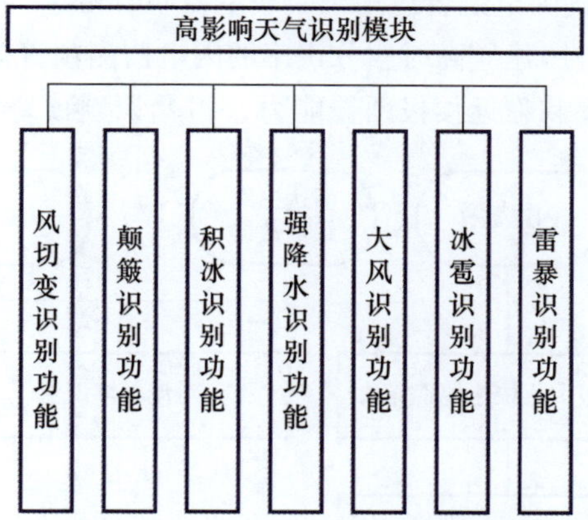

图 19-7　高影响天气识别模块组成图

（3）风切变识别功能

基于端对端深度学习方法，以格点化融合风场、高分辨率数值模式风场作为输入，通过格点间的时间空间相关性对风场的运动轨迹进行解释，建立格点化风场 0～3 h 预报模块。基于风场的预报进行风切变识别。

（4）颠簸识别功能

该功能模块基于气候背景环境建模模型输出的温度、气压、风向风速及湿度等高分辨率数值预报产品，结合模型所需的其他气象要素数据，建立低空颠簸诊断模型。

（5）积冰识别功能

基于气候背景环境建模模型输出的温度、气压、风向风速及湿度等高分辨率数值预报产品，结合探空资料等数据，建立低空积冰与云区、云层、云相态及云滴谱、云水含量、温度、湿度等要素场的关系模型，计算基于模式分析预报场的多种低空积冰指数，实现低空积冰区域和强度的综合判识。

（6）强降水识别功能

基于雷达数据，针对强降水级别对应的雷达回波强度阈值，根据雷达数据每 6 min 更新一次的雷达回波强度，对比每次更新的雷达回波强度是否大于预设阈值，然后获取第二张和第四张雷达图的质心点及平均回波强度值,进行图形匹配,并计算强降水的移动速度和移动方向,进而对目标区域的强降水进行预警。

(7)大风识别功能

瞬时风速大于 17.3 m/s 高影响天气过程记录的站点记为一次大风观测。

(8)冰雹识别功能

识别出一次冰雹记为一次冰雹观测。

(9)雷暴识别功能

雷暴活动中始终伴随强烈放电现象,放电(闪电)活动也能很好地反映雷暴活动的强弱变化与移动趋势。近年来,云-地闪电监测系统在不断建立和完善,但空间覆盖面有限,因此卫星雷达闪电融合应用子模块主要联合雷达、卫星的广覆盖面,以及闪电资料的实时性和准确性,建立高时空分辨率的闪电监测预警体系,可以提高雷暴系统的识别频次、跟踪成功率和临近预报预警能力。雷暴识别预警如图 19-8 所示。

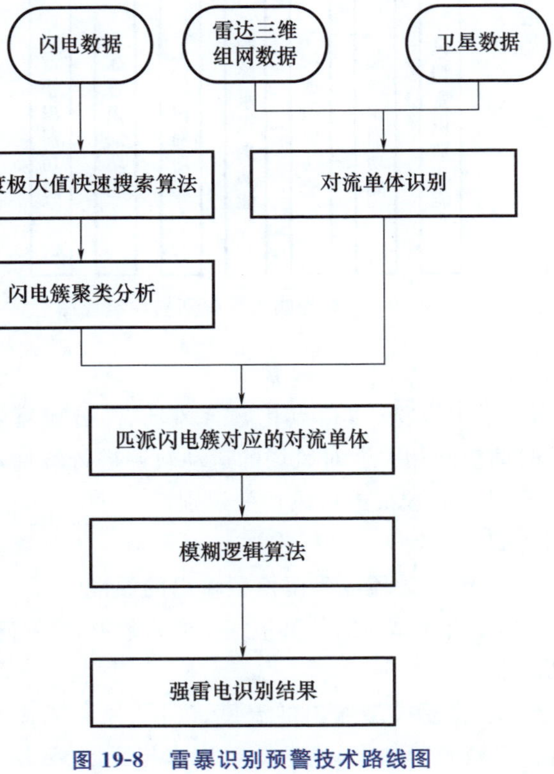

图 19-8　雷暴识别预警技术路线图

8. 低空气象辅助决策分析

针对飞行设备基础信息和飞行航路进行规划基础信息的管理,针对低空飞行进行实时监控仿真分析和飞行路径实时监测预警仿真分析，并结合人工智能的应用，实现飞行航路的自动规划选择以及飞行过程中的智能避障分析服务。

（1）多源实况资料展示

采用B/S（浏览器/服务器）模式、WebGIS发布技术、基于工作流控制的Web信息发布及客户服务等，针对多源气象数据，包括地面观测数据、高空探测数据、天气雷达资料、静止气象卫星资料及数值模式产品等实况数据。

支持在地图上的色斑图/格点数值显示，点击某个格点，支持查看气象因子时序变化信息，例如最大反射率因子变化时序、极大风速因子变化时序、相对湿度因子变化时序等。

（2）高分辨率格点化数值预报产品展示

采用B/S模式、WebGIS发布技术、基于工作流控制的Web信息发布及客户服务等，针对高分辨率格点化数值预报产品，选择不同产品时，支持对应要素在地图上的色斑图/格点数值显示，以及不同要素之间的叠加。基于地理信息系统，实现对数值模式预报产品综合显示。

（3）灾害性天气预报产品展示

采用B/S模式、WebGIS发布技术、基于工作流控制的Web信息发布及客户服务等，针对灾害性天气预报产品，选择不同产品时，支持对应要素在地图上的色斑图/格点数值显示，以及不同要素之间的叠加。

（4）低空气象预警信息展示

采用B/S模式、WebGIS发布技术、基于工作流控制的Web信息发布及客户服务等，针对低空气象预警信息，包括对雷暴、大风、恶劣能见度、低云（云底高）、飞机积冰、飞机颠簸、低空风切变等预警，提供网页发布和查询显示功能。

① 预警信息发布功能

通过用户窗口先对需要发布的航空信息、预警信息进行配置，用户可添加、修改、删除各个发布作业的时间、目标地址以及通知信息。按照网页发布渠道的对接要求进行配置与维护，对接方式包括标准接口、系统对接、消息通知等。根据服务受众的不同，选择需要发布的预警信息。

② 预警信息查询显示功能

基于Web端发布的航空预警信息，实现用户对机场、机场终端及航路危险天气预警信息的查询显示功能。

用户通过设定时间点或时间段、危险天气类型（包括雷暴、冰雹、强降水、飞机积冰等）等检索条件，实现对机场、机场终端及航路预警信息的查看与分析功能。同时，基于地理信息系统，能可视化展示用户查询的危险天气告警信息。

第 4 部分

低空气象赋能网

第 20 章　气象科技赋能产业发展的综合分析

1. 气象产业体系内涵与特征

(1)对发展现代气象产业体系内涵的认知

气象产业是为经济社会发展和人民生产生活提供气象产品和服务的各类经济活动的集合，是气象高质量发展的重要支撑。发展气象产业是贯彻落实习近平总书记关于气象工作重要指示精神的重要举措，是贯彻落实党中央国务院关于激活高价值气象数据要素潜能的具体行动，是提高气象服务国家、服务人民质量效益的客观要求。气象产业作为高科技细分领域的典型代表，基础支撑作用强，杠杆效应明显，对深圳战略性新兴产业集群和未来产业（“20＋8”产业）的发展具有重要的支撑和推动作用，应该加强研究、优先布局、积极培育，探索气象产业市场发展、气象产业赋能“20＋8”产业发展的政策措施、实施路径、发展模式，建成全国气象产业发展的先行区，促进气象全面融入经济社会发展，使气象产业成为促进深圳实体经济和数字经济高质量发展的重要助力。

气象科技产业以天气信息（历史、实况和未来）为生产对象，并将生产出来的天气信息以生产要素或产品服务的形式，在要素市场或产品市场交易的生产部门的总和。气象服务已不再是简单的天气预报，精细化、个性化、多样化的气象服务成为总体趋势，将气象服务与科技力量融合形成气象科技产业，为气象服务拓展渠道、增加供给、提升效益，充分满足乃至丰富各类气象服务需求。随着科技的全方位进步，气象科技开始在很多细分领域发挥重要作用，在低空经济、无人驾驶、新能源、数字孪生大气、智慧城市管理等赛道，已经成为核心关键技术，特别是对未来万亿级新兴产业人工智能和数字经济有着重要的推动作用，代表着经济发展新方向、新动能、新空间。

《气象高质量发展纲要（2022—2035 年）》中对气象事业未来十数年的发展目标作出明确要求，到 2035 年，气象关键科技领域实现重大突破，以智慧气象为主要特征的气象现代化基本实现。放眼未来，立足当下，“十四五”时期是全面建设社会主义现代化国家的起步期，同时也是推动气象高质量发展的关键期。在新一轮科技与产业革命叠加的宏观背景下，“十四五”期间，我国需要抓住信息化、数字化、智能化机遇，加速构建现代气象产业体系，为气象高质量发展增添新的动力。

(2)对现代气象产业体系新内涵的理解

产业体系是指各种行业间彼此联系、相互衔接的产业聚合，其现代化发展则主要反映科技力量与产业的整合。现代气象产业体系的内涵，通常是指以气象科学技术为基础，以气象观测、预报、灾害预警、气象服务、气象科普等为核心，以气象设备、气象软件、气象数据处理、气象应用等为支撑，以气象科技成果转化、气象科技服务、气象科技咨询等为补充的综合性产业体系。影响现代气象产业体系构建与发展的因素众多，包括需求变化、科技进步，还有制约行业演变的基础条件、自然环境、社会组织、政府政策等，都会对气象行业体系的演变产生重大影响。经过改革开放四十余年的努力，中国气象行业的发展规模日益扩大，行业配套不断完善，技术力量日益加强，已具备建设现代气象产业体系的基本条件。但当前中国气象行业的难题依然凸显，技术创新对气象行业健康发展的保障功能依然不突出，气象业务和数值预报服务仍无法充分适应社会需要，影响了行业整体的竞争力和效率的提升。伴随着全球性的科技变化和工业革命，数字化、信息化进程将快速发展，我国现代气象产业体系迫切需要主动适应、牢牢抓住新时代科技变革大潮流，积极抢占创新高地。

在人民日益追求美好生活的当下，现代气象产业体系的特征表现在针对气象服务以及气象预报产品的个性化、集成化、便利化的消费需求。同时，数字技术的应用也使得气象产业的生产方式和组织形式发生转变，打破了行业传统的时空限制。因此，加快建设现代气象产业体系既是市场需求与技术发展的变革趋势所在，也是新时代气象事业高质量发展的必然要求。

(3)对现代气象产业体系基本特征的解读

所谓现代化，是一个动态的、与时俱进的发展概念。中国现代气象产业体系是指既处于世界领先地位、具备国际竞争优势，又符合未来发展趋势的产业体系，因此应具备现代化的技术、服务、业务能力和系统管理能力，能够满足监测精密、预报精准、服务精细的现代气象服务能力建设要求，并能够提供满足社会各类生活精细化需求的现代普惠性气象公共服务。同时，中国的现代气象体系也必须是引领当代且面向未来的、建立在技术和产品新比较优势基础上的、健康可持续发展的、具备长远竞争力的新型产业体系，可体现为新行业、新模式、新动能、新关系、开放先进技术等特点。

中国式现代气象产业体系应具有以下四大特征：一是高效、绿色、智能的服务投入产出体系，是满足中国经济社会发展对现代气象服务科技与时俱进的新需求的产业体系，是与人工智能技术、互联网科技、云计算等深度融合的产业体系，即以现代互联网科技为依托的大型智能个性化生产方式为核心的产业体系，也是与生态环境友善的、与智慧城市建设相辅相成的产业体系。二是资源有效配置的体系，资源有效配置是核心技术自主可控的前提。资源包括资本、服务、知识、信息、文化等方面。现代气象产业体系的资源合理分配，意味着该领域基础产业在创新经济发展条件下自主创新能力强、附加价值大、综合竞争力高，具有重点行业主导权，同时拥有重点行业的核心资源与竞争力，从而可以掌握上下游产业的发展动态并推动其他关联行业协同成长。三是新兴产业间协调互动的体系，是与国民经济中各行业深度融合的体系。现代气象产业体系的基本架构，通常是由各种纵向、横向的产业链、价值链等叠加而成的网络型架构，各个产业链、价值链相互连接、相互促进、相互影响，强化了行业内信息溢出、资源溢出的作用，其核心是依托网络平台。四是动态发展的先导型业务体系，动态发展的基础是强大的科学技术和产品创新，动态发展的结果是气象业务体系的自主创新、持续的技术进步及其与新兴产业的融合发展。总之，现代气象产业体系必须成为全球创新和高科技领域开发开放的高地，在科学技术、产品创新方面应与世界同步，并长期保持较高水平的服务覆盖率和总体效率。

2. 气象科技产业发展现状

(1)国内外气象科技产业发展形势分析

① 国内外气象科技产业总体现状分析

世界气象组织发布的《水文气象差距报告 2021》显示：通过改进天气预报、早期预警系统和气候信息，估计每年可挽救 2.3 万人的生命，可至少实现 1620 亿美元的潜在效益。潜在的经济社会效益吸引一批大型科技巨头及专业公司参与到气象相关市场中来，并推动气象产业发展。韩国气象厅曾经估测，2020 年全球气象产业市场规模 224.9 亿美元，年增长率 6.98%。道琼斯旗下的新闻节目“市场观察”曾预测，2020 年天气信息技术市场规模 100.6 亿美元，2027 年将达到 181.0 亿美元，年增长率 8.75%，亚太是目前和未来增长较快的区域，相关的市场总量和份额的增长率接近 10%，在未来可保持全球最高增长速度。而且多份相关的商业市场咨询预测报告，看好中国气象市场。从跨国企业采样调查可知，气象产业涵盖了仪器制造、运维保障、信息服务、防灾减灾专项技术开发、生产与咨询服务等。

美国气象产业商业化程度最高。美国商业气象服务由私营气象公司提供，NWS 基本不提供商业气象服务。NWS 研究报告显示，美国 2017 年私营气象产业市值预计为 90 亿美元，私营气象产业年收入 20 亿～40 亿美元。其中，监测与观测设备收入 15 亿美元；预报与服务提供收入 5 亿～25 亿美元。近年来，私营部门主导了定制气象服务和商业数据集成，已承接一些气象数据集的制作，当前 NOAA 正在考虑增加高性能计算和天基观测系统的云服务领域的外包。成熟的商业市场环境孕育出 Accuweather、The Weather Company 等世界著名的气象服务企业，且其业务日趋全球化。此外，美国国内越来越多的大型科技企业涉足天气预报业务(如微软建立开源的、用于地球系统预测的 Planetary Computer(行星计算机))，同时每年还催生了许多专注天气业务的初创企业。

日本、韩国与美国类似，国家气象部门提供基本气象服务，私营公司从事商业气象服务，但在监管方面比美国更加严格。日本法律规定，私营公司开展预报服务都要获得日本气象厅许可，自行开展气象预报服务的企业须有 4 名以上通过气象厅认证的预报士，仪器装备必须获得认证方可列装。当前，日本有 83 家私营预报服务提供商获得许可，登记的注册气象预报士 10953 人。WNI（日本天气新闻公司）是一家跨国气象情报供应公司，在 21 个国家设立 32 个办事处，销售额 188.43 亿日元，全球员工 1101 人，在上海、香港、台北设办事处。韩国法律规定，韩国任何拟从事气象预报业务、气象评估业务、气象咨询业务或气象设备业务的机构和个人，应具备总统令规定的人力资源和设施，并向韩国气象厅提交登记声明。目前，韩国气象产业的规模达到 4000 亿韩元，气象企业 630 家，主要从事气象仪器装备相关服务、制造与销售。

英国气象产业仅强调气象信息服务，不包括气象仪器装备市场。英国的商业气象服务由英国气象局和私营气象公司共同提供。英国政府规定政府部门和公共单位必须使用英国气象局提供的气象服务，从而使英国气象局的服务占整个英国市场的 70% 左右，私营部门占 30% 左右。2017—2018 财年英国气象局总收入为 2.299 亿英镑，营业利润为 2030 万英镑，商业项目的绝大部分收入来自公共部门。但是，英国面向行业的私营气象服务的竞争十分激烈，英国气象局仅占不到 10% 的市场份额。跨国私营气象公司 MeteoGroup、StormGeo 等在英国运营，为多个行业提供解决方案。2016 年，MeteoGroup 取代英国气象局赢得了 BBC（英国广播公司）的天气预报合同，其在英国年营业收入约为 1500 万英镑，约占英国私营气象服务市场总额的 60%。

总体来看，全球气象产业的总产值并不高。但国外气象产业发展呈现出以下三个特点：一是气象产业发展态势好，全球气象产业增速快于经济增速水平；二是各国气象体制和政策环境各不相同，导致不同国家气象产业的发展特征差异很大；三是主要发达国家气象产业发展的制度框架比较成熟和完备。

与之相对，中国气象科技产业链整体处于世界第三梯队，落后于欧美，逊色于日韩，优于其他大多数发展中国家。在体制机制方面，中国气象科技一直是政府主导的事业发展模式，决定了中国气象科技发展以公益目标为主，气象事业链发达，但气象产业链模糊；在人才供给方面，气象科技进步对人才的需求很高，中国的气象人才目前主要集中在气象系统，市场化的气象科技人才相对短缺；在数据要素方面，气象基础数据获取不畅，气象基础数据监测网由政府投资建设，事关国家安全，气象基础数据对气象科技产业的支撑模式正处于探索期。基于中国特色社会主义的体制机制优势，中国气象事业发展一直采用政府主导的模式，国内气象信息监测网络已经全球领先，气象科技人才队伍总量远远超过其他国家，气象系统的服务网络十分健全，很容易形成巨量的应用与服务市场。但与此同时，国内气象产业在资料同化技术和数值天气模式技术上整体还远远落后于欧美，且商业气象服务市场发育不良，需要政府引导。

② 气象科技产业链发展现状分析

气象领域具备包括数据观测、模式分析与专业应用等前—中—后端三个核心环节的完整产业链，从上游到下游分别为气象信息监测（卫星、地面站、雷达、气球等）、气象信息生产和再分析（资料同化和数值天气模式）、气象数据应用与服务。气象信息监测主要包括卫星设计和数据解析、雷达设计和数据解析、气象传感器、传输网络等；气象信息生产和再分析主要涉及全球模式、资料同化、超算算力与人才；气象数据应用与服务主要涉及跨行业使用模型、应用场景的气象工程、气象资源开发应用、气象供给端刺激需求。其中，气象科技产业链的核心技术是资料同化和数值天气模式。气象信息监测技术更新速度相对较慢，可以先通过购买进口监测设备实现技术提升，然后再进行国产化，气象信息监测的技术壁垒不是很高。气象数据应用与服务相对多元化，技术壁垒主要来源于气象数据质量。因此，气象科技产业链的核心技术是气象信息的生产和再分析环节，即资料同化与数值天气模式。

对于产业前端的气象信息监测而言，通过购买先进设备、建立现代化观测体系，实现产业自给自足。目前，中国拥有全世界最全的观测体系，深圳、上海、北京、杭州等城市的观测密度已全球领先。对于产业中端的气象信息生产和再分析，气象数据处理、同化、数值模式等，是当前制约各国气象科技产业发展的关键核心技术。深圳在资料同化关键核心技术方面实现了国产化突破，具有持续支撑深圳气象科技产业发展的潜力。对于产业后端的气象数据应用与服务，专业气象科技产品主要依赖于气象数据的质量，后端服务的竞争力主要表现在气象数据的获取能力和质量，以及市场开拓能力和二次加工能力。深圳的气象数据生产能力，可持续支撑深圳气象科技产业的发展。

③ 气象科技产业商业模式发展现状分析

目前，气象科技产业的主要商业模式大体上有五个方面：一是生产制造气象监测设备并获得销售利润，包括地面监测站、气象卫星、气象雷达、探空气球等，客户类型为军事、气象部门、特别行业等，是目前发展相对成熟的模式；二是气象信息生产销售，即利用基础气象监测信息，通过资料同化和数值模式技术，生产不同分辨率的网格型标准化数据，销售给气象部门、科研机构、气象科技企业，用于生产生活服务，如 ECMWF 是全球最大的气象标准化数据供应商，具有年均 40 亿欧元的产值；三是以多源气象信息为基础，深入融合各行业的专业化气象科技产品和服务，这种商业模式的总量非常庞大，但个性不突出，一般都是活跃在特殊领域，比如远洋气象导航，每年约有 30 亿美元的产值，由日本、英国、芬兰的 3 家气象科技公司主导，还有气象传媒公司，用气象信息传播的黏性，进行广告营销，如中国的华风影视等；四是气象科研市场及军民融合领域，主要模式是为各类产业提供气象模拟和环境测试，包括虚拟气象场景模拟、实况场景模拟等，如美国的极端天气实验室，主要为飞行器及各类元器件提供全场景的天气测试，此外，还包括为国防、军事、战场环境保障服务的气象科技产品和服务；五是气象科技的衍生品市场，包括气象康养、气象美学、气象时尚、气象科技、教育文旅等，围绕气象这个中心进行衍生，经济总量巨大，如《中国国家地理》的摄影收入，其中有约20%来源于气象类素材。

（2）国省市气象科技产业发展要求解析

近年来，党中央、国务院就加快发展现代产业体系、发展战略性新兴产业、发展现代服务业、促进大数据发展以及培育数据要素市场等作出一系列战略部署。《气象高质量发展纲要（2022—2035年）》对气象产业发展作出部署要求。气象产业发展空间巨大，尤其在新发展格局下，环境、条件比过去更优良，发展空间更广阔。2024年全国气象工作会议要求，深度融入现代化经济体系建设，实施“气象护航新质生产力”行动。加强与重点行业部门联合规划部署，完善“一部（一企）一策”气象服务机制，加快组建专业气象服务联盟。建立国省协同工作格局，加快核心技术研发，构建业务产品体系，召开气象导航用户大会。助力金融风险防范。与金融部门共同探索“气象×金融”服务模式，研发气象指数产品。持续推进气象教育科技人才协同融合发展，积极抢占科技制高点。强化全国气象科教融合创新联盟作用，推进高水平气象人才队伍建设。加快北京、上海、粤港澳大湾区及国家级直属单位人才高地建设。开展新一轮战略科技人才遴选。制定高层次人才引进计划实施办法。推进重点和青年创新团队建设提质增效。大力提高基础业务能力，聚焦大数据。加快地球系统大数据平台建设预研，建设气象智脑、气象数盾、组件仓库，规范省级以下业务系统集约发展。实施“气象数据要素×”行动，充分挖掘释放气象数据价值。推进国产超算和智算算力业务运行，推动网络安全和数据安全协同监管。

2024年1月4日，国家数据局等17部门联合正式印发《“数据要素×”三年行动计划（2024—2026年）》，从国家层面加强顶层设计推动公共数据与地方行业数据深度融合开发利用，选取12个行业和领域，推动发挥数据要素乘数效应，释放数据要素价值，促进智慧城市建设和数字产业经济发展，用数据赋能经济社会高质量发展。其中，气象领域的重点行动包括数据要素×气象服务。降低极端天气气候事件影响，支持经济社会、生态环境、自然资源等数据与气象数据融合应用，实现集气候变化风险识别、风险评估、风险预警、风险转移的智能决策新模式，防范化解重点行业和产业气候风险。支持气象数据与城市规划、重大工程等建设数据深度融合，从源头防范和减轻极端天气及不利气象条件对规划和工程的影响；创新气象产品服务，支持保险、金融企业融合应用气象数据，发展天气指数保险、天气衍生品和气候投融资新产品，为保险、期货等提供支撑；支持新能源企业降本增效，支持风能、太阳能企业融合应用气象数据，优化选址布局、设备运维、能源调度等。

2024年全国气象工作会议报告以及《气象数据要素市场化配置机制建设工作方案（2024—2025年）》等文件，对气象数据流通相关工作进一步提出明确要求。《凝心聚力 开拓创新 奋力谱写中国式现代化气象新篇章——2024全国气象工作会议报告》要求，加强国省高价值气象数据产品研制，发布50套数据产品和两批基本数据开放共享目录。实施“气象数据要素×”行动，探索打通多场景下气象数据高价值属性释放通道。与部门、市场多主体合作推进优质气象数据有序流通交易，制定气象数据市场化配置基础制度，建立授权运营、流通监管平台并开展专项试点。《气象数据要素市场化配置机制建设工作方案（2024—2025 年）》要求，到 2025 年底，气象数据市场化配置基础制度基本建立，气象数据授权运营平台和流通监管平台基本建成，气象数据授权运营、众创利用、气象数据身份证管理等关键流程基本打通，为进一步在更大范围推进气象数据授权运营和交易工作奠定基础。《中国气象局基本气象数据开放共享目录（2023 年）》要求，基本气象数据开放共享目录 2023 版共开放数据 12 个类别、52 种数据，相比于 2015 版有较大变化，增加了 6 个类别、35 种数据；气象数据产品开放程度更高，原始观测数据反而降低，数据更新频率呈收紧趋势。

2024 年广东省气象工作会议精神要求，科技能力现代化要“硬”在高水平科技自立自强、高水平基础业务能力、高水平人才支撑。社会服务现代化要“硬”在高质效守安全、高质效助发展、高质效促治理。围绕重大战略部署，深度融入现代经济体系建设。深化“气象＋”赋能行动。聚集重点领域重点行业生产发展，持续推进十大龙头企业场景式气象服务专项行动。服务海洋强省建设，保障绿美广东建设，助力新型能源体系建设。《广东省加快推进气象高质量发展的实施意见》要求，实施现代气象科技创新工程，实现关键核心技术自立自强。推进气象关键核心技术攻关，做强粤港澳大湾区气象研究院等科技创新平台，培育气象智能装备、数字气象应用等创新平台。实施气象基础能力提升工程，发展精密精准精细业务体系。健全精密化气象监测体系、精准化气象预报体系，发展精细化气象服务体系，打造普惠共享的气象服务众创开放平台，提升气象信息支撑能力。

深圳市政府七届 86 次常务会议审议通过《深圳市加快推进气象高质量发展的若干措施》，文件要求，加强数智气象基础能力，为建设更具全球影响力的经济中心城市提供支撑。围绕全行业研判，提升超大城市智慧气象服务水平。促进气象科技成果转化，赋能“20＋8”产业集群发展。中共深圳市委七届八次全会暨市委经济工作会议中提出，要以科技创新引领现代化产业体系建设。建设高水平创新平台和载体，以技术攻关来形成新技术新工艺新产品，并积极催生新产业，与时俱进实施更加积极、更加开放、更加有效的人才和创新政策，完善科技创新生态体系，谋划和推进打造一个完全意义上的数字深圳。加快建设具有全球重要影响力的产业科技创新中心，全方位打造创新之城。加快发展新业态新模式，既抓好新产品新技术的创新，也抓好商业模式和管理的创新，大力培育发展数字经济、总部经济、平台经济、绿色经济、服务经济、楼宇经济、海洋经济、飞地经济等经济形态。

（3）深圳发展气象科技产业的现状分析

① 深圳发展气象科技产业的优势

一是市场主体数量多。工商统计资料显示，深圳涉及气象业务的企业有 1400 多家，在广东省占比 26.8%，在全国占比近 10%，是国内气象类企业数量最多、集聚程度最高的城市。

二是业务需求类型多。深圳地处广东省南部、珠江口东岸，属南亚热带季风气候、长夏短冬，山地特征明显，气象变化剧烈，类型多样，涵盖 14 种灾害性天气，预报预警的技术难度高，加上经济人口密度大、发展速度快、韧性不足，是国内高影响天气防御管理需求最大的城市。

三是关联产业多。《国民经济行业分类》中与气象密切相关的细分产业有 10 个，其中有 8 个是深圳基础扎实的产业。参照《数字经济及其核心产业统计分类(2021)》《战略性新兴产业分类(2018)》《国家科技服务业统计分类(2018)》等，深圳也几乎包含了所有的涉气产业。在《产业结构调整指导目录(2022 年本)》中涉气的 4 类鼓励类产业中，深圳包含 3 类。

四是产业链条结构全。深圳早在 2019 年就已着手布局气象科技产业链，与中国气象局、广东省政府合作举办了粤港澳大湾区气象监测预警预报中心(深圳气象创新研究院)，瞄准气象科技产业链的卡脖子技术问题资料同化和数值模式，抢先汇集了一批行业技术领军人才资源，经过 3 年发展，已取得突破性进展，技术上具备了牵头发展深圳气象科技产业的基本能力。同时，深圳日益壮大的高等教育体系、科研院所，以及完整的高科技产业链条，尤其在信息技术领域、智能制造领域、数字经济领域的独特优势，也是对深圳气象科技产业发展的一种加持。

② 深圳发展气象科技产业的劣势

一是市场主体规模整体偏小，且分布散乱，不成体系，缺少龙头。规模较大的气象类企业主要集中在北京和长三角地区，在深 1400 多家涉气企业中，气象方面的年营业收入超过 1000 万元的不足 10 家，小微企业占比超过 90%，一半以上的企业年净利润不足 10 万元，但业务类型几乎遍布雷电防护、气象科普、气象信息服务、气象设备安装销售维护、软件开发、影视制作等诸多领域，附着于行业末端，被动发展，没有形成有效的市场竞争力。

二是研发类主体占比小，整体技术水平偏低。在深专门从事气象科技研发的机构只有 1 家，具有气象科技研发能力的机构不足 5 家，在深的涉气企业主要以设备销售、安装、维护，气象信息化支撑服务，气象灾害防御安全辅助，气象科普宣传等业务为主，不涉及气象科技产业的核心技术。

三是对气象科技人才的吸纳能力不足。平台数量有限，人才相对匮乏，数量质量都不够，创新群体较弱，是亟待补齐的短板。

③ 深圳发展气象科技产业的目标

一是气象科技产业发展的路径设计新。气象科技产业是典型的参形结构，主干突出、根须发达。围绕做大做强数字产业的中心战略，深圳气象科技产业发展的第一目标是抓牢气象数据生产这个主干，并以此为中心吸引相关涉气企业按照业源关系依次分圈分层布局，打造深圳气象科技产业主生态。到 2025 年，完成个十百千万计划，即形成 1 个气象数据生产中心，10 家气象科技型研发企业，100 家专业气象服务公司，1000 家气象科技辅助企业，对全国 10000 家单位提供气象科技支撑服务。

二是气象科技产业发展的组织形式新。气象科技产业生命曲线的特征是尖头鼠尾，头部科研投入大、范围小，十分聚焦，但产业生命线时间长、范围广，投资回报的时间线极不平衡，这也是世界上大多数国家将气象科技基础研究纳入财政支付体系的缘故，目前也只有少数超大型企业能够自主投入研发气象科技，实现市场收支平衡。深圳市政府对气象创新研发的持续投入，在组织形式上已经抢占先机，下一步要做的是打造气象数据产品线，同时推出双百人才计划，即引进培育 100 名气象科技产业高级管理人才和 100 名气象科技产品经理人，通过他们组织深圳气象科技产业资源，对在深的 1400 多家涉气企业进行整合，抱团发展，形成产业聚群。

三是政府参与气象科技产业发展的方式新。鉴于气象科技产业的自身属性，政府参与的方式应适度有别于其他产业。首先要充分发挥政府在市场采购中的引导作用，把深圳打造成国内最大的单体市场，以市场换技术，借机整合域外资源。目前，国内还未形成强势的气象科技龙头，主营业务年产值过 1 亿元企业还不足 10 家，市场仍是第一稀缺资源。深圳气象科技产业的直接市场容量超过 8 亿元人民币，具有在 3 年内培养出 1～2 家气象科技龙头(专精特新)企业的先天优势。其次要充分利用先行先试的政策优势，制定深圳气象科技创新标准，推动气象科技成果率先在本地转化，缩短政产学研用的时间链条，提高效率、积累经验，变成国内气象科技创新产品的试验田和桥头堡，吸引域外气象科技企业在深设点。

四是气象科技产业发展的技术链条精。深圳气象科技产业发展不求大而全，但求小而精。聚焦气象数据生产和流通环节，争当气象数据生产的链主，侧重于向关联行业安全效率管理领域和衍生品领域发展，打造深圳气象科技产业先行先试示范区。到 2025 年，实现深圳气象数据生产单链条整体可控，完成 1 km^2 左右的气象科技产业集群示范区建设和气象科技产业关联产值过百亿目标。

3. 气象科技产业发展需求分析

(1)气象科技产业需求环境分析

习近平总书记关于气象工作的重要指示精神为气象事业高质量发展提供了根本遵循，同时也对进一步提高气象对生命安全、生产发展、生活富裕、生态良好的服务保障能力提出了更高要求。深圳市委市政府高度重视气象工作，市委书记孟凡利对深圳气象提出了“全灾种监测、全时域响应、全行业研判、全周期服务、全方位赋能”的总体要求。其中，“全方位赋能”要求，推动气象科技产业赋能城市产业发展，建设气象众创共享平台，支持各类市场主体广泛参与，促进气象科技成果转化，赋能“20＋8”产业集群发展，瞄准新能源、低空经济、智能驾驶、港航、金融、文旅等产业精准赋能。

气象科技是国力象征、国家所需，打造气象科技产业先行示范区是深圳承担国家责任大局意识的体现。气象科技产业的杠杆作用明显，可以带动所赋能产业至少

1∶10 以上的产值增长。气象科技产业的扩展性好，可以赋能多个千亿级产业集群，包括新能源、电动车、低空经济等深圳重点产业布局，也可以为“20＋8”中至少 11 个产业集群和 2 个未来方向提供产业发展动能。因此，深圳发展气象科技产业具备非常大的现实意义与战略价值。

深圳具备先行先试的区位政策优势、良好的创新创业氛围以及改革创新锐意进取的城市文化基础，承担国家数据要素市场化配置体制机制综合改革试点任务，拥有气象科技产业发展的体制机制优势。深圳市涉及气象类业务范围的市场主体数量多，工商登记统计有 1400 多家，约占全国的 10％，是气象类市场主体最多的城市之一，气象科技产业集群的苗圃资源丰富、基础扎实。深圳气象灾害种类多，经济密度高，对气象敏感的行业、企业多，是全国最大的气象单体市场，需求端发育较好，是气象科技企业主要的目标市场。深圳具有比较完整的电子信息科技产业链及相关龙头企业，是发展气象科技产业不可或缺的外部生态。深圳将在以下三个方面率先推动气象产业先行示范：一是用自主科技创新成果引领产业发展（黄彬 等，2023），构建一个具有显示度的思路清晰的产业链条，将“四个自信”付诸实践，做习近平新时代中国特色社会主义思想的先行示范；二是用政府主导、市场参与的方式，推动气象科技从事业到产业的延伸，实现气象科技的全方位赋能，做气象高质量发展的先行示范；三是做科研机制改革、科技成果转化、科研机构管理的先行示范，探索目标导向、任务导向、结果导向的新型高效的科研体系，落实习近平总书记将论文写在祖国大地的指示精神，为科技研发举国体制贡献力量。

用气象科技产业彰显深圳科技创新实力，是打造深圳科技创新之城的试金石（蔡银寅，2022）。只有科学、技术、工业实力都强的国家、组织和企业才有能力主导气象科技发展，从风云卫星到大型计算机，气象科技一直是新中国高科技行业代表和国力象征，也是历代国家领导人关心的大事。数值天气模式水平的高低，能在一定程度上反映科技水平和综合实力。欧美发达国家，IBM（国际商业机器公司）、谷歌等大型跨国企业，都将气象科技视为彰显科技水平的最佳载体。华为、腾讯、京东、阿里、百度等国内大型科技公司，也陆续进军气象科技板块。深圳作为中国特色社会主义先行示范区，优先布局气象科技产业，是检验深圳科技创新水平的试金石。行业发展一般遵循起于科学、成于技术、兴于产业的基本规律。深圳经过 40 多年的快速发展，在一些行业已经站稳了产业制高点，并逐渐向技术制高点过渡，但占领科学制高点的难度还很大。尤其在一些传统行业，深圳突破技术壁垒已很难，更难在短时间内突破科学壁垒、成为科学中心。对于气象这样的行业则不同，由于规模小、产业链短、人才集中、学科狭窄、竞争程度低，掐尖的难度就没有那么大，在短期内同时占据科学、技术、产业三个制高点的可行性高，是未来深圳快速攀登科学高峰的前瞻性细分领域。例如，在低空经济领域，孵化培育低空“气象网”技术服务与装备制造两大全新的产业链条，促进气象科技赋能产业高质量发展。如果深圳气象科技产业发展的直接产值达到 10 亿元，可以带动深圳 430 亿元的产业增长，约占深圳 GDP

(国民生产总值)的1.5%。同时,深圳气象科技产业可以满足1亿以上人口对专业气象的服务需求,具有深远的品牌意义。

(2)气象科技产业需求效益分析

气象产业是深圳经济高质量发展的新赛道,有助于增强实体经济与数字经济等各领域产业发展新动能。综合文献数据估算,全球每年约有13%的GDP受到天气波动的影响,其中灾害性天气造成的GDP损失约占2.5%。气象科技每前进一步,都能给经济发展带来指数级增长效应,并推动全行业天气防御水平的提高。对于国家和地区经济整体发展而言,气象科技产业的整体投入产出比约为1∶40到1∶120。粤港澳大湾区城市群既是中国经济密度最大的地区,也是天气变化最复杂的地区,气象科技产业的宏观投入产出比相对较高,对地区经济发展的综合贡献价值较大。气象科技产业具有较强的供给侧效应,可以促进很多关联产业的发展。比如气象传感器的发展,直接推动了智能家居行业的发展。精准的天气预报,显著提高了摄影行业的工作效率,对视觉科技产业具有很大促进作用。气象文化科技旅游路线的开辟,有效增加了亲子游、教育游的比例。根据中国气象服务协会估计,气象科技产业的产业带动率约为1∶43。

目前,深圳气象科技产业的边缘带动效应已经初步显现,仅深圳天文台科普文旅一项,每年就拉动了2000多万人次参与。深圳天气小剧场、天文直播节目,总受众人数超过1亿人。西涌天文台气象文旅,仅春节期间就为社区集体经济增收200万元。深圳气象美学打卡点一经"3·23"世界气象日发布,就吸引了数十万市民的关注,一些专业博主还自愿录制了深圳气象美学的视频在新媒体传播。同时,深圳发展气象美学特色文旅产业的话题还得到两会代表委员们的热议。暗夜国际公布,深圳大鹏南澳西涌社区成为中国首个国际暗夜社区,气象美学作为特色文旅资源的话题作用凸显。

以海洋气象为例,深圳拥有1145 km^2 的海域面积,拥有大鹏湾、大亚湾、深圳湾、珠江口(即"三湾一口")这样不可多得的滨海自然资源和丰富多彩的海洋景观资源,具备打造全球物流重要组织枢纽的经济空间属性和成长条件。根据深圳市海洋局有关统计资料,深圳海洋经济和海洋产业近年来发展迅猛,按2004年深圳统计指标和行业用海的标准来归纳统计并测算,海洋经济对深圳市生产总值的不完全直接贡献率已达19.5%,已经成为深圳的一个支柱性的产业领域。其中,海洋交通运输业在海洋经济中发挥的作用举足轻重。海洋交通运输业、滨海旅游业、海洋渔业、油气开采业和以电力生产业为主体的滨海工业,构成了今天深圳海洋经济的五大支柱。而且,这五大支柱产业在深圳海洋经济中的主体地位将长期保持,海洋经济对全市经济社会发展的作用可望持续增强。做好这五大支柱产业的海洋气象服务,做好海上安全气象保障服务,促进海洋经济发展已成为当今气象事业的迫切需求。

气象科技产业发展对深圳建设全球物流中心具有重要的战略意义,港口是深圳物流中心建设的生命线,而气象又是影响港口运行效率的主要因素。深圳各港口每年受天气影响的时长约1100 h，每小时直接经济损失约160万美元，对标宁波舟山港和上海港，深圳各港优化气象科技支撑可以争取到450 h的作业时间，直接经济效益可达每年7.2亿美元。更为重要的是，港口的有效作业时间是港口物流的核心竞争力。例如，广州南沙港的气象能见度管制标准是500 m，而其他港口的气象能见度管理是1000 m，仅此一项，在同等条件下，更多船只便更愿意停泊南沙港，因为可以全链条提高运输效率，减少公海停泊时间，节约成本。对于深圳而言，港口的效率提升，能够缓解道路货运的压力。根据以往经验，每次强天气过程，海上船只无法停靠时，都会给道路货运产生很大压力，进一步造成市内交通拥堵，市民反映强烈。此外，气象科技水平的进步和管理水平的提高，还能减少气象安全防御过程中的效率损失，避免强天气应对过程中的过度防御，做到分级分类高效处理。

(3)气象与“20＋8”产业关联分析

《深圳市人民政府关于发展壮大战略性新兴产业集群和培育发展未来产业的意见》提出20个战略性新兴产业与8个未来产业等重点细分领域。中共深圳市委办公厅、深圳市人民政府办公厅印发《关于加快发展新质生产力进一步推进战略性新兴产业集群和未来产业高质量发展的实施方案》，以科技创新引领现代化产业体系建设，更大力度推进战略性新兴产业集群和未来产业发展，一方面动态调整集群门类，另一方面分类推进培育发展，根据产业发展特点，将20个战略性新兴产业集群分为战略重点类、优势拓展类、基础支撑类、综合提升类；结合产业发展成熟度推动不同未来产业增长。力争到2025年，战略性新兴产业集群规模稳步提升，未来产业整体成势，企业综合竞争力显著增强、创新能力明显提高，具有深圳特点和深圳优势的现代化产业体系持续完善，战略性新兴产业集群和未来产业成为发展新质生产力的主阵地。战略性新兴产业增加值超过1.6万亿元，经济社会高质量发展主引擎作用进一步强化。打造形成4个万亿级、4个五千亿级、一批千亿级产业集群。规模以上工业企业超过1.5万家，国家高新技术企业超过2.5万家。

气象科技产业是未来产业发展的助推器，有助于促进深圳战略性新兴产业集群发展。气象科技产业具有良好的行业扩展性，是行业发展不可或缺的资料，大量的细分领域都需要精细化的气象数据和气象智能设备作为支撑。在深圳市“20＋8”产业中，有11个涉及气象高科技，其中2个细分领域与气象科技紧密相关。气象科技既是安全节能环保产业集群的重要组成部分，也是海洋产业集群发展的重要保障，还是智能终端产业集群和智能传感器产业集群的重要载体，并且对软件与信息服务产业集群具有重要推动作用。同时，发展气象科技产业，可以为包括人工智能、高精传感器、无人驾驶、新能源、环境保护在内的9个重点细分领域提供大数据应用场景、机器学习素材、模式分析、超高速计算、极端天气压力测试等技术支撑，并助力海洋中心城市发展战略。例如，由深圳气象创新研究院推出的“气象美学五个一工程”，已经成功赋能深圳瓷器、汽车销售、服装、农产品、元宇宙、珠宝等众多时尚产业。气象数据光影化、光影数据美学化、美学数据产品化、产品数据商业化的气象美学赋能深圳现代时尚产业集群发展的雏形已经显现。

具体而言，安全节能环保产业集群，涉及气象主要内容包括大气环境资源管理（大气污染）、人工影响天气工程、极端天气压力测试、高影响天气风险管理、城市生命线工程气象安全保障；对数字创意、现代时尚、大健康产业，主要涉及光影美学及元宇宙、气象数字艺术及藏品、生态气象康养产品及服务等内容；对新能源产业，主要涉及超大规模新能源管理及交易体系；对海洋产业，主要涉及海上气象监测及应用、海洋气象科技研发、港口高影响天气管理；对智能化与软件信息服务产业集群，在气象大数据板块涉及数字孪生大气及大数据训练集；对空天技术与深地深海等未来产业，主要涉及商业气象卫星资料处理及产业化。

气象科技是安全节能环保产业集群的重要组成部分。气象灾害防御、高影响天气风险管理是安全产业的一部分，占据重要位置。气象因素是安全事故的重要诱因之一，气象科技产业与安全管理产业密不可分。在节能领域、大气污染治理领域，气象科技产业也具有非常重要的地位。例如，超大城市的安全体系建设中，居民消防安全与高温天气密切相关、危房坍塌与台风暴雨密切相关、高空作业安全与城市峡谷风密切相关、森林火险与雷电密切相关、城市给排水安全与洪涝和风暴潮密切相关，滑坡及地下空间事故往往都是急速强降雨引发的，超大城市的气象安全工程，本身就是一个重要产业细分领域。如果没有气象科技产业和气象安全工程做支撑，城市安全产业就没有办法上升一个台阶。气象科技产业是城市安全体系从被动防御向主动防御转变的前置条件。

气象科技是海洋产业集群发展的重要保障。深圳各港口的天气管理和远洋航运，需要气象科技作为保障，如大鹏 LNG（液化天然气）接收站、盐田港、蛇口港集装箱码头的天气风险管理，西部海域客货轮的调度和高效率运输，也都需要气象科技提供高质量服务。海上钻井平台、海油运输、海上采矿作业等更是对海洋气象有很强的依赖。同时，滨海旅游业安全、海洋渔业等，也需要海洋气象科技做支撑。气象科技产业可以在深圳海洋中心城市建设中发挥重要的先导作用和保障作用。

气象科技是智能终端产业集群和智能传感器产业集群的重要载体和内容。智能终端的生产设计需要考虑具体的气象环境，如智能穿戴运动器材需要预先植入气象软硬件，需要调用气象大数据进行测试训练；智能家居更是需要对天气作出智慧反应，也需要气象场景做研发。气象监测技术本身就是智能传感器产业的一部分，自动气象站、气象数据无线传输，都是最早一批智能传感器的典型代表。气象智能传感芯片在智能传感器产业中同样占据非常重要的位置，应用场景十分广泛。

气象科技对软件与信息服务产业集群具有重要推动作用。一方面，气象信息高频次集中性的收发需求，对软件和信息服务的技术要求很高，据中国气象事业发展咨询委员会统计，全国有超过 1000 家的气象科技企业，属于软件和信息服务业，占比 20%以上；另一方面，天气信息可以在深圳的 CIM 平台、BIM（建筑信息模型）平台上搭建极端天气压力测试模型，结合气候预测系统、中期天气模式系统、短时临近天气预报,打造智慧城市气象安全拳头产品,助力深圳智慧数字城市建设。

气象科技可以丰富数字创意产业集群和现代时尚产业集群的内容。气象是数字创意产业集群和现代时尚产业集群的重要元素,气象光影科技可以为动漫、电影提供虚拟场景,气象色卡可以为服装、瓷器等提供独特素材。如深圳广电的灾害性天气3D场景、服装周的流行色策划,以及二十四节气高端瓷器创意等。同时,气象美学、暗夜社区也是打造大鹏新区旅游业的一个重要抓手。

气象科技是智能机器人产业集群、新能源产业集群和智能网联汽车产业集群不可或缺的门槛性技术。智能机器人中有一部分,必须在复杂的气象场景下进行学习,气象数据服务可以节约大量的研发成本。新能源的选址、勘测、分布和管理,都要以大量的气象数据为依据。如风光发电功率预测、天气与用电需求压力预测、水电的季节性预测等,都离不开气象科技,随着新能源比例的增加,对气象科技的需求会越来越大。智能网联汽车,在试验和测试阶段,也需要气象科技的参与。

气象康养资源是大健康产业集群发展的重要方向。天然氧吧、气候好产品、零碳气象家园等创意,是大健康产业发展的重要方向。气象科技在大健康衍生品领域也有很大的空间。

4. 气象科技产业发展问题分析

(1)新质生产力赋能产业发展

习近平总书记在中共中央政治局第十一次集体学习时强调,发展新质生产力是推动高质量发展的内在要求和重要着力点,必须继续做好创新这篇大文章,推动新质生产力加快发展。当前,新一轮科技革命方兴未艾,以新质生产力塑造我国经济新的核心竞争力和发展新动能成为实现高质量发展的关键内容,既具有重大理论意义,又具有重大实践价值。新质生产力的形成是提升创新驱动发展能力的过程,包括科学价值创造、技术价值创造、经济价值创造、社会价值创造和文化价值创造能力。在微观层面,表现为新质技术系统、新质生产单元、新质企业组织等;在中观层面,表现为新质产业部门、新质产业链、新质产业集群、新质创新网络等;在宏观层面,表现为建立在国家创新体系基础上的新质经济形态。广东省委书记黄坤明在高质量发展大会上指出,新质生产力,新在新的科学技术、新的生产方式、新的产业形态,核心要义是以科技创新驱动生产力向新的质态跃升。新质生产力理论为气象科技创新提供了新的思路。

概括地说,新质生产力是创新起主导作用,摆脱传统经济增长方式、生产力发展路径,具有高科技、高效能、高质量特征,符合新发展理念的先进生产力质态。它由技术革命性突破、生产要素创新性配置、产业深度转型升级而催生,以劳动者、劳动资料、劳动对象及其优化组合的跃升为基本内涵,以全要素生产率大幅提升为核心标志,特点是创新,关键在质优,本质是先进生产力。基于此,可以从新质生产力的要素特征及其与气象产业的对应分析气象产业赋能与高质量发展的重点、难点所在。

(2)气象数据要素流通利用

从劳动对象的角度而言，新质生产力以数据为关键生产要素。在“新技术诞生—关键生产要素变迁—基础设施、产业、生产组织形式、商业模式、制度框架等适应性改变—社会经济变革”的路径下，科技革命与经济变革之间存在着周期性的耦合。以数字形式存储和流动的数据要素，因其独有的低边际成本、强渗透性和融合性等特点，可以推动生产工具和设备、生产方式、资源配置方式不断优化升级，推动物质生产力创新。

数据是气象信息监测以及生产、分析、供给的原料。当前，在深圳市数据要素利用与流通尚未完全完善的条件下，需要先行探索气象数据的利用机制与路径。气象基础数据获取不畅，气象基础数据监测网由政府投资建设，事关国家安全，气象基础数据对气象科技产业的支撑模式正处于探索期。粤港澳创新研究院作为气象商业服务与产业发展的企业主体抓手，无法像传统观象台那样自由使用气象部门数据，因此需要在确保数据质量与安全的情况下，走通数据利用机制。

(3)气象科技成果转化落地

从劳动资料角度而言，新质生产力以科技创新为核心驱动力、以深化高新技术应用为主要特征。全球科技创新进入密集活跃时期，新一代信息、生物、能源、材料等领域颠覆性技术不断涌现，呈现深度交叉融合、高度复杂和多点突破发展态势。同时，支撑社会发展的基础设施也在新技术的作用下进一步扩充与延伸，形成数字化、智能化的新型基础设施。一方面，战略性新兴产业、未来产业成为培育和发展新质生产力的主阵地，也是抢占未来竞争制高点和构建国家竞争新优势的新赛道。另一方面，还要通过形成新质生产力，运用新成果、新技术改造提升传统产业，为新兴产业发展提供坚实基础。

深圳研发类主体占比小。在深专门从事气象科技研发的机构只有 1 家，具有气象科技研发能力的机构不足 5 家，在深的涉气企业主要以设备销售、安装、维护，气象信息化支撑服务，气象灾害防御安全辅助，气象科普宣传等业务为主，不涉及气象科技产业的核心技术，整体技术水平偏低。如何在保持现有气象机构体系体制制度不变的情况下，厘清气象科技创新成果商业化模式的可行路径也是一个重点问题。中国气象科技一直是政府主导的事业发展模式，决定了中国气象科技发展以公益目标为主，气象事业链发达，但气象产业链仍相对模糊，商业气象服务市场发育不良，需要政府引导。

(4)提升气象服务供需匹配与服务效能

从劳动要素的优化组合来看，新质生产力以新产业、新业态和新模式快速涌现为重要特征。一方面，战略性新兴产业、未来产业成为培育和发展新质生产力的主阵地，也是抢占未来竞争制高点和构建国家竞争新优势的新赛道。另一方面，还要通过形成新质生产力，运用新成果、新技术改造提升传统产业，为新兴产业发展提供坚实基础。新质生产力的经济社会影响具有广泛性和革命性。在新一代技术与数据要素共同作用下,新业态新模式不断涌现,传统产业重塑变革持续推进,由此产生的影响不仅体现在自然科学领域、经济发展和生产力范畴,而且对人类社会的劳动方式、生产组织方式、社会组织运行和社会制度体系都将产生革命性影响。

气象科技服务是指为政府、企业、社会团体和个人提供的气象科学技术方面的咨询和解答服务,包括但不限于天气预报与灾害预警、气候变化咨询、气象数据服务等。深圳经济、人口密度高,天气多变,对气象条件变化敏感性高,气象科技服务需求端发育较好,但是仍有很大发展空间。一是供给不平衡,仅依靠深圳市气象局无法满足各方面的气象科技服务需求;二是市场主体规模整体偏小且分布散乱,规模较大的气象类服务主体主要集中在北京和长三角;三是研发类主体占比小,在深专门从事气象科技研发的机构只有1家。

5. 气象科技赋能产业发展的政策研究

(1)政策体系研究的顶层设计

明确深圳气象科技产业发展顶层设计。将气象科技产业作为深圳市高质量发展的一条"新赛道",明确气象科技产业发展2023—2025年在深圳战略性产业集群中的方向。制定并发布相关措施,包括气象科技产业的定位、气象科技产业的领域范围、打造气象科技产业深圳生态圈的方式、针对气象科技人才的政策、扶持气象科技企业发展的具体办法、树立"深圳天气"品牌的具体策略等内容,充分利用深圳先行先试的区位政策优势和梦想之城的口碑优势,确保对气象科技人才和高成长型气象科技企业有足够的吸引力。

在顶层设计方面,深圳市及深圳市气象局均提出了相应前瞻性、系统性部署要求。印发《深圳市加快推进气象高质量发展的若干措施》,提出了深圳气象发展"3433"战略目标,包括在气象防灾减灾体系、智慧气象服务、气象科技产业发展三方面先行示范,在综合气象观测体系、资料同化技术、人工智能气象预报技术、预警靶向精准发布技术四方面竞标争先,开辟气象科技产业创新平台建设、影响预报和风险预警、人工智能气象应用三条新赛道,创新气象基层服务、公众服务、专业服务三方面的体制机制和方式模式。同时,按照深圳市委书记孟凡利对深圳气象"全灾种监测、全时域响应、全行业研判、全周期服务、全方位赋能"的总体要求,提出相应工作任务,包括围绕全灾种监测,构建超大城市综合观测体系;围绕全时域响应,筑牢气象防灾减灾第一道防线;围绕全周期服务,打造新一代超大城市精细化智能化预报服务模式;围绕全行业研判,提升超大城市智慧气象服务水平;围绕全方位赋能,积极培育和发展气象科技产业:园区、平台、联盟、改革、数据。此外,在中国气象局、广东省气象局的大力支持和指导下,深圳市持续推进气象高质量发展。中国气象局印发《气象高质量发展试点工作管理办法(试行)》,并将深圳纳入气象高质量发展试点重点地区。为此，深圳市提出气象科技赋能现代化产业体系，遵循深圳气象"3433"发展战略，创新"1234"气象科技产业发展路径模式，即加强"1"项要素治理，推进"2"项技术攻关，打造"3"大赋能平台以及赋能"4"大战略新兴产业，以此努力打造全国气象科技产业高质量发展样板区，率先实现气象科技产业现代化引领区和气象科技产业区域一体化发展示范区，争取成为新时代中国特色社会主义战略新兴产业细分领域新高地。

(2)产业基金设计的资金支持

从财政补贴来看，行业加快转型升级，财政支出稳步缩减。随着我国经济的平稳发展，国家逐渐加大对气象服务等行业的财政投入力度，2016—2021 年，我国地方性财政国土资源气象等事务支出总体上呈现出增长的态势，从 2016 年的 1474 亿元，增长到 2021 年的 2001 亿元，其中 2020 年事务支出达到 2018 年以来的峰值，共计 2072 亿元。受传统气象服务行业影响，作为具有公益性质的行业，国家对气象服务行业的财政补贴力度较大，在市场多样化的需求推动下，我国气象服务行业逐步开始转型升级，商业气象服务等专业化、个性化的服务体系逐步得到完善，行业的收入规模也在持续提升，国家对于气象服务行业的投入力度也会稳步缩减，但总体的投入金额仍有较大体量。

从市场投入来看，应促进成立深圳气象科技产业发展引导基金。探索由政府和社会资本共同出资，成立气象科技产业发展专项引导基金，围绕气象科技核心产业链，根据气象科技产业发展规律，分类、分级、分发展阶段，优先投资"卡脖子"环节的产品技术研发类企业，给予符合条件的苗圃企业、孵化企业、加速企业、龙头企业、上市准备企业，不超过 100 万元、500 万元、2000 万元、5000 万元、1 亿元规模的战略投资。同时，对标的企业给予相应的政府配套资金和奖励资金，充分保障在深来深发展的气象科技创新企业有资可融、有钱可用。

(3)机制制度创新的支持措施

鼓励重点领域与气象科技深度融合。在安全节能环保、海洋产业、超算、智能制造、软件信息、高精传感器、无人驾驶、新能源、数字创意、大健康等重点细分领域加大气象科技投入，在气象大数据应用场景、机器学习素材、模式分析、超高速计算、极端天气压力测试等方向进行深度融合。对采用气象科技实现产品迭代升级的企业给予单项科技奖励。对跨界实现气象科技突破性进展的企业采用"一事一议"方式，给予财政资金补贴、税收优惠、科技奖励等方面的支持。发挥政府采购的引导作用，对战略性新兴气象科技成果实行政府先行先试政策，鼓励气象、应急、水务、生态环境、轨道交通、海事、文体旅游等政府部门、国有企业、区属单位，优先采购本地高水平气象科技服务。

(4)产业发展的赋能方式优化

围绕全方位赋能，积极培育和发展气象科技产业。健全促进气象科技产业发展相关制度，用好财税、金融、土地等扶持政策，建设国家级气象科技产业园，促进气象科技成果转化,赋能“20+8”产业集群发展。积极塑造深圳气象科技产业城市形象。立足整体谋划,推进气象科技产业“一核两翼三面向”主导体系建设,以气象数据为核心,以精密监测和精细服务为两翼,面向新时代国家气象事业高质量发展需要,面向大湾区城市产业集群气象科技需求,面向深圳发展壮大战略性新兴产业集群和培育发展未来产业布局。加大宣传力度,实施气象科技产业联盟计划,搭建气象科技产业众创平台,采用有形产业园+数字产业园双向驱动,在吸收、吸纳、吸附本地气象科技企业的同时,积极整合域外产业资源,成为气象科技产业的实质中心。重点培育资料同化、数值模式、天气管理科学、气象资源开发利用等技术领域的高成长型企业,夯实深圳气象科技产业基础,持续保持优势。努力打造全国气象科技产业高质量发展样板区,率先实现气象科技产业现代化引领区和气象科技产业区域一体化发展示范区,争取成为新时代中国特色社会主义战略新兴产业细分领域新高地。

6. 气象科技赋能产业发展的规划研究

(1)构建发展现代气象产业体系

2024 年,深圳市政府工作报告明确提出,大力推进现代化产业体系建设,加快发展新质生产力。充分发挥创新主导作用,以科技创新推动产业创新,加快推进新型工业化,提高全要素生产率,不断塑造发展新动能新优势,促进社会生产力实现新的跃升。气象与众多行业领域联系紧密,基于气象科技的基础支撑作用与杠杆效应,通过对气象科技创新资源的优化与整合、政府与市场的协同合作,能够产生新的科学技术、衍生新的生产方式、催生新的产业形态,持续打造新质生产力。

遵循深圳气象“3433”发展战略,加强气象数据要素的治理与流通,在人工智能核心技术与数字孪生创新应用方面有所突破,依托气象众创共享平台、产业科技创新平台、专业气象服务联盟,打造气象数据赋能、技术赋能与产品赋能,聚焦低空经济、商业航天、新能源等战略产业集群与未来产业方向,打造气象科技产业链闭环运营体系,着力形成有活力、制度完善、监管规范的气象科技产业发展布局,努力打造全国气象科技产业高质量发展样板区,率先实现气象科技产业现代化引领区和气象科技产业区域一体化发展示范区,争取成为新时代中国特色社会主义战略新兴产业细分领域新高地。

(2)创新引领气象产业数字经济增长

2024 年,深圳市政府工作报告提出,要深入推进数字经济创新发展。制定支持数字经济高质量发展政策,积极推进数字产业化、产业数字化,促进数字技术和实体经济深度融合。深化大数据、人工智能等研发应用,开展“人工智能+”行动,打造具有国际竞争力的数字产业集群。实施制造业数字化转型行动,加快工业互联网规模化应用,推进服务业数字化,建设智慧城市、数字乡村。深入开展中小企业数字化赋能专项行动。支持平台企业在促进创新、增加就业、国际竞争中大显身手。健全数据基础制度，大力推动数据开发开放和流通使用。适度超前建设数字基础设施，加快形成全国一体化算力体系，培育算力产业生态。我们要以广泛深刻的气象数字变革和创新数据服务，赋能经济发展、丰富人民生活、提升社会治理现代化水平。

（3）推动战略新兴产业融合集群发展

2024 年，深圳市政府工作报告提出，要积极培育新兴产业和未来产业。实施产业创新工程，完善产业生态，拓展应用场景，促进战略性新兴产业融合集群发展。巩固扩大智能网联新能源汽车等产业领先优势，加快前沿新兴氢能、新材料、创新药等产业发展，积极打造生物制造、商业航天、低空经济等新增长引擎。制定未来产业发展规划，开辟量子技术、生命科学等新赛道，创建一批未来产业先导区。鼓励发展创业投资、股权投资，优化产业投资基金功能。加强重点行业统筹布局和投资引导，防止产能过剩和低水平重复建设。利用“数据要素×气象服务”的高质、新质服务特性，大力推动和积极促进战略新兴产业融合集群发展。

（4）促进气象多元化赋能千行百业

2024 年，深圳市政府工作报告提出，要推动产业链供应链优化升级，其中包括加快发展现代生产性服务业。生产性服务业作为一种中间服务部门，主要为各类市场主体的生产活动提供服务；而生活性服务业提供的服务则主要用于居民最终消费，其中带有公共服务性质的行业，如气象、地震、海洋、测绘等专业技术服务，是生产性服务业的重要门类。气象服务现代化是以有为政府和有效市场来充分满足经济社会发展各方面气象服务需求的现代化，体现着气象事业“软实力”。在新时代新征程上，国家发展进步、人民福祉增进、经济社会发展对气象服务提出更高要求。需要以服务国家、服务人民为宗旨，为经济社会发展、人民美好生活提供多元高效的气象服务；大力加强社会治理，在防灾减灾、农业强国建设、生态文明建设等国家战略部署中发挥决策支撑作用；持续优化发展环境，坚持需求牵引、主体多元、多方协同的发展路径，在提升气象部门服务供给能力的基础上，进一步调动多元主体积极性，凝聚强大发展合力。

7. 深圳气象数据利用与科技产业发展的探索

（1）众创平台

加快申建深圳气象科技产业众创平台。根据《气象高质量发展纲要（2022—2035 年）》有关“打造众创平台”的战略部署，结合深圳实际，积极申请建设气象科技产业众创平台，依托深圳气象创新研究院技术、成果和体制机制优势，为成长型气象科技企业、气象科技人才提供物理空间、技术支撑、数据服务和市场前景。在气象众创平台的基础上，以气象高科技成果转化和气象数字经济为支点，形成对大数据信息类、低空经济类、智能传感类、气象高敏感类科技型高成长性企业的虹吸效应，初步构建气象科技产业生态圈。

(2)服务联盟

打造专业气象服务大联盟深圳落地模式。构建国省市专业气象服务大联盟深圳先行先试示范模式。与央企、国企合作,引进国省市先进算法、产品和人力,共同开拓和满足深圳专业气象有偿服务大市场。按照专业服务大联盟“需求清单”“一企一策”“试用服务”机制,深化并拓展港口、水务、交通、低空经济等领域专业高价值服务,以服务创造需求,以需求倒逼服务,形成良性互动循环。在持续配合办好中国气象现代化建设科技博览会的基础上,探索在深圳举办中国气象科技成果交易会,打造气象科技领域“高交会”。与深交所科技成果与知识产权交易中心对接,探索气象科技成果交易路径,以“科技+数据+机制+管理+平台”形成“组合拳”开辟专业气象社会服务现代化新路径。

(3)数据交易

积极探索气象数据作为数据资源、数据要素和数据产品的流通与利用方式。为贯彻落实《中共中央 国务院关于构建数据基础制度更好发挥数据要素作用的意见》,支持深圳数据要素生态应进一步加快研究建立公共数据产品和服务价格形成机制,促进公共数据资源开发利用。

深圳依托数据交易平台加快推进数据要素市场与生态建设。《深圳市数字政府和智慧城市“十四五”发展规划》指出,推动建立数据交易平台,引导市场主体通过数据交易平台进行数据交易。建立健全数据交易规则、安全保障体系和平台监管机制,打造国内数据交易典范。推动建立数据确权、质量评估、价值评估等第三方服务机构。健全跨部门协调监管机制,强化监管执法。

气象数据应被纳入深圳市公共数据开放体系。深圳市针对公共数据开放的立法文件《公共数据管理办法(征求意见稿)》明确提出,在法律、法规允许范围内最大限度开放。其中,深圳市各行业主管部门负责下列工作:①统筹推进本行业公共数据资源管理以及公共数据开放工作;②组织制定本行业公共数据开放工作计划,指导公共管理和服务机构开展实施,并做好监督管理;③结合行业特点,提出公共数据目录编制具体要求,并对公共数据目录进行汇总审核;④落实市公共数据主管部门有关公共数据管理和开放工作要求。

气象数据应作为全市数字孪生城市数字底座的重要组成部分。深圳市建设数字孪生先锋城市建设要求,构建不少于10类数据相融合的孪生数据底板,加快多维接入、广泛覆盖的数据汇聚。按照“按需归集、应归尽归”的原则,整合全市分散独立的数字孪生城市数据资源,推动数据汇聚手段标准化、自动化、智能化升级,实现数据底板组成要素全覆盖。全面推进基础数据汇聚,有序更新全市电子地图、影像和实景三维倾斜摄影,完成地质钻孔与地下管线数据汇交,实现全市既有重要建筑模型、满足条件的新建工程项目报建模型等BIM数据汇聚,开展海洋模型等三维数据建设。不断强化专题数据汇聚,各区各部门分别完成不少于3类公共专题数据的空间化汇聚,持续推动物联感知数据和互联网开放数据接入。同时,要推动各领域全时空表达、全要素支撑的数据融合。依托全市海陆统筹的统一时空基准和统一空间编码，推进可空间化专题数据与时空基准数据、全空间二三维数据融合。围绕多源异构数据映射图谱实现基础数据与专题数据关联，构建全市域统一的数字孪生城市数据底板。

气象数据是具备大规模、高质量、动态化特性的典型观测数据，具有巨大应用潜力。观测数据通常是标准化、结构化的数据，是各个专业领域内数字化量化计算、分析与推演的基础。气象观测的原始数据的观测频率和精度都较高，数据序列长且数据质量也在较高水平，无须复杂的数据清洗过程，即可配置到各行业应用场景使用或参与数据要素流通。因此，气象数据具有“到手即用”的特点，也正因为有该特征，不难发现，质量控制管理在气象数据形成过程中占有极其重要的地位，其相关投入在气象数据成本构成中亦占有相当比重。

一方面，气象数据与服务具有场景先导性特征，关系到“生命安全、生产发展、生活富裕、生态良好”，几乎所有行业和群体都离不开气象服务的助力和支持。气象数据要素是气象服务中最重要的载体，且数据具有标准化、结构化、长序列、高频率、高质量等特征，因此，气象数据“到手即用”的特性可以使其快速高效地配置在各类场景中，通过提升应用主体对天气变化的态势感知能力，助力其趋利避害、提质增效。释放气象数据要素高价值潜能，助力气象事业和经济社会高质量发展。与此同时，其与行业场景的融合运用亦需要结合所在行业相关的科学理论及算法认知，因此其先导性伴随着基础科学发展同步增强，但亦受制于下游应用科学的发展状况。

另一方面，气象数据又具有典型的时效双重性，该双重性对价值的影响取决于气象数据的用途属性。例如，预报类数据等即时服务型数据，其时效通常较短，根据中国气象局提出的标准，临近天气预报的时效为 0～2 h，短期天气预报的时效为 0～72 h，中期天气预报的时效最多不超过 240 h。相比之下，用于行业或学术研究类的气象数据(例如，世界气象组织根据温室气体浓度、海平面高度等指标分析全球温度的长期上升趋势)，包括考古发掘、物候观测、方志记载，以及离子比例、同位素分析、气象站测量等各类记录，则需经过长期积累和机器学习，才能使模型精度提高，从而凸显经济价值。

除上述提到气象数据的主要价值特征外，气象数据价值可能还会受到其他因素的影响。比如，不同地区之间的气候类型通常有所差异，同一地区在一年内的气候现象也会存在不同的情况，从下游需求角度来看，气象数据的价值也会受到诸如地区气候变化情况、产业经济结构的影响。例如，气候多变且气候环境复杂的地区，下游产业对于气象数据需求及价值的认知要远高于气候稳定的地区，因此气象数据发挥的价值也较大。在经济发达地区，气象数据对于高质量转型、精细化管理的产业而言，价值潜能也要远高于其对于粗放型的产业而言。诸如这类因素，从理论的角度而言，亦会对气象数据价值形成一定影响。因此，我们认为需要以更开放的视角去审视气象数据的价值特征。

深圳气象在数据要素流通上已经具备一定的能力基础,已制定气象数据公共目录,正在探索气象公共数据授权运营、流通监管专项试点,并推动高质量气象数据要素流通与价值利用,打造气象数据运营和交易试点。目前,智慧气象服务中台共享281项数据产品接口,为深圳市委应急指挥中心等60余家单位累计提供调用服务38亿次,居全市数据调用榜首。

在此基础上,特别是面向未来通用人工智能发展,首先需要进一步加强气象数据全生命周期治理与质量管控。根据数据分级分类应用管理需求和高质量数据集构建的需要,制定气象公共数据全生命周期治理配套制度体系,明确气象业务各环节数据管理责任与工作规范,实现数据采集、流转、加工、使用全过程规范管理,为数据治理和可持续运作提供必要的制度保障。研发地面降水、风等关键要素的智能质量评估判识技术。加强气象数据"一数一源"建设。强化气象数据治理,做好"一数一源"数据责任梳理,建立健全气象"一数一源"数据权责体系、数据标准规范体系和数据质量评估体系,制定数据分级分类、质量管理、安全管理等标准规范,建立内部数据评价机制,提升数据质量。

其次,应依托深圳市特有数据要素流通环境,开展深圳数据交易所与数据跨境合作区对接合作。推动气象人工智能应用数据众筹与交易。依托市数据交易平台建立气象人工智能应用数据专区,引导市场主体通过数据交易平台进行气象应用数据众筹与交易。建立健全数据交易规则、安全保障体系和平台监管机制,打造国内数据交易典范。推动建立气象数据确权、质量评估、价值评估等第三方服务机构。健全跨部门协调监管机制,强化监管执法。推动气象人工智能应用数据跨境合作。积极对接前海自贸区、深港科技创新合作区、光明科学城、深新合作等项目气象数据跨境流通需求,探索在离岸数据平台建设气象数据专区,建立开放透明的跨境数据流动监管体系。落实数据安全审查制度,对影响或可能影响国家和市域安全的气象数据活动进行安全审查,规范气象数据跨境流通活动。

以科技为核心的气象产业泛化有助于推动人工智能及相关软硬件生态在多行业领域的融合应用。气象科技是目前对计算速度和频次要求最高的顶尖行业,是检验超算科技水平的优质元素。天气模式对算力的巨大需求,在检验超算性能的同时,还可以为超算科学提供改进方向,相互促进。气象科技产业的发展,能够不断推动计算科学的进步。经过天气模式海量数据检验的超算技术,其性能才能得到保证。2022年6月,NOAA更新了老化的超级计算机网络,实现以12.1 PFlops的速度运行,比NOAA之前的设置快3倍,持续更新算力早已成为NOAA不断提升预报精度的长期策略。天气模式与超算能力的拉链式进步一直是科学界关注的热点,也是科技新闻的重要题材。深圳气象创新研究院自主研发的MOTOR系统(面向对象的天气预报体系),就布局在深圳超算中心运行。与MOTOR系统配套的1 PFlops以上算力,已纳入深圳超算二期计划,有望成为一个超算应用层面的亮点。未来,深圳超算如果能够支撑地球系统数值模式的高强度运算,深圳有可能替代日本成为亚洲的气象数据科技中心。气象科技与超算科技的融合，可以给深圳带来可观的外部宣传效果，成为科技新闻眼之一，持续增加深圳科技创新中心的国际影响力。

国务院《关于印发〈气象高质量发展纲要（2022—2035 年）〉的通知》《广东省智慧气象服务体系建设实施方案》，国家、省、市各级“十四五”气象规划，深圳市数字政府和智慧城市建设方案等法规、政策，均对智慧气象、数字孪生大气等建设提出要求。2023 年 6 月 9 日，深圳市人民政府办公厅《关于印发〈深圳市数字孪生先锋城市建设行动计划（2023）〉的通知》（深府办函〔2023〕42 号），明确了深圳市打造数字孪生先锋城市的实施路线。深圳市人民政府印发《深圳市加快推进气象高质量发展的若干措施》（2023 年 8 月），要求“加强数智气象基础能力，为建设更具全球影响力的经济中心城市提供支撑”。其中明确要求“构建基于 CIM/BIM 的数字孪生大气，开展交通、水务、生态、旅游、城管、建筑、农业、电力、燃气、金融、能源等分行业全过程风险研判，发展保障分行业场景化气象服务”。通过主动融入数字政府建设一盘棋，充分复用数字政府已建的算力资源、支撑平台、市 CIM 能力，围绕全行业研判、全方位赋能，提升超大城市气象智慧化服务水平，积极培育发展气象科技产业，是有效促进气象工作高质量发展的有效途径。基于市 CIM 基础能力，打造气象数字孪生分平台，构建气象 CIM 服务场景，增强气象智慧化服务能力，赋能行业发展，包括物流、工程建设、三防、建筑等示范气象数字孪生应用场景，促进气象行业发展；打造统一的气象 CIM 服务管理，支撑多方实现气象行业数据的行业应用开发和应用的共享发布服务，推动各类创新主体共担创新服务、共享数据资源，发展智慧气象技术创新模式；打造数字化气象科普试点应用，提升市民气象科普服务水平，服务美丽宜居生态城市建设。

数据资产的价值通常可以从数据资产的成本构建、收益获取和市场供需等角度进行考量。具体来讲，需要结合数据资产的资产化程度状况、市场发展现状，以及相关估值定价方法所需的信息输入的可获取程度进行全面综合分析。从成本途径来考量气象数据价值，其理论基础在于数据资产价值取决于形成该数据资产的必要投入成本，是从数据资产重新配置角度考虑的一种估值方法。气象数据相关的取得成本包括其在形成过程中各环节的投入，往往与气象数据的规模结构、获取难易程度、更新周期频率、数据质量及安全级别等因素有较强的关联性。成本途径反映了供给方对数据资产内在价值的估计，适用于资产化初期阶段的价值估计。鉴于气象数据具有即用性特点，不需要经过复杂加工便能够应用到各应用场景中，因此采用成本法思路估计气象数据价值，既符合气象数据的价值特征，又有其合理性。

（4）制度规范

统筹搭建职责分明、协同发展的服务机制。统筹构建局本级、直属事业单位和新型事业单位（或国企）的服务供给大平台，构建职责分明协同发展的服务机制。局本级和直属事业单位承担保障政府及相关组织履行公共服务职能所需的基本公益性专业气象服务；新型事业单位（或国企）承担政府购买服务和商业化服务，积极推动政府购买专业气象服务，如区、街道级精细化气象防灾减灾协同化服务；同时通过改革创新，以“机制完善、平台融通、体系完整”来积极促使“充分发挥市场的资源配置作用，做大做强商业气象服务”能有探索实施基础和发展环境，包括大数据商业化、重点敏感行业个性化专业气象保障、公众气象信息咨询、气象安全防护技术等。

（5）改革建议

一是要积极推动高质量气象数据要素流通与价值利用。加强数据治理完善高质量气象数据集，提升气象数据服务效能，探索建立气象数据价值实现模式。构建气象数据资源的开放共享和利用体系，实现气象数据的资源化，建立规范合规的数据开放共享和开发利用的服务流程。扩展气象数据流通监管平台功能，衔接深圳数据交易所的交易平台，促进高价值密度气象数据产品、气象服务工具集、气象服务算法以及其他气象科技成果合规高效交易与流通使用。打造气象数据运营和交易试点，引导各类市场主体运用气象数据和产品，开展气象服务技术研究和精细化服务产品开发。

试点更广泛领域的数据管理政策，做强做好智慧气象服务中台。按照国家政策提供开放共享数据，同时，给予试点期间更广泛领域的数据管理政策，统一由智慧气象服务中台出口，既能从本体上提高提升气象数据基础服务的能力，同时又对气象数据的供给做到安全可控。

探索构建融通智慧气象服务中台、数据交易平台（指政府层面构建的数据交易中心机构）、众创共享平台三平台之间的数据交易和可信流通数据政策。统筹建设全链条的数据安全监控体系，从制度、流程、数源、属性、价值评估上对数据服务、数据交易、数据可信流通逐步建立和不断完善实施全要素、全过程的监控和风险识别预警机制，保证由智慧气象服务中台出口数据的绝对安全性，和对数据可信流通的安全可控、可溯源。

探索构建气象数据交易大平台试点政策。构建气象众创服务平台，上游与智慧气象服务中台对接，下游与政府间数据交易平台对接，探索建设气象众创服务平台，对脱敏、开放、普惠的气象大数据进行价值挖掘、创新发展、商业交易。并建议组建或委托第三方进行气象众创服务平台的运营工作。试点创新、统筹构建“有合有分、管办分离、职责清晰、供给一体、安全可控、流程协同”的气象数据交易大平台。

二是要加快成果转化落地。根据“政府主导、国企主推、需求拉动、市场参与、科技引领”基本战略，按照“一领域、一平台、一龙头、众创式、多场景”方式，以深圳“20＋8”战略新兴产业集群为基准，在低空经济、新能源、空天等多个重大战略领域，建成产业科技创新平台，进行市场导向的科技成果转化。

建设气象众创共享平台。建设新型气象众创共享平台，通过气象众创共享平台打造更有价值的气象数据资产，推动行业气象数据和创新资源开放与共享。依托平台建立供需链接匹配机制，支持行业气象服务需求方和供给方在平台上开展合作交流，加快各行业气象数据服务产品的开发。面向政府政务与治理数字化需求，持续升级智慧气象服务中台的气象服务产品超市、智能化产品制作、融媒体发布和智能调度服务等功能。推动智慧气象服务中台融入市数字政府与智慧城市建设体系，构建数据驱动的超大城市"数智气象"服务模式。

打造细分领域的产业科技创新平台。探索打造"一领域、一平台、一龙头、众创式、多场景"的气象科技产业发展组织模式。联合央企、国企打造产业科技创新平台，围绕深圳市"20＋8"战略新兴产业集群和未来产业，面向细分领域产业关键需求问题开展核心技术攻关，赋能高科技产业，占据同类产业制高点。对新能源产业集群，通过新能源功率预测及数字孪生电厂攻关超大规模新能源管理及交易体系；对安全节能环保产业集群，建立天气管理科学与工程技术中心，建设面向对象的压力测试数字孪生平台，支撑极端天气压力测试及高影响天气风险管理问题；对数字创意与现代时尚产业集群，建立气象美学价值链管理科学中心，攻关气象光影美学及元宇宙、数字藏品等相关数字化技术。

打造专业气象服务联盟深圳落地模式。构建国省市专业气象服务大联盟深圳先行先试示范模式。与央企、国企合作，引进国省市先进算法、产品和人力，共同开拓和满足深圳专业气象有偿服务大市场。按照专业服务大联盟"需求清单""一企一策""试用服务"机制，以服务创造需求，以需求倒逼服务，形成良性互动循环。

统筹搭建职责分明、协同发展的服务机制。统筹构建局本级、直属事业单位和新型事业单位（或国企）的服务供给大平台，构建职责分明协同发展的服务机制。局本级和直属事业单位承担保障政府及相关组织履行公共服务职能所需的基本公益性专业气象服务；新型事业单位（或国企）承担政府购买服务和商业化服务，积极推动政府购买专业气象服务，如区、街道级精细化气象防灾减灾协同化服务；同时，通过改革创新，以"机制完善、平台融通、体系完整"来积极促使"充分发挥市场的资源配置作用，做大做强商业气象服务"能有探索实施基础和发展环境，包括大数据商业化、重点敏感行业个性化专业气象保障、公众气象信息咨询、气象安全防护技术等。

标准化构建专业支撑平台提升市场化服务供给能力。标准化统筹建立"气象服务大平台"，创新"智慧服务中台、众创共享平台、数据交易平台"三台协同发展理念，规划好数字气象赋能数字政府和智慧城市发展项目，构建基层、公众、专业服务的"大专业气象服务"基础支撑平台，综合提升气象预报服务能力，为局本级和直属事业单位开展防灾减灾、生态文明、气候治理、城市规划、城市运行等气象保障和新型事业单位开展政府购买专业气象服务和个性化气象服务提供数据共享服务基础支撑，为统筹构建全链条的智慧气象服务专业化、现代化新型服务供给大平台夯实坚实基础，支撑事企建立协同高效的气象服务供给模式。

市场化激活国有企业专业气象服务新动能。为激活专业服务市场，深圳市气象局可统筹通过试点推进、企事业单位协同打造示范，按照"统筹顶层设计、综合管控风险、稳步协同推进"的原则，改革气象产品服务供给模式，利用国有企业优势充分发挥市场资源配置作用,如对低空经济、新能源等战略性新兴产业集群与未来产业行业的专业化精细式服务,由国有企业根据市场资源配置提供专业专项信息服务,国家气候观象台则根据行业精细化的公共服务需求提供同质化的专业共享产品。基于专业支撑平台和创新协同服务机制,支撑事企建立协同高效的气象服务供给模式,不断培育打造和提升行业(专业)气象服务新动能。

第 21 章　相关气象服务平台介绍

1. 智慧气象服务中台

(1)现状问题

深圳地处粤港澳大湾区的核心区域，台风、暴雨、强对流天气频发，是气象灾害的高敏感区，作为超大型城市要素集中，面对气象灾害的暴露度越来越高，灾害防御的脆弱性越来越低。双区建设、综合改革试点，使深圳成为多重国家战略的交汇地，市委市政府对气象工作提出更优质的保障要求。同时，平安城市、海洋中心城市、美丽深圳、智慧城市、数字政府建设等，也对气象服务提出了更多的个性化、专业化的需求。在此背景下，深圳气象服务存在无限需求和有限供给的矛盾，同时，现有气象服务支撑能力和快速迭代能力不足，气象服务过程中低水平重复建设以应对多样化需求的情况仍然存在，因此建设智慧气象服务中台势在必行。

(2)解决方案

深圳市气象局开发建设智慧气象服务中台，以 API(应用程序编程接口)、SDK(软件开发工具包)、插件式、图层式等多种形式，为各区、各行业、各部门提供统一、简洁、高效产品，降低了使用专业气象数据技术门槛，优化服务效率，以“+气象”新模式筑牢防灾减灾第一道防线。

智慧气象服务中台定位为深圳市气象局对外气象服务的产品、渠道、技术能力中枢，实现服务产品集约快速加工、服务渠道集中安全供给、共性业务能力沉淀复用等核心功能，有效依托国省气象大数据云平台深圳端后台、打通服务应用前台、直达服务用户前端，是深圳市气象局数字化业务服务布局中的关键支撑平台。智慧气象服务中台的目标是驱动深圳市气象局服务流程持续优化，让服务产品更方便地被用户所使用，将数据变为一种服务能力，高效支撑智慧城市、数字政府建设，加快推进深圳气象数字化转型，构建起数据驱动的超大城市“数智气象”服务模式(图 21-1)。

改变过往点对点、事件触发式的气象数据获取方式，以智慧气象服务中台为中枢，将前台服务需求和后台服务产品串联，加工成数据集、主题库、产品超市等，省去了困难繁琐的数据初级处理环节，保证各类产品能够被快速轻易地获取和调用。

为满足智慧城市的服务需要，将深圳市各后台服务产品串联，形成闭环管理，并通过不间断轮询产品提高智慧气象服务中台的稳定性和多元性。为政府单位、各行

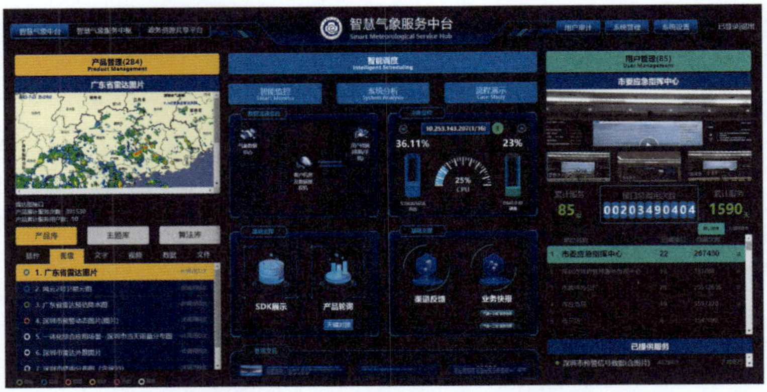

图 21-1　智慧气象服务中台页面展示

业、各区域提供统一的气象公共服务平台，以多种形式统筹供给高效的气象服务产品，大大降低了使用专业气象产品的技术门槛，提升"＋气象"精细化融服务能力。智慧气象服务中台总体架构分为五层，如图 21-2 所示。数据层将每日新增的 98 类约 922 GB 原始数据加工成数据集并提供给算法层；算法层通过数据处理、数据整合、数据分析等多种算法形成接口产品所需要的数据；接口层数据融合并加工形成气象服务产品，现一共具有 203 款气象服务产品；SDK 层将不同的接口融合并加工形成更符合用户习惯的 SDK，目前已有 68 个 SDK 产品；用户层通过智慧气象服务中台，将气象产品供给用户使用，共为 70 余家部门、单位及公众渠道提供服务，总服务量逾 90 亿次。

在此基础上，通过数据可信流通模块确保数据的安全加密传输，并起到数据溯源的功效，提高了智慧气象服务中台的安全性。进一步保障数据安全，为第三方对外专业气象服务以及数据交易探索提供技术支撑与安全保障。

为满足智慧气象服务中台稳定为全市各大单位和用户提供气象服务的目标，增加容灾无感化热备服务，从而提升智慧气象服务中台稳定性和并发能力，进一步强化服务保障。当智慧气象服务中台出现问题导致无法正常运行的时候，在 1 min 内迁移所有的气象服务至容灾热备服务器中正常运行。

为降低用户使用气象数据的难度，增加了 50 余个智能化 SDK 产品，简化用户使用流程，方便其他系统直接调用和展示。SDK 插件式产品通过对传统的气象数据接口进行封装，形成快捷可用的气象产品，免去了用户理解繁琐的接口文档。通过在 script(脚本)标签下插入一段代码，即可实现 SDK 产品的接入，删除接入的代码也可相应的取消使用 SDK。

(3)应用成效

智慧气象服务中台已开发图层式、插件式、文字式、网页式、文件式、数据式 6 大类共计 295 个产品接口，为深圳市委应急指挥中心、深圳市政府管理服务指挥中心、

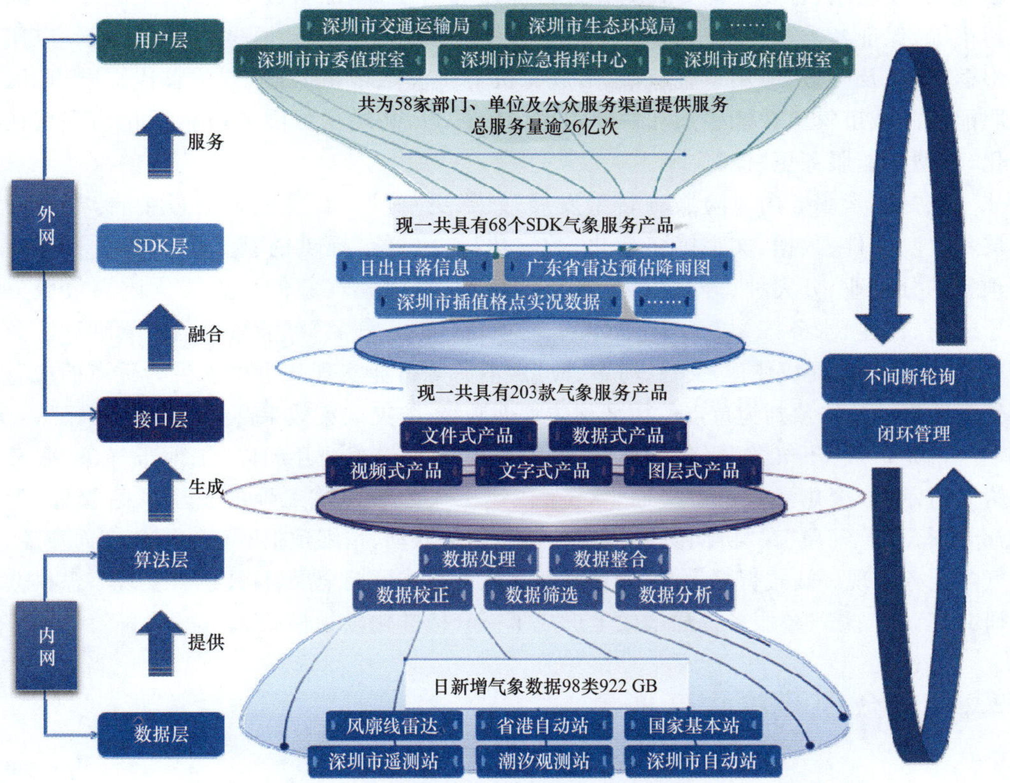

图 21-2　智慧气象服务中台整体架构

深圳市应急管理监测预警指挥中心、深圳市应急管理局、深圳市政务服务和数据管理局等 79 家单位提供气象数据共享应用支撑，2024 年累计提供调用服务 24.67 亿次，累计总调用服务 94.34 亿次，居全市数据调用榜首，助力防灾减灾，赋能城市治理和生态环境建设。

(4)创新点

智慧气象服务中台的建设，有效发挥了筑牢防灾减灾第一道防线、彰显防灾减灾气象“早、准、快、广、实”服务内涵，突出以下四个创新点。

一是数据气象向数字气象转型发展，服务更“精”。聚焦城市精细化治理和筑牢防灾减灾第一道防线，建设服务更精细、专业性强的插件、图层、产品、系统等链接功能库，极大降低了用户使用技术门槛，可针对不同服务需求提供数字气象的不同产品供给和服务方式，构建“一网统管”下的城市生命体征系统的智慧气象服务中台数字服务供给底座，为全链条打通智慧气象精细化服务奠定了数字化基础，数字赋能服务更“精”。

二是单一供给向迭代供给转型发展，质量更“优”。智慧气象服务中台改变过去点对点、事件触发式的数据获取方式，将前台服务需求和后台服务产品广为连接，汇聚气象、互联网、各委办局等数据并进行深度分析挖掘，加工成数据集、主题库、产品超市等，保证各类产品能够被快速轻易地获取和迭代调用。通过与市区“统一应用中枢平台”及“通用应用系统超市”形成有机对接和融合植入，全方位整体提升市、区职能部门城市气象智能感知和快速识别风险能力，高质量保障城市精细化治理现代化，转型赋能服务更“优”。

三是要素服务向风险服务转型发展，效果更“好”。智慧气象服务中台，通过图层、插件、文件、数据、文字等多元化、数字化融合供给，提供的基于影响预报和风险预警的分行业、分灾种、分时段、分区域的精细、直通式气象信息更能优质高效服务于交通、住建、水务等2000多个重大工程项目，以“＋气象”赋能城市运行管理和应急处置场景，积极促成住建、交通、海事、应急、消防等行业实现从事中事后为重点的应急管理向事前预知预判为重点的精准预防管理升级，防灾减灾效果凸显，效果更“好”。

四是形成“＋气象”服务标准模式，效益更“高”。通过开展以“工地＋气象”服务为先行示范，聚焦涵盖全市交通、水务、住建三大领域建筑工地的安全风险管控，为探索“行业＋气象”在“协同防灾实现一体化四级联动、精细预报实现一网格全面覆盖、气象服务实现一站式智享生活、信息服务实现一键式可控全局、科技创新实现一盘棋共研共享”的智慧气象服务提质增效上形成了一套标准化供给模式，效益更“高”。

2. 气象众创开放共享平台

（1）现状分析

深圳市气象局基于中国气象局（CMACast（中国气象局卫星广播系统））、广东省气象局（IDEA（历史一体化数据访问平台）、CIMISS（全国综合气象信息共享系统）、备份中心）和本地观测数据及服务产品，借助“十二五”“十三五”期间深圳市气象灾害应急预警工程等项目建设，构建了集约化数据环境，初步实现对气象众创开发共享平台的数据支撑，初步建立从观测资料收集到提供数据服务的全流程监控和对设备运行状态的实时监控。

深圳市气象局负责气象资料共享的管理工作，组织管理气象探测资料和天文观测内容的汇总、分发和交换。已经构建敏感行业1200多个单位服务大数据集，气象服务直通2000多个施工工地、478家重点易燃易爆场所及港口、交通、地铁、航空、供水供电、旅游等敏感行业，为城市公共安全、防灾减灾提供了数据决策支撑。

深圳市气象局目前通过深圳市政府数据开放平台向社会开放了67个数据集，深圳范围内自动站实况格点数据表接口调用超5000万次，灾害性天气预警预报接口调用近500万次。气象数据总量达到617 TB、427亿条记录。面向市民开放数据19类75种，累计下载量超过2000万条数据，接口调用达2.4亿次，有力支持保障了深圳市经济社会发展。

深圳市气象局数据共享的主要方式包括深圳市机关网络、气象专线、互联网、存储介质等。通过深圳市机关网络共享，与市里部门通过深圳市大数据资源管理中心的共享平台实现共享。通过气象专线共享，深圳市气象局按照国省的要求，需要与中国气象局、广东省气象局通过气象专线进行数据传输，尤其是卫星、雷达数据，需要通过专线与系统进行直连。

深圳市气象局气象数据由结构化数据与非结构化数据组成，结构化数据存储在关系型数据库表中，非结构化数据主要是气象产品数据，采用文件方式存储在文件系统中。气象结构化数据存储在核心数据库中，核心数据库不能直接调用或接入使用，通过把核心数据库的数据映射至应用数据库，内部各业务系统调用应用数据库数据的方式来访问或读取气象数据。

由于气象数据的复杂性和多样性，很多数据在采集之后并没有得到充分应用，甚至被遗忘或丢失，导致数据沉睡。一是气象数据服务精准供给水平不高。目前，气象数据的供给往往是以比较粗略的方式提供给公众，无法满足公众对于精细化气象服务的需求。二是公众获取数据的渠道与数量受限。公众获取气象数据的渠道相对单一，一般只能通过气象部门官方网站或相关应用获取基础的气象数据，而无法获取更加详细和精准的数据。三是“信息孤岛”难以消除。气象数据的应用涉及多个领域，如气象、环保、农业、能源等，但由于缺乏统一的数据标准和管理机制，这些数据的应用存在相互割裂的情况，难以实现数据的互通和共享，数据烟囱在一定程度上还普遍存在。

气象领域的科技创新能力和相关创新链、产业链、人才链还比较薄弱，气象行业服务水平还不能满足各行业对精细化、实时化、个性化、多样化气象服务的迫切需要，行业气象服务供给对深圳市推进先行示范的高质量发展支撑不足，服务保障“20＋8”产业集群发展的能力还不充分。一是服务内容缺乏个性化。目前，很多气象服务内容没有根据行业用户的需求来定制，而是按照通用的标准来提供服务，导致行业用户的服务满意度不高。二是服务缺乏针对性。气象服务中存在的问题缺乏针对性，主要表现为没有针对不同的服务对象提供专业的气象信息，而是提供笼统、内容基本类似的信息，导致时间、区域和品种的指向性不明确，缺少有针对性的预警提示。三是缺乏资源投入。气象服务的资金主要来源于政府，但很多情况下行业气象服务产品开发面临资金不足、人才不足、资源不足等制约，严重限制了行业气象服务的发展速度。四是带动数字经济效益不明显。在气象服务方面，由于理念和体制的限制，气象服务部门未能充分利用市场，进行市场化的运作，提高行业气象服务的经济效益。

目前，深圳市气象数据开放、共享和利用距社会的需求仍存在较大差距。公众获取数据的渠道、方式和数量受限。大数据下载权限只赋予实名制用户，专业化定制数据下载步骤略显繁琐且单日下载量受限。有些数据格式不是可机读格式，在开放共享授权方面受到一定的限制。部分科研工作者宁可利用国外相关数据网站获得免费气象数据，也不愿登录国内网站获取相关资料，主要原因是这些网站需要繁琐的注册审核程序,有时通过注册审核后仍然无法免费获取需要的数据。

公众积极争取使用气象数据的意愿强烈,但制度不完善,也缺少信息系统平台的支撑,建设气象众创开放共享平台并对接深圳数据交易所,制定合理、合法、合规的气象数据开放使用与共享的制度及协议,明确气象数据使用权,保障使用者顺利获取、利用、分享气象数据,促进不同行业之间的数据共享和交流,将极大提高气象数据的使用效率和价值。

(2)总体目标

建成产学研一体化的气象共创开放共享平台以气象创新创业为核心,整合各方资源,包括政府、企业、高校、科研机构、创新创业者等,构建一个开放、共享、协作的创新创业生态系统,促进创新创业生态的繁荣和发展。通过众创形式推进社会力量利用气象数据开展研究与服务,提升数据应用价值,促进数字经济,培养气象创新创业人才,开创智慧气象服务新模式,构建大湾区气象创新创业高地,推动深圳气象事业高质量发展,为智慧城市和数字经济做出贡献。通过开展气象数据流通交易试点,融入深圳国家级数据交易所交易体系,与气象众创开放共享平台对接,引导社会力量挖掘应用高价值气象数据集,探索气象数据产品确权、定价和市场评价贡献机制,推动气象数据要素价值有效释放,带动气象科技服务产业发展,为数字经济和产业发展赋能,为各行各业和市民提供全方位的气象服务。

(3)总体设计

① 总体架构设计

众创开放共享平台主要包括“众创开放共享门户”和“众创开放共享平台公共能力”两部分。

众创开放共享门户重点针对需求方、开发方、数据供方和数商提供交互功能。支撑需求方浏览产品、发布需求、申请产品线上测试、跳转数据交易所进行产品交易、交易完成之后在平台接受产品交付和使用。支撑开发方浏览申请数据、申请算力,开发数据产品,完成产品的注册、发布等。支撑数据供方对开发方开发的产品进行合规检查,并查看数据使用情况。支撑数商对开发方进行数据使用权的授权,以及进行业务审核、交流互动和运营统计等操作(图 21-3)。

众创开放共享平台公共能力,提供气象服务产品数据登记、授权、开发、交付、运营、监管各方面的功能支撑,分为服务层和平台层。

服务层包括用于三方注册的个人/企业认证模块、用于授权开发者数据使用权的授权运营管理系统、权限流程等安全全流程监管和数据访问利用的合规性检查。另外,还包括数据登记、气象数据开发、气象机器学习、气象产品交付系统和算力管理系统。数据登记用于数据供方确定运营的数据目录,并同步数据到国资云平台,进一步开展授权运营工作。开发者获得数据使用授权之后,可以进行算力和开发环境申请,随后在气象数据开发环境或气象机器学习平台开发或训练数据产品,之后对接数据交易所进行产品上架,交易之后在数据产品交付系统中进行产品交易。

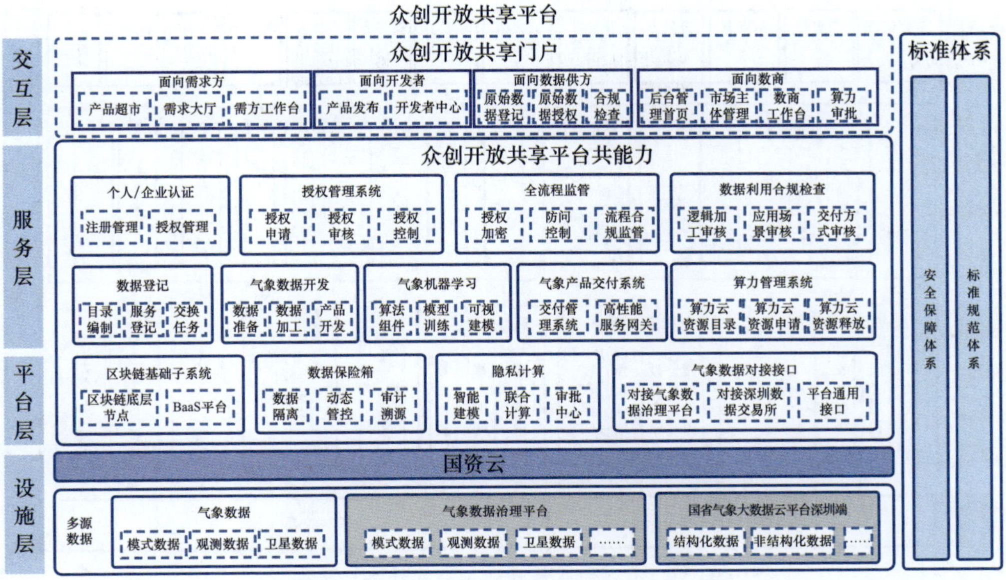

图 21-3 众创开放共享平台总体架构设计

平台层涵盖区块链基础子系统、数据保险箱、隐私计算等公共支撑能力，另外，提供气象数据对接接口，用于对接外部系统和提供通用对外接口。

基础设施层计算存储网络等基础设施，由深圳市国资国企云提供。当前项目考虑气象数据的集成，未来规划集成各单位交换数据和行业交换数据。

② 应用架构设计

整个应用体系围绕数据供方登记数据、数商申请资源、需方提交需求、开发方领取需求、开发方申请数据使用授权、开发方申请算力开发产品、开发方发布产品完成交易后产品交付一条业务主线搭建，由数据提供方进行数据利用合规检查，由数商对全流程进行安全监管（图 21-4）。

数据供方依托服务层数据登记模块完成数据目录的编制、资源挂接，数商针对数据进行运营授权的申请，由数据供方审批通过之后，数据将从气象专网同步到国资云。开发方申请数据使用授权主要由交互层数据浏览申请后，调用授权运营系统的授权申请完成，数商进行授权审核、续期、评估和终止操作。开发方申请算力开发产品，主要由算力申请前端和后台管理系统完成。此外，开发方还可以根据自身需求申请数据开发环境，完成数据产品的开发或模型训练之后进行产品注册。数据供方将对产品进行合规性审核，审核通过之后对接深圳数据交易所平台进行产品的入库和上架交易。需求方完成线上付款之后，开发方进行产品的交付部署，需求方接受交付和使用产品。

③ 总体业务流程

众创开放共享平台支持汇聚内外部需求进行发布，然后完成数据供需对接，需

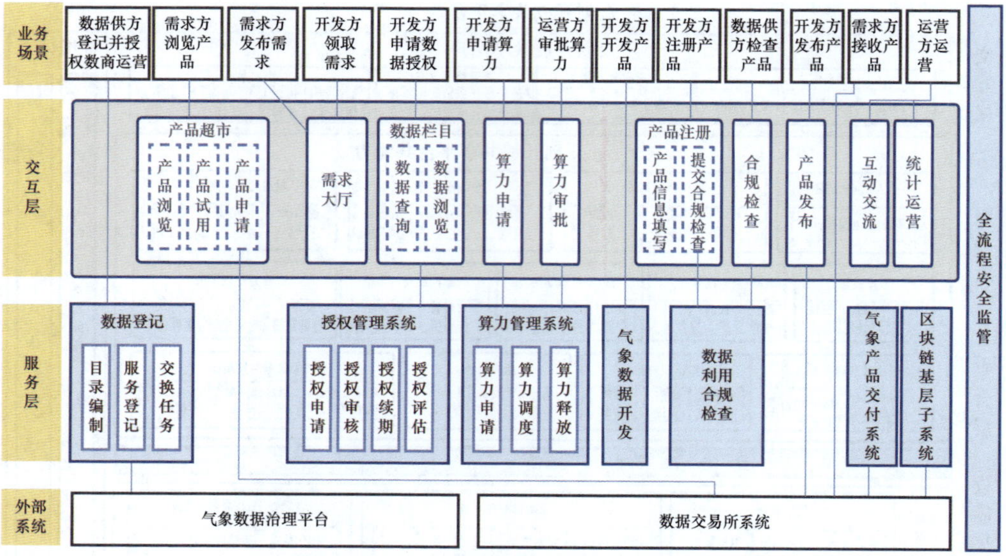

图 21-4　众创开放共享平台应用架构设计

求方提出数据需求，数据开发方（即数据服务商，包括但不限于算法供应商、算力供应商、产品运营商、软件开发商等）在平台上寻找相关支撑数据并获得使用授权，随后可利用平台提供的便捷开发工具对数据资产进行预处理、加工和产品开发，研发完成的新产品，通过气象数据供方进行审查；审核通过以后完成众创开放共享平台内部产品发布，如果此时发布的产品是揭榜需求或自有需求产品，则将发送产品链接和授权码对接数据交易所，完成登记确权后上架交易和交付，交付完成之后进行交易交付信息的存档。气象众创开放共享促进深圳气象服务的创新发展和数字经济，随着数据开发和应用服务产生数据在平台的持续积累，平台价值将不断提升。

（4）建设内容

① 众创开放共享门户网站

气象众创开放共享门户网站包括数据交易平台面向气象数据需求方需求的批量回传、面向数据供方的数据产品注册发布、面向数据开发者的算力申请和开发服务以及面向数商的数据运营交互与数据统计。

与深圳数据交易平台拉通气象数据需求、气象数据交易情况、气象数据交易评价等信息，面向数据需求方展示登记气象众创数据对外开放的资源目录信息，并通过访问信息详情查看气象众创开发共享平台原始数据资源信息和共享开放方式，并可对资源进行收藏、打分评价。若需求方无法通过交易平台或门户网站直接获取资源，也可以通过门户网站发起定制化的需求任务，面向社会专业机构征集定制化服务，打通气象数据资源、行业数据资源和专有资源的供需关联。

面向数据供方，提供注册发布服务，包括数据产品的名称、交付形态、应用行业、应用场景、数据商、产品概述、产品详情等内容的注册登记，支持产品注册信息的录入，支持数据验证审核和产品发布。完成产品的搜索、浏览和申请过程，提供产品申请审核和批准的功能。

面向数据开发者，提供算力资源的申请服务，数据开发者可在该门户提交数据开发的算力需求，同时，为数据开发者打造开发者中心，为数据开发者提供学习、交流、合作等服务。

面向数据运营商，提供关于气象数据产品众创共享开放的交流互动平台，打造用户与平台交流、沟通、互动的空间，包括内容建议、问题反馈、纠错列表、咨询提问、问卷调查、常见问题、申请公示等。同时，基于数据交易与运营情况，为数据运营商提供运营统计分析功能。

② 众创开放共享平台公共能力

建设个人/企业认证系统，实现对个人/企业成为授权开发者或提交需求方的各项资质和资格的提交、申请和授权等功能，面向不同级别的企业/个人发放不同级别证书。打造授权运营管理系统，提供供方、需方工作台及数据产品运营管理的后台。打造全流程安全监管，该功能主要对众创开放共享平台数据产品开发过程进行全流程监控与管理。提供全流程数据利用合规审查功能，对用户使用众创开放共享平台数据产品过程中的行为进行合规使用的全过程监控。气象数据开发功能为行业应用提供开发工具，打造特色的行业示范，同时，通过权限控制为用户提供安全的服务开发工具及环境，满足创新创业者服务开发需求。建设机器学习系统，支持对机器学习建模全流程的操作和管控，目的是让专业和非专业的数据科学家通过可视化操作轻松在平台完成一整套机器学习建模操作。支持常见的深度学习框架和丰富的算法组件，提供模型训练、评估能力。打造数据产品交付系统，提供数据产品交付能力，包括交付管理、数据产品交付和数据服务交付。打造算力管理系统，提供开发服务中算力需求的申请、调度与释放能力。建设区块链基础子系统，主要包括区块链系统部署、智能合约管理、区块链安全管理等功能模块，实现资源目录的区块链应用支撑。通过数据保险箱，为开发者提供安全计算的环境，做到动态实时的权限管控，达到“原始数据不出域、数据可用不可见”，为用户提供数据分析环境、数据建模服务、数据模型投产、脱敏数据样本、数据训练组件等功能服务，满足用户数据产品开发需求，并提供用户对数据加工、系统操作的过程进行全流程管控与审计溯源支撑能力。提供支撑隐私计算的应用算法开发/调试工具、算法语言解析器、密文计算函数库和联邦学习算法库、计算节点申请等能力，再结合底层的明密文计算运行环境，实现数据的可用不可见，共享融合安全不泄密，释放数据融合价值，产生数据生态网络化效应。定制化开发气象数据接口对接，实现与深圳数据交易所、市系统（市数据共享交换平台、市统一身份认证平台等）、气象大数据云平台深圳端系统等的对接，并提供平台通用接口，实现关联系统之间的数据集成或系统集成。

(5)运营模式

以数据交易的方式开展高价值气象数据的挖掘与利用,能够更好地促进气象数据资产的规范化管理,安全可靠地赋能数字经济产业高质量发展。一方面,通过气象众创共享开放平台,作为气象数据对外开放的统一出口,对接数交所数据交易平台,打通气象数据线上交易路径,为社会开放更加安全规范的官方气象数据(产品),鼓励全社会的力量挖掘气象数据价值、提升气象服务能力。另一方面,通过官方数源单位、合法数商促成的气象数据交易,能为气象科技企业的发展提供稳定合规的气象数据获取渠道,支撑气象科技企业的长远发展。

第 22 章　低空气象相关业务模式探索

1. 以服务低空物流企业为例的模式探索

(1)联合开展观测试验

低空飞行的气象保障是一个新问题,很多安全隐患并不在已知的范围内,不同的飞行器对不同的天气到底有什么样的反应,目前掌握的数据还远远不够。

针对这种情况,深圳市气象局联合丰翼、美团,集聚了 10 余家以气象监测、气象数据应用研发为核心的科技型企业,在深圳各区、各部门的大力支持下,于 2024 年 5 月 13 日发起了首个低空经济气象基础设施建设模型试验。整个试验已投入 1300 余万元的硬件设备,覆盖了 9 个起降点(包括大中小 3 类)、5 条航线(含 1 条跨海航线),希望能以实际数据,探索解决低空飞行气象问题的可行性方案。

(2)围绕航路需求开展监测网试验

建立专门服务于低空的气象观测体系,还需要更多的实测数据支撑,至少要进行一定数量的模型试验,边干、边学、边扩大。丰翼、美团代表了低空货运的主要形态,因此,低空气象监测网模型试验围绕其各类起降点和飞行路线布设,目前已经取得了初步的试验数据,正在进入融合试验阶段。

(3)开展应用场景开发

虽然低空经济的未来趋势是低空客货运输,但在目前这个阶段,低空客货运输仍处于发育阶段,其产值贡献还十分有限,而以无人机为主体的低空行业应用则是一个正在迅猛发展的风口。无人机行业应用的经济账很容易算得过来,能够迅速落地形成商业模式。在这个方向上,深圳市气象局与几家无人机头部企业,围绕极端天气防御、智慧城市建设、人工影响天气、生态环境保护等气象应用,开展了一些合作和场景开发。

(4)开展气象保障业务

开展无人机测试场的气象基础设施规划建设和测试服务、景区 A 到 B 固定飞行线路的气象管理体系、特定海鲜低空运输线路的气象服务、低空试验区及通航机场的气象工程整体规划设计运维等,在这些方面,依靠低空气象产业链的结构化优势,已经做了很多尝试,探索出了一些有效的产品服务形态。

(5)探索总结与模式建议

首先,在试验中发现,不同观测设备厂家的技术标准形式各异,需要通过一段时间的磨合,才能建立新的标准体系,满足低空气象的监测要求。其次,融合天气预报数据也是一个难题,现行的天气预报技术,无论是数值模式还是人工智能,其数据结构、检验方法、要素构成基本上都是服务于“大天气”过程的,较难直接应用于低空领域。再者,飞行运营单位对气象数据的理解存在一定的偏差,需要一个周期的学习过程。

因此,低空气象必须走统一标准的道路,低空气象基础设施建设要大致按照“实况为主、预报为辅、疏密有致、多源融合、统一基准”的大原则进行,其中一个非常重要的工作是建设数据相对完备的低空气象基准线。以深圳低空气象数据基准线建设为抓手,集气象观测设备研发生产、气象数据应用、人工智能等高科技公司,建立以低空气象为核心的低空产业链成为融入深圳低空经济发展大局的主要路径。

与此同时,精细化的低空气象数据服务产品,如何赋能低空经济产业,服务低空经济企业实现效益的提升,需要坚持数据要素市场化配置的改革与机制模式的创新,模式机制的完善是实现三张网高质量建设的重要保障。

2. 低空气象数据交易

开展低空气象数据流通交易试点,融入深圳国家级数据交易所交易体系,与气象众创开放共享平台对接,引导社会力量挖掘应用高价值气象数据集,探索气象数据产品确权、定价和市场评价贡献机制,推动气象数据要素价值有效释放,带动气象科技服务产业发展,为数字经济和产业发展赋能,为各行各业和市民提供全方位的气象服务,打造全国气象科技服务产业发展示范市。

(1)在深圳开展试点的优势

① 推动建设国家级数据交易所

深圳数字经济发达,2021 年深圳数字经济核心产业的增加值突破了 9000 亿元,具有产业优势,同时也聚集大量知名的数字经济企业和从业人员。2022 年 11 月 15 日,深圳数据交易所正式揭牌,并明确提出“以建设国家级数据交易所为目标”,至 2025 年,预计交易规模超 100 亿元。深圳数据交易所在运营思路方面,提出要从合规保障、流通支撑、供需衔接、生态发展四方面,打造覆盖数据交易全链条的服务能力。数据交易安全保障体系比较完善,深圳数据交易所设立合规部,建立数据交易规则制度和管理规范。发起“数据流转及交易合规共识计划”,成立了由 13 位数据流转及法律合规领域具有卓越影响力的专家组成的专家委员会,出台了数据交易信用监管的“深圳标准”和数据交易合规评估、信用评级的配套办法。

② 有较完善的数据交易配套政策

2020 年,“研究论证设立数据交易市场或依托现有交易场所开展数据交易”就被纳入深圳综合改革试点首批授权事项清单。2022 年 1 月，国家发展改革委、商务部联合出台《关于深圳建设中国特色社会主义先行示范区放宽市场准入若干特别措施的意见》，其中第二条就提出“放宽数据要素交易和跨境数据业务等相关领域市场准入”；10 月底，财政部发布《关于支持深圳探索创新财政政策体系与管理体制的实施意见》，其中又明确了“指导深圳研究数据资源相关会计问题。积极推进数据资产管理研究，探索试点公共数据资产确权、估值、管理及市场化利用。”2021 年，深圳出台的《深圳经济特区数据条例》是全国第一部数据领域基础性、综合性立法，提出了关于数据隐私保护和应用流通方面的基本规则；2022 年，出台《深圳经济特区数字经济产业促进条例》，对数据要素的流通做了进一步规范；2023 年，又出台《深圳市数据交易管理暂行办法》，为深圳开展数据交易提供了很好的政策指引。

③ 地缘优势有利于跨境交易

深圳作为粤港澳大湾区核心城市，毗邻香港、澳门，有利于探索数据跨境试点。海关总署印发《海关总署支持前海深港现代服务业合作区全面深化改革开放若干措施》，支持前海“数据海关”创新试点；福田区政府公开发布《河套深港科技创新合作区深圳园区技术攻关及产业化创新若干支持措施》，提出探索促进数据跨境安全流动等措施。另外，深圳还有跨境人民币结算便利化政策，这些都有利于在深圳探索跨境数据交易，可以进一步推动为“一带一路”国家和地区提供气象服务。

(2)气象众创开放共享平台对接

依托深圳国家级数据交易所交易体系，为气象数据流通交易提供优质的交易环境和载体，推动气象数据产品有序、安全、高质、高效的流通交易，联合国家气象业务单位或企业、地方国企共同建设气象众创开放共享平台，与深圳数据交易所交易体系对接，为企业对接有关专业气象服务应用场景开展个性化气象服务提供数据应用环境和服务。

(3)探索产业集群联合体

以市场配置为基础，构建科学公平的运营规则为前提，推动形成气象数据产品供应商、数据产品加工商、产品服务代理商的产业链格局，做大做强做优气象大数据应用产业生态，带动深化气象服务供给侧结构性改革，引导社会资源和力量在气象服务方面万众创新，培育发展气象服务市场，壮大气象服务人才队伍，满足经济社会发展和人民美好生活日益增长的气象服务需求。

(4)探索市场交易定价机制

探索出一套有序的市场交易定价机制，解决气象数据流通交易中“定价难”的问题。探索建立气象数据成果评估认证机制，解决气象数据产权保护和利用的问题。试点开展气象数据生产要素统计核算，探索建立气象数据要素市场评价贡献机制。通过系列管理制度创新，在保障数据安全前提下不断规范气象数据流通交易，形成一批可复制可推广的经验，为全国推广气象数据流通交易贡献深圳方案。

参考文献

蔡银寅,2022.深圳为什么需要发展气象科技产业？有哪些发展路径？[N/OL].深圳特区报,2022-12-26[2025-02-11].https://www.dutenews.com/n/ctmedia/374102.

陈震,高满屯,沈允文,2003.基于角点跟踪的光流场计算[J].计算机工程,29(13):76-78.

韩丰,龙明盛,李月安,等,2019.循环神经网络在雷达临近预报中的应用[J].应用气象学报,30(1):61-69.

侯谨毅,王萍,2017.基于速度对结构检测的中气旋自动识别方法[J].天津大学学报(自然科学与工程技术版),50(11):1176-1184.

胡明宝,吴书君,杜晓勇,2003.多普勒天气雷达探测中尺度气旋方法的研究[C]//新世纪气象科技创新与大气科学发展——中国气象学会2003年年会"地球气候和环境系统的探测与研究"分会论文集.北京:中国气象学会:4.

黄彬,王美丽,谢盼,等,2023.在新赛道上跑出加速度——深圳气象创新研究院加快推进气象科技产业发展[N/OL].中国气象报,2023-11-03[2025-02-11].http://epaper.zgqxb.com.cn/index.html?guid=1731968345920454656.

罗泽虎,王旭东,高涌荇,2023.基于模糊逻辑的降水粒子相态识别技术[J].太赫兹科学与电子信息学报,21(12):1476-1484.

潘运红,章云,伍志方,等,2010.基于浸水模拟改进算法的中气旋自动识别[J].计算机工程与应用,46(21):171-174.

齐鑫,2024.关注低空经济|专访中国无人机产业创新联盟副秘书长金伟:未来低空经济会形成万亿级产业[EB/OL].(2024-05-13)[2025-02-11].https://www.cqcb.com/shishijingwei/2024-05-13/5567526_pc.html.

赛迪顾问股份有限公司,智能装备产业研究中心,2024.中国低空经济发展研究报告(2024)[EB/OL].(2024-04-01)[2025-02-11].https://reportify-1252068037.cos.ap-beijing.myqcloud.com/media/production/s_e2502922_e2502922274fd5067e247c351fa2db44.pdf.

陶岚,2006.多普勒天气雷达中的中尺度气旋识别[D].南京:南京信息工程大学.

肖艳姣,刘黎平,2006.新一代天气雷达网资料的三维格点化及拼图方法研究[J].气象学报,64(5):647-657.

肖艳姣,万玉发,王珏,等,2012.一种自动多普勒雷达速度退模糊算法研究[J].高原气象,31(4):1119-1128.

中商产业研究院,2024.2024年深圳低空经济产业现状及产业发展规划分析[EB/OL].(2024-05-28)[2025-02-11].https://www.askci.com/news/chanye/20240528/175846271689032670875834.shtml.

ANDRA D L,1997.The origin and evolution of the WSR-88D meso-cyclone recognition nomogram

[C]//Proceedings of the 28th Conference on Radar Meteorology. Austin:American Meteorological Society.

BROWNING K A,1962. Cellular structures of convective storms[J]. Meteor Mag,91:341-350.

BROWNING K A,WEXLER R,1968. The determination of kinematic properties of a wind filed using Doppler radar[J]. J Appl Meteor,7(1):105-113.

CARPENTER J R,CLIFFORD P,FEARNHEAD P,1997. Efficient implementation of particle filters for non-linear systems[C]//The 4th Interim Report. Oxford:Oxford University:639.

CRUM T D,ALBERTY R L,1993. The WSR-88D and the WSR-88D operational support facility [J]. Bull Amer Meteor Soc,74:1669-1688.

DONALDSON R J,1970. Vortex signature recognition by a Doppler radar[J]. J Appl Meteor,9(3):661-670.

ELMORE K M,ALBO E D,GOODRICH R K,et al,1994. NASA/NCAR airborne and ground-based wind shear studies[R]. Final Report:343.

FRANCH G,MAGGIO V,COVIELLO L,et al,2020. TAASRAD19,a high-resolution weather radar reflectivity dataset for precipitation nowcasting[J]. Scientific Data,7(1):234.

FUJITA T T,1976. Spearhead echo and downburst near the approach end of a John F. Kennedy Airport Runway,New York City[D]. Chicago:University of Chicago:1-51.

FUJITA T T,198l. Tornadoes and downbursts in the context of generalized planetary scales[J]. J Atmos Sci,38(8):1511-1534.

GIBSON J J, 1950. The Ecological Approach to Visual Perception [M]. Boston: Houghton Mifflin:332.

GOODFELLOW I,POUGET-ABADIE J,MIRZA M,et al,2014. Generative adversarial nets[C]//Advances in Neural Information Processing Systems:2672-2680.

JOHNSON J T,MACKEEN P L,WITT A,et al,1998. The storm cell identification and tracking algorithm:An enhanced WSR-88D algorithm[J]. Wea Forecasting,13:263-276.

LEMON L R, BURGESS D W, 1993. Supercell associated deep convergence zone revealed by a WSR-88D[C]//Preprints, 26th Int Conf on Radar Meteorology. Norman: Amer Meteor Soc: 206-208.

LIGDA M A,1953. The horizontal motion of small precipitation areas as observed by radar(Technical Report 21)[R]. Cambridge Massachusetts:Massachusetts Institute of Technology.

PRZYBYLINSKI R W,LIN Y J,SCHMOCKER G K,et al,1995. The use of real-time WSR-88D, profiler,and conventional data sets in forecasting a northeastward moving derecho over eastern Missouri andcentral lllinois [C]//Preprints,14th Conf on Weather Analysis and Forecasting. Dallas:Amer Meteor Soc:335-342.

RINEHART R E,GARVEY E T,1978. Three-dimensional storm motion detection by conventional weather radar[J]. Nature,273:287-289.

SHI X J,CHEN Z R,WANG H,et al,2015. Convolutional LSTM network:A machine learning approach for precipitation nowcasting[C]//Proceedings of the 28th International Conference on Neural Information Processing Systems. Montreal:MIT Press:802-810.

SHI X J,GAO Z H,LAUSEN L,et al,2017. Deep learning for precipitation nowcasting:A bench mark and a new model[C]//Proceedings of the 31th Conference on Neural Information Processing Systems. Long Beach:NIPS.

SMITH T M,ELMORE K L,DULIN S A,2004. A damaging downburst prediction and detection algorithm for the WSR-88D[J]. Wea Forecasting,19(2):240-250.

TOMASI C,MANDUCHI R,1998. Bilateral filtering for gray and color images[C]//Computer Vision,Sixth International Conference on IEEE:839-846.

VEILLETTE M S,SAMSI S,MATTIOLI C J,2020. SEVIR:A storm event imagery dataset for deep learning applications in radar and satellite meteorology[C]//Neural Information Processing Systems.

VENKATARAMANAN S,DOGAN A,BLAKE W,2003. Vortex effect modelling in aircraft formation flight[C]//Proceedings of the AIAA atmospheric flight mechanics conference and exhibit. Austin.

WANG Y B,LONG M S,WANG J M,et al,2017. PredRnn:Recurrent neural networks for predictive learning using spatiotemporal LSTMS[C]//Advances in Neural Information Processing Systems:879-888.

WILSON J W,ROBERTS R D,KESSINGER C,et al,1984. Microburst wind structure and evaluation of Doppler radar for airport wind shear detection[J]. J Climate Appl Meteor,23(6):898-915.

XIONGA Y,LIU N,LIU Y J,et al,2022. QpefBD:A benchmark dataset applied to machine learning for minute-scale quantitative precipitation estimation and forecasting[J]. J Meteor Res,36(1):93-106.

ZADEH L A,1968. Fuzzy algorithms[J]. Info & Ctl,12:94-102.

ZRNIÉ D S, BURGESS D W, HENNINGTON L D, 1985. Automatic detection of mesocyclonic shear with Doppler radar[J]. J Atmos Ocean Technol,2(4):425-438.

ZRNIÉ D S,RYZHKOV A V,1999. Polarimetry for weather surveillance radars[J]. Bull Amer Meteor Soc,80:389-406.